A VANTAGEM HUMANA

SUZANA HERCULANO-HOUZEL

A vantagem humana

Como nosso cérebro se tornou superpoderoso

Tradução
Laura Teixeira Motta

3ª reimpressão

COMPANHIA DAS LETRAS

Grafia atualizada segundo o Acordo Ortográfico da Língua Portuguesa de 1990, que entrou em vigor no Brasil em 2009.

Título original
The Human Advantage: A New Understanding of How Our Brain Became Remarkable

Capa
Jorge Oliveira

Imagens de capa
Graphic Compressor/ Shutterstock (ferramentas)
Dimas Sobko/ Shutterstock (colher)

Preparação
Andressa Bezerra Corrêa

Revisão
Jane Pessoa
Luciane Gomide

Índice remissivo
Luciano Marchiori

Dados Internacionais de Catalogação na Publicação (CIP)
(Câmara Brasileira do Livro, SP, Brasil)

Herculano-Houzel, Suzana
A vantagem humana : como nosso cérebro se tornou superpoderoso / Suzana Herculano-Houzel ; tradução Laura Teixeira Motta. — 1ª ed. — São Paulo : Companhia das Letras, 2017.

Título original: The Human Advantage: A New Understanding of How Our Brain Became Remarkable.
Bibliografia.
ISBN 978-85-359-2990-4

1. Cérebro – Fisiologia I. Título.

CDD-612.82
17-07361 NLM-WL 300

Índice para catálogo sistemático:
1 Cérebro : Fisiologia humana : Ciências médicas 612.82

EDITORA SCHWARCZ S.A.
Rua Bandeira Paulista, 702, cj. 32
04532-002 — São Paulo — SP
Telefone: (11) 3707-3500
www.companhiadasletras.com.br
www.blogdacompanhia.com.br
facebook.com/companhiadasletras
instagram.com/companhiadasletras
twitter.com/cialetras

Aos meus pais, Selene e Darley,
que me deram asas e me ensinaram a voar

A Jon Kaas,
que me incentiva a voar mais alto

Sumário

Prefácio

CERTAMENTE SOMOS ESPECIAIS... NÃO SOMOS?

O ser humano é impressionante. Nosso cérebro é sete vezes maior do que o esperado para o tamanho do nosso corpo e leva um tempo extraordinário para se desenvolver. Nosso córtex cerebral é o maior em relação ao tamanho do cérebro como um todo, e sua porção pré-frontal também é a maior. O cérebro humano, isoladamente, custa uma quantidade tremenda de energia: 25% das calorias necessárias para que o corpo inteiro funcione durante um dia. Ele se tornou enorme no decorrer de um brevíssimo tempo na evolução e deixou para trás os nossos primos, os grandes primatas como o gorila e o orangotango, com seus cérebros minguados cujo tamanho é apenas um terço do nosso. Então o cérebro humano é especial, certo?

Errado, segundo novas evidências encontradas no meu laboratório, as quais você está prestes a descobrir nos próximos capítulos: nosso cérebro é notável, sim, mas não especial no sentido de ser uma exceção às regras da evolução, eleito exclusivamente para se tornar impressionante. No entanto, parece que possuímos o cérebro mais capaz do planeta, aquele que explora os outros cérebros em vez de ser explorado por eles. Se o nosso cérebro não é uma singularidade evolutiva, onde está a vantagem humana?

A vantagem humana convida você a deixar de lado a habitual parcialidade de considerar os humanos extraordinários e, em vez disso, ver o cérebro humano à luz da evolução e das novas evidências que sugerem uma nova explicação para o que torna únicas as nossas habilidades cognitivas: o nosso cérebro suplanta os de outros animais não porque somos uma exceção à evolução, mas porque, por simples razões evolucionárias, possuímos o maior número de neurônios no córtex cerebral, algo não atingível por qualquer outra espécie. Demonstrarei que a vantagem humana reside, primeiro, no fato de sermos primatas, e por isso possuímos um cérebro estruturado segundo regras de proporcionalidade muito econômicas, graças às quais um grande número de neurônios cabe em um volume relativamente pequeno em comparação com outros mamíferos. Em segundo lugar, somos a espécie primata que se beneficiou do fato de que, há cerca de 1,5 milhão de anos, nossos ancestrais inventaram um truque que permitiu aos seus descendentes ter um crescimento rápido e, dentro de pouco tempo, um número enorme de neurônios corticais, até agora sem rivais em outras espécies: o truque de cozinhar. Em terceiro e último lugar, graças à veloz expansão do cérebro possibilitada então pelas calorias adicionais obtidas com o cozimento dos alimentos, somos a espécie que possui o maior número de neurônios no córtex cerebral — a parte do cérebro responsável por descobrir padrões, raciocinar de modo lógico, prever o pior e preparar-se para lidar com ele, criar tecnologia e transmiti-la através da cultura.

Comparar o cérebro humano ao cérebro de dezenas de outras espécies de animais, grandes e pequenas, foi para mim uma lição de humildade: lembrou-me de que não existe razão para supor que nós, humanos, fomos destacados em nossa história evolutiva ou "escolhidos" de qualquer outra maneira. Espero que essa nova compreensão do cérebro humano nos ajude a avaliar melhor o nosso lugar na Terra como uma espécie que, embora não seja especial nem extraordinária (pois obedece às mesmas regras evolutivas de proporcionalidade que se aplicam aos demais primatas), é, sim, notável em suas habilidades cognitivas e, graças ao seu incomum número de neurônios, tem potencial para mudar seu próprio futuro — para o bem e para o mal.

Rio de Janeiro, janeiro de 2015

Agradecimentos

Este livro resume dez anos de um trabalho possibilitado inicialmente pelo apoio e pela generosidade de Roberto Lent, que me indicou para um cargo inédito na área de divulgação científica recém-aberto no Instituto de Ciências Biomédicas da Universidade Federal do Rio de Janeiro (o qual exerci), depois investiu na minha ideia maluca de transformar cérebros em sopa para descobrir do que são feitos. Já não somos colaboradores, mas, por seu apoio inicial, ele terá sempre a minha gratidão.

Jon Kaas, *Distinguished Centennial Professor* do Departamento de Psicologia da Universidade Vanderbilt, mudou o rumo da minha vida profissional quando começamos a colaborar em 2006. Desde então nos encontramos algumas vezes por ano, em eventos científicos ou em visitas ao seu laboratório em Nashville, Tennessee, onde ele e sua simpática mulher, Barbara Martin, me hospedam (sua mesa na sala de jantar já viu nascerem vários artigos meus), me alimentam (Jon faz uma feijoada incrível) e me aquecem o coração e a mente com sua amizade e suas conversas. Muitos da área pensam que ele foi meu orientador (não foi, mas isso teria sido uma honra para mim), mas, na verdade, ele se tornou bem mais do que isso: Jon é para mim um amigo muito querido e uma espécie de pai científico, alguém que decidiu zelar por mim simplesmente porque podia fazê-lo. Jon, muito obrigada, por tudo.

Tive a sorte de encontrar pessoas extraordinárias durante a minha jornada. Bruno Mota é um amigo maravilhoso e grande colaborador, e há mais de dez anos marca presença toda vez que a matemática vem para o centro do palco — temos grandes discussões sobre a vida ser otimizada (a perspectiva dele, como físico) ou apenas boa o suficiente (a minha, como bióloga). Paul Manger, que deveria me entregar só metade de um cérebro de elefante, acabou por me dar, juntamente com sua amizade, dezenas de cérebros dos mais diversos tipos de animal. De Karl Herrup, que decidi considerar meu orientador honorário, sempre recebi ajuda, conselhos e incentivo inestimáveis. É sensacional poder contar com vocês todos.

O trabalho descrito neste livro foi possível graças a um grande número de colaboradores. Além de Roberto Lent, Jon Kaas e Paul Manger, quero agradecer também a Ken Catania, o biólogo mais verdadeiro e descolado que conheço; Lea Grinberg, Wilson Jacob Filho e sua equipe da USP; Christine Collins e Peiyan Wong; e todos os estudantes que participaram dos estudos aqui mencionados, em especial Karina Fonseca-Azevedo, Frederico Azevedo, Pedro Ribeiro, Mariana Gabi, Lissa Ventura-Antunes, Kamila Avelino-de-Souza, Kleber Neves e Rodrigo Kazu. Também fui beneficiada por vários colaboradores indiretos, pessoas que me ajudaram de alguma forma no caminho para me tornar neuroanatomista comparativa (uma área na qual eu não tinha especialização): Georg Striedter, Patrick Hof, Rob Barton, Richard Passingham, Jack Johnson, Pasko Rakic, Chet Sherwood, Leah Krubitzer, Jim Bower, Stephen Noctor, Charles Watson e George Paxinos. Minha gratidão a todos pela força.

A pesquisa científica no Brasil é totalmente financiada por recursos federais e estaduais, e gostaria de agradecer ao CNPq e à Faperj pelo apoio financeiro ao longo dos anos. Também sou imensamente grata à James McDonnell Foundation pelo apoio desde 2010, muito embora a maior parte dos frutos de seu investimento no meu laboratório ainda não tenha se materializado na forma de resultados impressos.

As belas ilustrações que permeiam este livro são de Lorena Kaz, uma jovem artista de grande talento com quem tive a sorte de conviver durante um ano no laboratório graças a uma bolsa do CNPq.

Agradeço ao meu editor da MIT Press, Bob Prior, por aceitar minha proposta de escrever este livro, e por sua paciência quando novas descobertas levaram a alguns adiamentos do prazo de entrega. Também sou grata a Chris Eyer e Katherine Almeida pelo apoio editorial, a Jeffrey Lockridge pela preparação habilidosa e meticulosa do texto e a Katie Hope pelo entusiasmo em levar esta obra ao grande público.

Para tornar este livro acessível aos leitores leigos, tive a ajuda inestimável da minha mãe, que é socióloga, e da minha filha, então com quinze anos de idade, que leram a primeira versão de cada capítulo, de marca-texto em punho, assinalando sem dó nem piedade tudo o que não fosse prontamente compreensível. Quaisquer falhas na obra serão minhas, não delas. (Já o meu pai não contribuiu grande coisa, pois nunca fez críticas, apenas mais perguntas, as quais terão de esperar pelo próximo livro.)

Meus pais nunca deixaram de me incentivar para que eu me tornasse o que eu queria ser, uma cientista, mesmo que essa não fosse, e ainda não seja, uma escolha sensata de carreira no Brasil (para se ter uma ideia de como a opção era ruim, minha mãe preferia que eu fosse musicista). Eles me ensinaram que questionar a autoridade era permitido, asseguraram-se de que eu aprendesse outras línguas e soubesse me virar sozinha, depois respiraram fundo e me deram uma passagem de avião para que eu fosse fazer pós-graduação nos Estados Unidos aos dezenove anos, uma idade em que geralmente os brasileiros ainda moram com os pais e estão apenas entrando na faculdade. Meus pais me deram asas e me empurraram para voar, apesar de isso significar que eu iria para longe deles. Só posso torcer para que se orgulhem de mim.

Por fim, mas não menos importante, a galera lá de casa — meus filhos, Luiza e Lucas, e meu marido, José Maldonado: obrigada a vocês pela paciência, por tolerarem as minhas viagens, o meu chapéu da invisibilidade (o único jeito para trabalhar em casa; recomendo muito!), o frequente olhar vago enquanto eu andava de um lado para o outro processando números mentalmente. Obrigada por ouvirem sobre as novas descobertas do dia, por me animarem, por comemorarem comigo cada êxito, por valorizarem os meus esforços. A felicidade de vocês é o que faz tudo valer a pena.

1. Os humanos reinam!

Então somos especiais — ou pelo menos é isso que a maioria dos livros de neurociência diz. Nosso cérebro supostamente possui impressionantes 100 bilhões de neurônios e dez vezes mais células gliais, um córtex cerebral avantajado que triplicou de tamanho em apenas 1,5 milhão de anos — um tempo irrisório em termos evolutivos — enquanto o cérebro dos grandes primatas não humanos manteve o mesmo tamanho, um terço do nosso, por no mínimo quatro vezes mais tempo. Os humanos da variedade *sapiens* coexistiram com os neandertais e até se misturaram com eles em certo grau, mas no fim só a nossa espécie prevaleceu. Acabamos por governar o mundo, em mais aspectos do que simplesmente dominar os outros animais: os humanos modernos são a única espécie que pode ir aonde bem entender neste planeta e até sair dele.

Por trás dessas façanhas está o que chamo de "vantagem humana". Pelo que eu saiba, e ainda que possa parecer presunção, o fato é que somos a única espécie que estuda a si mesma e as demais, gerando conhecimento para além do que é observado diretamente; que reforma a si mesma, conserta imperfeições por meio de coisas como óculos, implantes e cirurgias, alterando, com isso, as probabilidades da seleção natural; e que modifica vastamente o seu ambiente (para o bem e para o mal), estendendo seu habitat a lugares improváveis. Somos a única espécie que usa ferramentas para criar outras ferramentas e tecnologias que ampliam a gama de problemas com os quais podemos lidar; que incrementa suas habilidades procurando problemas cada vez mais difíceis para resolver; e que inventa modos de registrar o conhecimento e de instruir as gerações mais novas além do mero ensinamento por demonstração direta. Ainda que seja possível fazer tudo isso sem habilidades cognitivas exclusivas da nossa espécie (trataremos disso adiante), certamente levamos essas habilidades a um nível incomparável de complexidade e flexibilidade.

Por décadas, pareceu que a vantagem humana baseava-se em algumas características que fariam do nosso cérebro uma singularidade, uma exceção às regras. Os gorilas têm mais ou menos o dobro ou triplo do nosso tamanho, mas a massa de seu cérebro é apenas um terço da do nosso, portanto o cérebro humano seria sete vezes maior em relação à nossa massa corporal. Esse cérebro humano alentado também gastaria diariamente muito mais energia do que parece razoável para funcionar: nada menos que um terço da energia necessária para o funcionamento de todo o resto do corpo, inclusive os músculos, embora o cérebro represente meros 2% da nossa massa corporal. As regras que se aplicam a outros animais não se aplicariam a nós. Assim, considerando que nossas realizações nos diferenciam de todos os outros seres vivos, parecia apropriado que nossas habilidades cognitivas extraordinárias requeressem um cérebro extraordinário.

Diante de tudo o que o cérebro humano pode realizar, ele certamente é notável. Mas será mesmo uma exceção às regras? Essa é a questão central investigada em *A vantagem humana*. Nosso cérebro possui mesmo 100 bilhões de neurônios e dez vezes mais células gliais, como há tempos afirmam muitos autores renomados? (Não, não possui.) Ele é realmente sete vezes grande demais para o tamanho do nosso corpo? (Sim, mas só quando comparamos os humanos aos outros grandes primatas, os quais são a exceção, em vez de nós.) Ele usa mesmo uma quantidade extraordinária de energia? (Não para o número de neurônios que possui.) E se o cérebro humano não for extraordinário, como ainda assim é capaz de tantas proezas?

E como foi que nós, humanos, e nenhuma outra espécie, viemos a adquirir essas notáveis habilidades cognitivas — o que aconteceu na evolução que levou a nossa espécie a reinar sobre todas as demais? Como foi que os humanos, e não os outros grandes primatas, ganharam um cérebro tão maior em um tempo tão curto? Terá a evolução sido uma progressão das formas de vida que culminaram no ser humano, o ápice das suas realizações?

OS HUMANOS NO TOPO: A EVOLUÇÃO COMO PROGRESSO

Não é de surpreender que a história de como o cérebro humano veio a ser considerado especial esteja entrelaçada com a própria história da evolução — e que, por muito tempo, ambas tenham sido histórias de muitas interpretações baseadas em poucos fatos.

A vida muda com o passar do tempo geológico, e vem mudando desde que apareceu no planeta, há cerca de 3,7 bilhões de anos. Isso é um fato, pois não depende de interpretação, assim como é um fato a ausência de seres parecidos a humanos no registro fóssil mais antigo do que 4 milhões de anos: somos uma "invenção" muito recente. Esses fatos das mudanças da vida no decorrer do tempo, que chamamos de "evolução", só foram reconhecidos menos de duzentos anos atrás. Desde então, o próprio conceito de evolução evoluiu:

passou de progressão rumo à perfeição para o de simples mudança ao longo do tempo, que é o conceito atual, como ficará claro neste capítulo. No entanto, mesmo quando não reconheciam a evolução, os humanos já estudavam ao menos alguns de seus fatos: a fascinante diversidade das formas de vida que ela gera.

Diante da diversidade, nosso cérebro cria automaticamente categorias nas quais encaixa até as formas de diversidade mais indisciplinadas. Assim como os utensílios para escrever são categorizados como "caneta" ou "lápis", e os veículos com rodas como "automóvel", "caminhão" ou "bicicleta", as formas de vida visíveis a olho nu foram categorizadas, no mínimo desde a época de Aristóteles, cerca de 2300 anos atrás, como "plantas" ou "animais". Mas Aristóteles foi além e concebeu uma "grande cadeia do ser" — uma *scala naturae*, ou escala da natureza — que organizava todos os seres da natureza em uma escala hierárquica fixa de categorias em ordem descendente, desde a Causa Primeira no topo até os minerais na base, com os animais em algum degrau intermediário, classificados segundo "o grau de perfeição de suas almas".[1] Ao longo dos séculos aceitou-se que, na escala da natureza, o homem só estava abaixo de Deus.

Antes de surgir o conceito de evolução como mudança no decorrer do tempo, essa hierarquia era fixa: em todas as categorias, as formas de vida sempre haviam sido e sempre seriam as mesmas, e os naturalistas estruturavam seus raciocínios e observações sobre a diversidade da vida segundo essa escala imutável da natureza. Mas nos séculos XVIII e XIX, as descobertas em números crescentes de determinados fósseis somente em camadas geológicas de uma certa era levaram inexoravelmente ao novo conceito de mutabilidade com o passar do tempo para todo o imenso conjunto dos seres vivos — e, em 1859, a evolução foi conceitualizada para a geração seguinte por Charles Darwin. À luz da evolução, a escala da natureza ganhou um eixo temporal, e para muitos ela se tornou uma escala evolutiva, na qual supostamente os organismos ascendiam à medida que evoluíam ao longo do tempo, de simples para complexos. Em vez de ser fixa, essa grande escala da natureza agora parecia encurtar telescopicamente com o passar do tempo (figura 1.1), estendendo-se sempre para cima, na direção dos humanos. Desse modo, era compreensível que o homem só aparecesse recentemente no registro fóssil.

Assim pensava o neurologista alemão Ludwig Edinger, que muitos consideram o pai da neuroanatomia comparativa. No fim

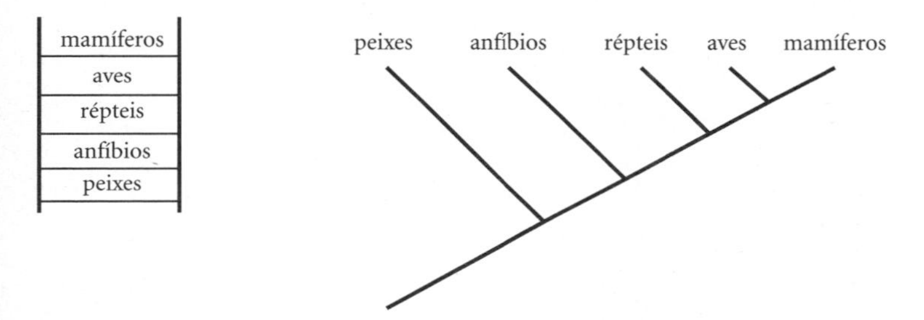

Figura 1.1 Versão simplificada da escala da natureza para os animais vertebrados (*à esq.*), e a mesma escala, agora estendida no tempo evolutivo, quando se compreendeu que a vida evoluía, ou seja, mudava com o passar do tempo (não desenhado na escala). As linhas que se fundem (*à dir.*) indicam que as aves e os mamíferos modernos (alinhados no topo) tiveram um ancestral em comum, e esse ancestral em comum teve um ancestral em comum com os répteis modernos, e o ancestral em comum deles teve um ancestral em comum com os anfíbios modernos e assim por diante, voltando até a primeira forma de vida no planeta. No entanto, essa "árvore genealógica" específica dos vertebrados é errada; ver figura 1.4.

do século XIX, Edinger concordava com Darwin quanto a haver evolução, mas supunha que a evolução do cérebro era progressiva e linear, em concordância com a versão de Aristóteles da escala telescópica que se desdobra no decorrer do tempo: de peixes para anfíbios, depois para répteis, aves e mamíferos, culminando, naturalmente, no cérebro humano, em uma ascensão da inteligência "inferior" para a "superior", segundo se imaginava que fosse a ordem na qual os diferentes grupos de vertebrados haviam surgido no planeta. Edinger explicou que, no processo de ascender na escala, os cérebros dos vertebrados existentes conservavam estruturas daqueles que os precederam. Portanto, segundo a tese da evolução progressiva, a comparação da anatomia do cérebro das espécies existentes deveria revelar a origem das estruturas mais recentes. A suposta evidência de "vidas passadas" em estruturas de cérebros modernos condizia com a lei da recapitulação que havia sido formulada pelo embriologista alemão Ernst Haeckel, em 1886, no aforismo "A ontogenia recapitula a filogenia" (isto é, o desenvolvimento recapitula a evolução): Haeckel afirmava que o desenvolvimento embrionário de espécies mais recentes ("avançadas") passava por estágios sucessivos, que representavam as formas adultas de espécies mais antigas (mais "primitivas"). Edinger estendeu aos cérebros adultos de diferentes espécies o que Haeckel pensou ter visto nos embriões delas.

Assim, no começo do século XX, e de acordo com a ideia da evolução progressiva — de peixes para anfíbios, depois para répteis, aves, mamíferos e, em particular, humanos —, através de aumentos gradativos na complexidade e no tamanho, Edinger sugeriu que cada novo grupo de vertebrados na evolução adquiriu uma subdivisão cerebral mais avançada, uma sobre a outra (figura 1.2), de um modo parecido com o da formação das camadas geológicas da Terra no decorrer do tempo. A disposição em camadas dessas subdivisões lembrava as principais divisões do sistema nervoso central humano reconhecíveis em todos os vertebrados (medula espinhal, bulbo, ponte, cerebelo, diencéfalo, mesencéfalo e telencéfalo). Condizentemente, o telencéfalo — a camada superior, portanto supostamente a mais recente — é o que mais difere em tamanho entre as espécies e se destaca com grande nitidez no cérebro humano, onde representa quase 85% do total da massa encefálica (figura 1.3).

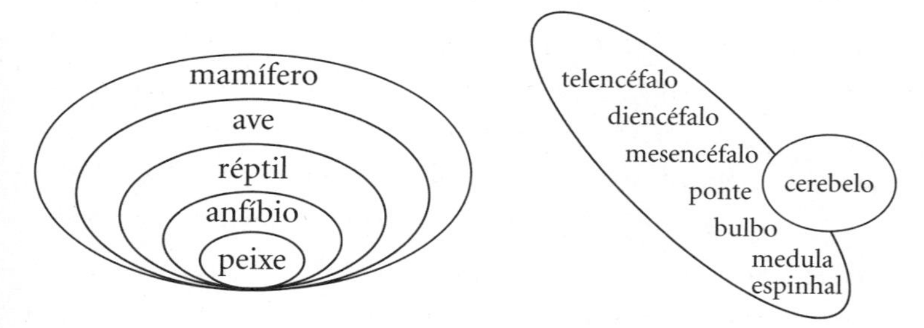

Figura 1.2 Segundo Edinger, assim como os mamíferos teriam evoluído porque progrediram de um estágio semelhante ao das aves — e as aves, por sua vez, teriam evoluído a partir de um estágio semelhante ao dos répteis —, o cérebro de cada grupo de vertebrados teria adquirido novas estruturas por cima daquelas já encontradas nas espécies preexistentes (*à esq.*). A resultante sobreposição das estruturas em camadas lembrava a sequência de estruturas ao longo do cérebro e da medula espinhal dos vertebrados (*à dir.*), do topo (telencéfalo) à base (medula espinhal).

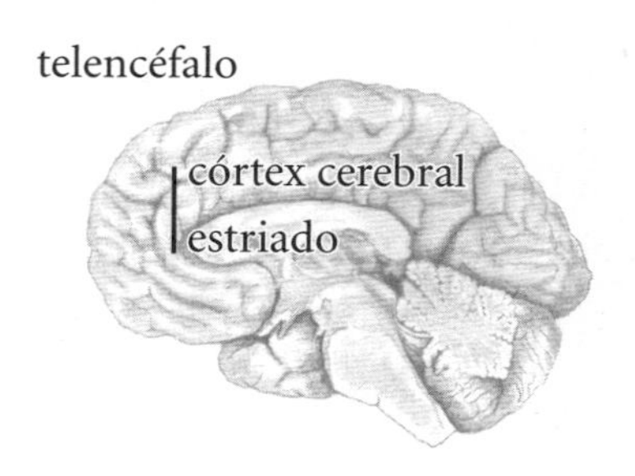

Figura 1.3 Embora o cérebro humano possua as mesmas subdivisões encontradas em todos os cérebros de vertebrados, o telencéfalo humano (córtex cerebral + estriado) é várias vezes maior do que todas as outras estruturas juntas.

Em 1908, Edinger apresentou a hipótese de que a preeminência do telencéfalo em mamíferos, e sobretudo nos humanos dentre todos os mamíferos, era um sinal da posição evolutiva do ser humano como a "mais elevada" dentre todos os animais. Ele afirmou que o próprio telencéfalo também evoluíra progressivamente, por meio da adição de camadas: uma parte ancestral do telencéfalo (o estriado) controlava o comportamento instintivo, e fora seguida pela adição de um cérebro mais novo (o pálio ou córtex), que controlava o aprendizado e o comportamento inteligente — e essa parte era a mais desenvolvida nos humanos.[2] Assim, o telencéfalo primordial dos peixes possuía um córtex pequeno e um estriado maior ao qual, nos répteis, fora adicionado outro nível de estriado e córtex. As aves teriam adquirido pela evolução um estriado hipertrofiado, mas não regiões adicionais no pálio; em contraste, supostamente a evolução teria dado aos mamíferos a maior e melhor aquisição, por cima dos córtices primitivos: o neocórtex. Essa visão passaria a predominar na neurociência, codificada em um importante texto de neuroanatomia comparativa em 1936.[3]

A ideia (errada) de que o neocórtex era uma invenção recente nos mamíferos, que teria surgido como uma camada sobreposta a estruturas mais antigas, ganhou força suficiente para chegar ao século XXI depois que o neuroanatomista Paul MacLean apresentou, em 1964, sua noção do "cérebro trino". O cérebro trino consistiria em um complexo reptiliano (do bulbo aos núcleos da base), ao qual teria sido adicionado um "complexo paleomamífero" (o sistema límbico) e mais tarde um "complexo neomamífero" — o neocórtex.[4] Essa equiparação intuitiva (mas incorreta) de evolução com progresso, juntamente com a sedutora noção de um cérebro reptiliano primitivo supostamente incapaz de fazer as coisas complexas que eram possíveis ao neocórtex dos mamíferos, atraiu grande atenção da mídia em 1977, quando foi exposta no popular livro de Carl Sagan *Os dragões do Éden*.[5]

Acontece que o cérebro trino é apenas uma fantasia. As descobertas cada vez mais numerosas de fósseis de sauropsídeos (o nome apropriado dos dinossauros), alguns deles emplumados, deixaram claro que os lagartos, crocodilos e aves modernos são parentes próximos, todos agora considerados répteis (inclusive as aves), ao passo que os mamíferos modernos evoluíram separadamente, e muito antes, a partir de um grupo irmão nos princípios da vida amniótica[6] (figura 1.4). Portanto, os mamíferos nunca foram répteis ou aves em um passado evolutivo; o cérebro dos mamíferos é no mínimo tão antigo quanto o das aves e de outros répteis, ou talvez até mais antigo — ele apenas tem um histórico evolutivo diferente. De fato, estudos neuroanatômicos modernos mostraram que o "estriado" das aves* tem a mesma organização e função do córtex dos mamíferos: são simplesmente duas configurações distintas para uma estrutura que atua de modo muito parecido.[7] Ora, se os mamíferos não descendem de seres semelhantes a répteis, não podem possuir um cérebro que fora construído com a adição de camadas por cima de um cérebro reptiliano. Comparar o cérebro dos mamíferos com o dos répteis, e pressupor que um possui novas estruturas sobrepostas às do outro, é tão absurdo quanto olhar para dois primos humanos vivos e esperar que um deles tenha nascido do outro. Mesmo assim, foi difícil erradicar a noção de um cérebro "reptiliano" ancestral, e até recentemente muitos bons cientistas que não tiveram uma instrução apropriada em biologia evolutiva comparavam os cérebros de mamíferos com os de répteis ou aves como se estes fossem o passado evolutivo daqueles.

* Durante algum tempo, para evitar confusão com o estriado propriamente dito, ou núcleos da base, o "estriado" das aves foi chamado de crista ventricular dorsal, mas agora é chamado de "pálio" (que significa "manto"), e tem função semelhante à de partes do córtex cerebral mamífero.

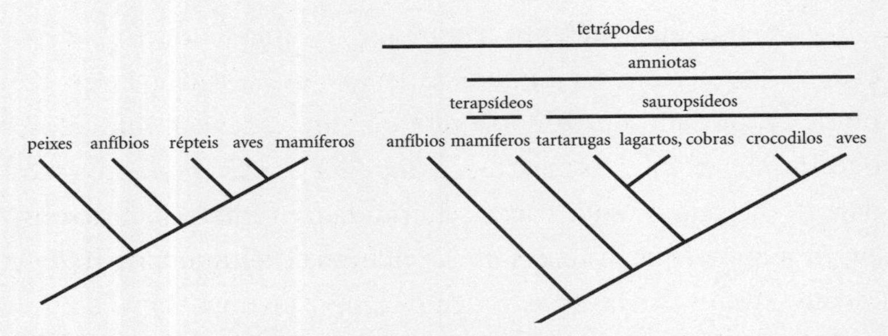

Figura 1.4 Representação moderna, baseada em fatos, de relações evolutivas entre os vertebrados tetrápodes (*à dir.*), em contraste com a noção inicial baseada no desdobramento da escala da natureza no decorrer do tempo evolutivo (*à esq.*). Mamíferos (os terapsídeos modernos) e répteis (os sauropsídeos modernos, que incluem as aves) são grupos irmãos. Portanto, mamíferos não podem descender de répteis.

A escala evolutiva ascendente dos cérebros proposta por Edinger também é refutada por um fato da evolução: nem sempre espécies "progridem" para formas mais complexas à medida que evoluem.[8] Certamente os seres mais complexos encontrados em qualquer momento do tempo evolutivo tornaram-se cada vez mais complexos conforme a vida evoluiu; no entanto, formas muito mais simples, unicelulares, ainda dominam a biomassa da Terra, e há abundantes exemplos de espécies que se tornaram menores e menos complexas com o passar do tempo evolutivo, por exemplo, os morcegos microquirópteros e parasitas intracelulares. Evolução não significa progresso; significa apenas mudança ao longo do tempo.

A própria ideia de que a evolução reproduz os passos do desenvolvimento de espécies anteriores, criando novas espécies pela adição de camadas a programas de desenvolvimento preexistentes — outro pilar da concepção de Edinger —, foi refutada no século XX por evidências encontradas no estudo do desenvolvimento embrionário.[9] Segundo a moderna biologia do desenvolvimento evolutivo, as diferenças entre os adultos de espécies animais surgem em razão de modificações evolucionárias em seu programa de desenvolvimento — ou seja, a filogenia ocorre através de mudanças na ontogenia, exatamente o oposto da suposição de Haeckel. Quando muda o programa do desenvolvimento, surgem novas formas, nem mais nem menos "avançadas": apenas diferentes.

Apesar disso, foi baseado na versão "evolutiva" da escala da natureza que Edinger assentou os alicerces de uma nomenclatura que foi usada durante um século inteiro para definir as subdivisões cerebrais de todos os vertebrados — e até hoje, graças ao modelo muito conhecido do cérebro trino proposto por MacLean, essa nomenclatura influencia as concepções populares de evolução do cérebro. Ainda mais importante foi o fato de que Edinger inaugurou uma escola de pensamento que igualava "evolução do cérebro" a "progresso", e ela forneceria o pano de fundo para uma das mais difundidas explicações sobre o que dá aos humanos sua vantagem cognitiva em relação aos outros animais: a noção de que o cérebro humano — ou o córtex cerebral, ou o córtex pré-frontal, ou o tempo que ele demora para amadurecer, ou a quantidade de energia que ele consome — é "maior do que deveria ser".

O CÉREBRO HUMANO MAIOR DO QUE DEVERIA SER

Quanto maior é um animal, vertebrado ou invertebrado, maior tende a ser o tamanho de seu cérebro. Essa relação foi reconhecida e formulada já em 1762, quando o naturalista suíço Albrecht von Haller propôs uma noção que passou a ser conhecida como a "regra de Haller": espécies maiores de animais possuem cérebros maiores. No entanto, quanto maior o cérebro, menor ele é em relação ao tamanho do corpo (figura 1.5).[10]

Figura 1.5 Animais maiores geralmente possuem cérebros maiores: um cérebro de rato, com dois gramas de peso, é muito menor do que um cérebro de capivara (75 gramas), que por sua vez é menor do que um cérebro de gorila (aproximadamente quinhentos gramas), o qual é muito menor do que um cérebro de elefante (4 mil a 5 mil gramas). Porém, o tamanho relativo do cérebro, isto é, a fração da massa corporal que ele representa, é menor para os animais de maior porte, e isso se evidencia quando desenhamos esses animais como se fossem todos do mesmo tamanho (*fileira inferior*).

O cérebro relativamente menor dos animais maiores é um exemplo de crescimento alométrico ou "alometria". A alternativa seria o crescimento isométrico, que aconteceria se animais maiores possuíssem cérebros proporcionalmente maiores, constituindo uma fração constante da massa corporal. Podemos identificar a inspiração para o campo da alometria, o estudo de como a forma do corpo e a proporção das suas partes variam dependendo do tamanho do corpo, em Galileu Galilei no século XVII. Galileu reconheceu que os corpos de animais maiores (e em particular seus ossos) não podiam ser versões proporcionalmente aumentadas (isométricas) dos corpos de animais menores, porque se assim fosse eles desabariam sob o próprio peso — como percebemos intuitivamente que aconteceria com os elefantes de Salvador Dalí e suas pernas longas e finíssimas.

Mas o termo "alometria" só veio a ser cunhado em 1891 pelo físico alemão Otto Snell,[11] e posteriormente desenvolvido pelo biólogo britânico Julian Huxley, que deu tratamento matemático às relações entre tamanho e forma do corpo, ilustradas pelos primorosos desenhos de D'Arcy Wentworth Thompson em seu livro *On Growth and Form*, de 1917. Huxley observou que as relações alométricas sempre assumiam a forma de leis de potência, segundo as quais um número varia proporcionalmente a um segundo número elevado a certo expoente, em vez de multiplicado por uma constante como nas relações lineares (figura 1.6). Hoje é bem conhecido o fato de que a massa de partes do corpo sempre se relaciona à massa corporal segundo leis de potência sob a forma $Y = bX^a$: a lei de potência é a única função que define uma relação *com invariância de escala* entre X (por exemplo, massa corporal) e Y (massa de uma parte do corpo, por exemplo, o cérebro). No caso dos mamíferos, a invariância de escala descreve como os corpos de mamíferos variam, na massa, em oito ordens de grandeza (isto é, segundo um fator de aproximadamente 100 milhões) enquanto mantêm uma arquitetura geral comum reconhecível.

Na prática, isso significa que um mamífero sempre é facilmente reconhecido como um mamífero, independentemente do tamanho. Esse fato implica que devem existir regras biológicas quantitativas gerais relacionando as várias partes do corpo — leis que não variam com o tamanho dos animais, e que assim permanecem válidas para todo um conjunto de tamanhos. E a validade dessas leis na natureza, quando se trata da construção de corpos, evidencia-se nas relações alométricas descritas por Huxley.

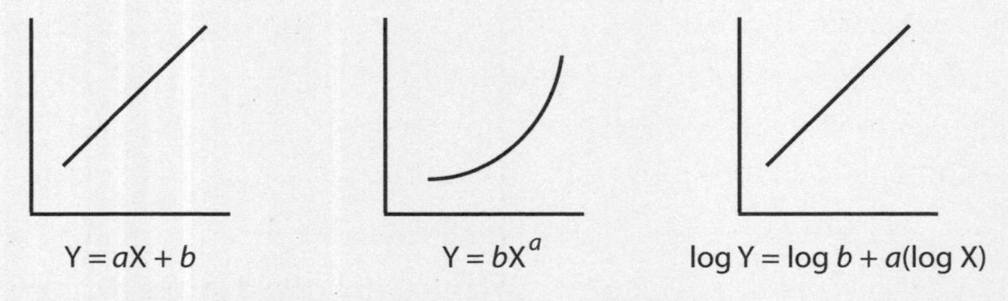

Figura 1.6 Função linear traçada em uma escala linear (*à esq.*), função potência (em que o expoente alométrico $a > 1$) traçada em uma escala linear (*ao centro*), e relação entre o logaritmo dos valores traçada em uma escala linear (*à dir.*), que converte a função potência em uma função linear, muito mais fácil de calcular nos tempos em que não existiam computadores digitais. Em funções alométricas, X é a massa corporal e Y é, tipicamente, a massa, o volume ou a área da superfície de uma parte do corpo.

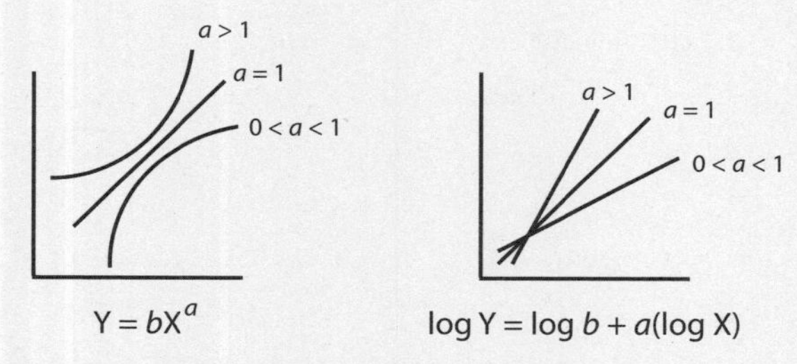

Figura 1.7 Leis de potência traçadas diretamente em uma escala linear (*à esq.*) e traçadas como os logaritmos dos valores de X e Y, em uma escala linear (*à dir.*), dependendo do expoente alométrico a da função. Quando $a > 1$, Y aumenta mais depressa do que X (massa corporal), como ocorre com a massa óssea; quando $a = 1$, Y aumenta proporcionalmente a X, como no caso do volume sanguíneo; e quando $0 < a < 1$, Y ainda aumenta junto com X, porém mais lentamente, como no caso da massa encefálica.

A alometria de uma parte do corpo, por exemplo, o cérebro, descreve como essa parte varia em tamanho (seja este superfície, massa ou volume) conforme a massa* do corpo varia, e pode ser descrita pelo expoente alométrico da relação com a massa corporal. Como ilustrado na figura 1.7, expoentes alométricos de 1,0 transformam leis de potência em funções lineares, portanto implicam que essa parte do corpo varia em escala isometricamente (proporcionalmente) com o corpo como um todo, como acontece, por exemplo, com o volume do sangue em circulação, que é sempre uma proporção fixa do volume corporal. Expoentes maiores do que 1 indicam que uma parte do corpo cresce mais rapidamente do que o corpo como um todo, o que acontece com os ossos, como predito por Galileu. E expoentes alométricos menores do que 1, porém maiores do que 0, indicam que determinada parte do corpo cresce quando o corpo cresce, mas a um ritmo menor, de modo que sua massa proporcional é menor em animais maiores. Esse é o caso do cérebro.

Em 1937, o neuropatologista americano Gerhardt von Bonin concluiu que era possível descrever a relação entre massa encefálica e massa corporal para muitas espécies segundo leis de potência com um dado expoente alométrico. Isso permitiu que surgisse um novo conceito: o do cérebro que é maior relativamente ao tamanho que se *esperaria* que ele tivesse para uma dada massa corporal. A razão disso é que a existência de uma relação alométrica para a massa encefálica, descrevendo o tamanho dos cérebros de mamíferos como uma lei de potência da massa corporal, permitia predizer o tamanho do cérebro que uma espécie mamífera genérica "deveria" ter considerando-se a sua massa corporal. Essa predição poderia então ser comparada à massa encefálica *real* de cada espécie (figura 1.8).

* Massa (em *g*) e volume (em cc ou cm^3) são geralmente medidas intercambiáveis de tamanho tridimensional, proporcionais entre si por um fator de 1,036, considerando que a maior parte do corpo dos animais é composta de água.

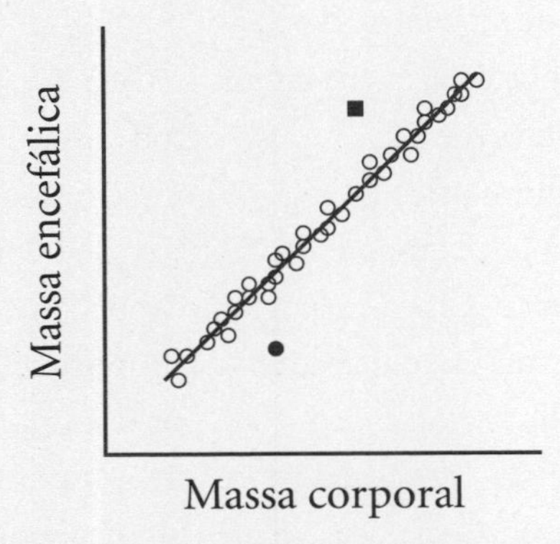

Figura 1.8 A reta representada no gráfico é a função alométrica massa encefálica = $b \times$ massa corporal^a, calculada para os pontos de dados indicados, onde cada ponto representa uma espécie de mamífero. A reta ilustra a massa encefálica predita para um animal de qualquer dada massa corporal; conhecer a massa corporal permite predizer, simplesmente aplicando a fórmula, qual deve ser o tamanho do cérebro do animal. Ocasionalmente, porém, descobre-se que uma espécie (círculo cheio) possui um cérebro muito menor, e que outra (quadrado cheio) possui um cérebro muito maior do que "deveria". Claro, se uma espécie dotada de um cérebro maior do que o esperado possui um cérebro grande demais para seu corpo ou um corpo pequeno demais para seu cérebro é outra questão bem diferente.

Comparações desse tipo, entre qual "deveria" ser a massa de uma estrutura encefálica e qual ela era na realidade para uma dada massa corporal, foram feitas em 1969 por Heinz Stephan e Orlando Andy, quando trabalhavam no laboratório que fora de Ludwig Edinger em Frankfurt, na Alemanha. Stephan e Andy supuseram (incorretamente, mas isso só seria descoberto cerca de quarenta anos depois) que os primatas, assim como a maioria dos mamíferos placentários modernos, se não todos, tiveram sua origem evolutiva em animais semelhantes a insetívoros como toupeiras e musaranhos, animais modernos que, devido ao seu tamanho diminuto, eram, na época, considerados semelhantes ao que os mamíferos ancestrais deviam ter sido no passado. Seguindo a boa tradição edingeriana, Stephan e Andy calcularam o que chamaram de "índices de progressão": uma medida do quanto espécies modernas teriam se distanciado do estado "primitivo" do cérebro ancestral, supostamente semelhante ao do cérebro de um insetívoro moderno. Primeiro eles calcularam o volume encefálico esperado para um animal "primitivo" a partir da relação alométrica entre o volume encefálico (ou o volume de cada estrutura específica) e a massa corporal válida para espécies que eles classificavam como insetívoras basais, isto é, as mais próximas e, portanto, mais semelhantes ao mamífero ancestral. Depois calcularam seus índices de progressão: "quantas vezes uma dada estrutura encefálica de determinada espécie é maior do que a estrutura correspondente em um típico insetívoro basal que tenha o mesmo peso corporal".[12] Quanto maior uma estrutura encefálica em comparação com o tamanho que ela deveria ter em um insetívoro basal de massa corporal semelhante, mais "progressiva" se inferia que ela era.

Como o próprio Edinger teria predito, Stephan e Andy constataram que o neocórtex apresentava a mais acentuada "progressão" nos primatas, em uma "escala primata ascendente", enquanto o bulbo olfatório era a única estrutura que regredia, isto é, tornava-se menor do que o predito para um corpo daquele tamanho comparado ao "estado primitivo". A progressão era particularmente elevada, e na verdade a mais alta, no neocórtex *humano*: era a que mais se desviava do volume esperado para a massa corporal correspondente. Assim, Stephan e Andy diligentemente concluíram que o tamanho do neocórtex "representa o melhor critério cerebral atualmente disponível para classificarmos uma dada espécie em uma escala de estágios evolutivos crescentes". Suas conclusões pareciam provar que Edinger tinha razão: a "evolução progressiva" descrevia o aumento do neocórtex relativamente ao corpo e a outras estruturas do cérebro, e esse aumento "culminou nos mamíferos e, em especial, nos primatas"[13] — atingindo o ápice nos humanos. Lá estava: os humanos tinham um neocórtex grande demais em comparação com o que um mamífero "primitivo" possuiria.

O COEFICIENTE DE ENCEFALIZAÇÃO

No entanto, o conceito de um índice progressivo fez história sob outro nome, "coeficiente de encefalização", apresentado em 1973 pelo paleontólogo americano Harry Jerison em seu influente livro *Evolution of the Brain and Intelligence.*

Jerison interessou-se pela alometria quando encontrou sua descrição no livro de Huxley *Problems of Relative Growth.*[14] Aplicou-a então ao conceito de como o volume do cérebro muda conforme aumenta a massa do corpo. Jerison tomou por base o trabalho de 1897 do paleoantropólogo holandês Eugène Dubois (o descobridor do *Homo erectus*) sobre "índices de cefalização", a razão entre massa encefálica e massa corporal, que por sua vez tinha como alicerce a análise apresentada em 1891 por Otto Snell sobre a relação entre cérebro e corpo para diversas espécies. Enquanto Stephan e Andy calcularam relações alométricas para insetívoros basais e as estenderam para fazer predições para cérebros de primatas, Jerison optou por calcular a relação alométrica para massa encefálica e corporal em uma grande amostra de espécies mamíferas diversas, todas misturadas, com o objetivo de predizer o tamanho do cérebro.[15]

A massa encefálica predita podia, então, ser comparada à massa encefálica *real* de cada espécie, como ilustrado na figura 1.8. Na concepção de Jerison, corpos cada vez maiores necessariamente requeriam uma massa encefálica cada vez maior para lidar com suas informações sensoriais e controlar seus movimentos. Portanto, se a massa encefálica de uma espécie era maior do que a esperada para sua massa corporal (dada a relação que se aplica a outras espécies), essa espécie possuía massa encefálica "extra", além da que seria estritamente necessária para lidar com seu corpo. Usando o termo de Jerison: ela seria mais "encefalizada" — portanto, mais inteligente.

Dividindo a massa encefálica real observada das mais diversas espécies de mamíferos pela massa encefálica predita para cada uma, dada sua massa corporal, Jerison agora estava em posse de um único número adimensional para cada espécie, o coeficiente de encefalização, que indicava o quanto o cérebro de uma espécie era maior do que ele "deveria" ser. Para o autor, esse coeficiente tinha o propósito específico de servir como um indicador de inteligência tanto na evolução humana (ele calculou o coeficiente de encefalização de ancestrais humanos extintos usando a capacidade craniana para estimar o volume encefálico) como para comparar espécies primatas e não primatas. Pelos seus cálculos, o coeficiente de encefalização do humano moderno era de aproximadamente 7,5, o que significava que o volume do cérebro humano era cerca de sete vezes e meia maior do que o volume do cérebro calculado para um mamífero genérico com massa corporal igual à nossa.[16] Em um distante segundo lugar vinham várias espécies primatas, com míseros coeficientes de encefalização em torno de 2. Na evolução humana, segundo Jerison propôs condizentemente com o conceito de evolução progressiva de Edinger, o que aconteceu foi um avanço dos coeficientes de encefalização que culminou no homem. Isso decidia a questão. O que nos tornava humanos, o que distinguia o cérebro humano dos cérebros de outras espécies e explicava as nossas notáveis e insuperáveis habilidades cognitivas, ainda que o nosso cérebro não fosse o maior no mapa (o do elefante e os de algumas baleias são maiores), era o fato de nosso cérebro ser *muito maior do que deveria ser* para a nossa massa corporal. Éramos uma anomalia, a exceção à regra de que animais maiores possuem cérebros só um pouco maiores. Nós éramos verdadeiramente especiais.

O PROBLEMA DA ENCEFALIZAÇÃO

Nas décadas seguintes, o coeficiente de encefalização passou a ser amplamente aceito como critério para comparar espécies, com a suposição de que ele era melhor do que o tamanho absoluto do cérebro para se usar como uma *proxy* [variável equivalente] da capacidade cognitiva.[17] Em retrospectiva, porém, existem amplas evidências para questionar essa solução simples, "maior do que deveria ser". É bem verdade que qualquer "massa encefálica em excesso" poderia ser disponibilizada para funções não relacionadas às demandas do corpo: raciocínio, padrões de reconhecimento, planejamento para o futuro. Contudo, as relações alométricas são calculadas ajustando-se uma equação aos dados usados, o que necessariamente deixa alguns dados acima e outros abaixo da curva ajustada no gráfico, como na figura 1.8. Assim, se existem espécies que são encefalizadas (porque incidem acima da curva, com volumes encefálicos acima do esperado), por necessidade matemática também existem outras espécies que incidem abaixo da curva e são, portanto, "*sub*encefalizadas", possuindo *menos* massa encefálica do que o necessário para o funcionamento do corpo — uma proposição altamente improvável, já que essas espécies estão vivas e passam bem.

No entanto, havia um aspecto ainda mais problemático: a suposição circular de que o coeficiente de encefalização expressava a inteligência ou qualquer indicador quantitativo da capacidade cognitiva (porque ele é máximo nos humanos e, portanto, tinha de ser relacionado com a inteligência) não tinha por base uma correlação testada e verdadeira com medidas reais de capacidade cognitiva. Além disso, havia incongruências na correlação direta presumida entre o coeficiente de encefalização e as capacidades cognitivas. Imediatamente abaixo dos humanos, o macaco-prego (*Cebus apella*), de porte relativamente pequeno, é o primata que apresenta o mais elevado coeficiente de encefalização — aproximadamente 2. Portanto, seria de esperar que ele fosse mais inteligente do que os grandes primatas não humanos,[18] cujo pequenino coeficiente de encefalização é inferior a 1 — o que, em teoria, classifica os grandes primatas não humanos como algumas daquelas espécies a quem falta parte da massa encefálica necessária para operar o corpo. Contudo, os grandes primatas não humanos mostram comportamentos inquestionavelmente mais complexos e flexíveis do que os macacos-prego e outros macacos e saguis mais encefalizados.[19] O coeficiente de encefalização de Jerison funcionava bem para destacar os humanos de todas as outras espécies, mas deixava estas numa confusão sem solução.

Adicionalmente, o conceito de encefalização supunha que todos os cérebros eram construídos do mesmo modo, ou seja, que certa quantidade de massa encefálica sempre continha um número semelhante de neurônios em todas as espécies. No entanto, uma "massa encefálica extra" — por exemplo, com fator 2 — deveria representar uma massa encefálica absoluta maior, portanto um número maior de "neurônios extras", em um cérebro maior do que em um cérebro menor. Assim, na prática, o mesmo coeficiente de encefalização deveria significar uma vantagem cognitiva maior em um cérebro maior do que em outro menor. Acontece que isso era difícil de resolver, primeiro por causa da grande dificuldade de comparar as capacidades cognitivas de espécies não humanas e, segundo, porque na época ninguém sabia quantos neurônios os diferentes cérebros possuíam. Mas que importância tinha isso, afinal? Parecia que criticar a encefalização era discutir o sexo dos anjos; se a espécie humana era incomparavelmente a mais encefalizada, já não bastava?

Por três décadas, o coeficiente de encefalização continuou a ser o parâmetro mais usado para comparar espécies, na esperança de que ele realmente refletisse algo equivalente à inteligência. Ele era o único critério de mensuração, em contraposição ao tamanho absoluto ou relativo do cérebro, no qual a espécie humana se destacava obviamente de todas as demais.[20] Tornou-se o critério adotado pela bióloga americana Lori Marino, fervorosa defensora do direito dos cetáceos como pessoas não humanas; ela constatou que os golfinhos têm coeficiente de encefalização superior a 3, abaixo dos humanos, mas muito acima dos de todas as demais espécies primatas.[21]

Mas então, na primeira década do século XXI, o significado do coeficiente de encefalização passou a ser questionado na literatura especializada,[22] e começaram a ser feitas comparações sistemáticas muito necessárias de capacidades cognitivas gerais de espécies primatas não humanas[23] e de habilidades de autocontrole específicas de mamíferos e aves.[24] Não surpreendeu que a conclusão comum dessas comparações fosse que o simples tamanho absoluto do cérebro era um indicador das capacidades cognitivas muito melhor do que o coeficiente de encefalização. Voltou-se à estaca zero. Se o cérebro humano não é o maior, como pode ser o mais capaz de todos?

ESPECIAL EM VÁRIOS ASPECTOS

Não importava a constatação de que o coeficiente de encefalização não era o melhor indicador das capacidades cognitivas entre os animais não humanos: para muitos especialistas, e especialmente para a maioria dos não especialistas, a noção do cérebro maior em relação ao corpo permaneceu no topo da lista das "características que tornam o cérebro humano especial". Afinal de contas, se animais maiores possuem cérebros maiores e os gorilas têm o triplo do nosso tamanho, o cérebro deles deveria ser maior do que o nosso; no entanto, o cérebro humano tem aproximadamente o triplo do tamanho do cérebro do gorila. Jerison deixara claro: o cérebro humano é extraordinariamente grande para o corpo que o abriga.

Não especial o suficiente? Considere a quantidade de energia que um cérebro humano consome: cerca de quinhentas calorias por dia. Isso é aproximadamente 25% da energia requerida por todo o corpo humano — uma quantidade imensamente desproporcional de energia, visto que o cérebro humano representa apenas 2% de toda a massa corporal. Em comparação, um cérebro de camundongo (que representa aproximadamente 1% da massa corporal do animal) custa apenas 8% da energia para fazer o corpo todo funcionar.[25] O cérebro humano é extraordinariamente caro.

A lista de características distintivas do cérebro humano continuou a crescer à medida que cada vez mais cientistas de diferentes disciplinas juntaram-se na busca dos fatores que explicavam nossas notáveis habilidades cognitivas. Foram descobertas grandes células fusiformes chamadas "neurônios de Von Economo", primeiro no córtex cingulado do cérebro humano, uma área envolvida no controle cognitivo e emocional do comportamento, e em grandes primatas não humanos, mas não em outros primatas nem em outros mamíferos.[26] Os neurônios de Von Economo logo foram saudados como uma marca registrada do cérebro humano, e até se ensaiou associá-los à consciência.[27] Contudo, quando as investigações foram estendidas a outras espécies, ficou claro que outros primatas também possuíam esse tipo de neurônio,[28] e que, na verdade, eles são encontrados em cérebros tanto maiores como menores do que o humano.[29]

As distinções do cérebro humano não se limitam a seus neurônios. Em 2009, Nancy Ann Oberheim e colegas descobriram que os astrócitos humanos, células gliais que são cruciais para a transmissão sináptica de informações entre neurônios, são muito maiores do que os astrócitos do cérebro de outros primatas e de roedores, o que significa que os nossos astrócitos deveriam suportar muito mais sinapses do que os dessas outras espécies.[30] Ainda se poderia dizer que essa distinção seria devida simplesmente ao tamanho do cérebro, pois Oberheim e colegas não examinaram cérebros maiores do que o humano; os astrócitos dos elefantes, por exemplo, poderiam revelar-se ainda maiores do que os nossos. Mesmo assim, os astrócitos humanos parecem "melhores" do que os de roedores: quando células progenitoras gliais humanas foram transplantadas para o cérebro de camundongos em desenvolvimento, e com isso astrócitos humanos povoaram o cérebro dos camundongos adultos, os animais recipientes passaram a apresentar capacidade de aprender mais rapidamente.[31]

Em um nível de organização mais elevado, em que neurônios formam redes, descobriu-se que o cérebro humano também difere do cérebro do animal que é o segundo colocado e frequentemente serve de fita métrica nas comparações com o cérebro humano: o cérebro do chimpanzé. Por exemplo, a neurópila, a fração do córtex cerebral ocupada por conexões sinápticas, é maior no cérebro humano do que no do chimpanzé[32] — embora isso possa resultar simplesmente do fato de a massa do cérebro humano ser maior, e não de nosso cérebro ser especial. Alguns cientistas dizem que há regiões cerebrais específicas dos humanos e redes que não estão presentes no cérebro de macacos,[33] embora outros cientistas discordem.[34] Por outro lado, descobriu-se que cérebros tão diferentes entre si quanto os de humanos, macacos, gatos e até pombos organizam-se como redes de mundo pequeno [*small-world networks*] semelhantes, com as mesmas centrais de grande conectividade [*hubs*] — como o córtex pré-frontal e o hipocampo.[35]

Mais recentemente, o enfoque passou para os estudos da nossa constituição genética, os quais vêm gerando uma lista crescente de genes específicos dos humanos, ou seja, que são "diferentes" nos humanos quando comparados ao chimpanzé, nosso primo mais próximo, na esperança de descobrir que esses genes encerram o segredo da nossa singularidade. A lista inclui genes que controlam o tamanho de cérebro,[36] a formação de sinapses,[37] o desenvolvimento da fala e da linguagem[38] e o metabolismo celular,[39] e também genes que controlam outras características morfológicas específicas dos humanos, como a forma do punho e do polegar na nossa espécie.[40]

No entanto, em 2003, quando me interessei pela diversidade e evolução do cérebro e, em particular, por como o cérebro humano se compara a outros, percebi que, apesar da riqueza de dados complexos sobre genes, áreas funcionais e determinados tipos de células, ainda não entendíamos o básico: de que são feitos os cérebros — quantos neurônios, quantas células gliais existem em cada estrutura cerebral. Não tínhamos ideia de como o número de neurônios, as unidades que processam informações no cérebro, se comparava entre o cérebro humano e os demais cérebros. Particularidades genéticas e celulares à parte, será que a explicação mais simples para as nossas capacidades cognitivas notáveis, incomparáveis, era um número notável de neurônios?

2. Sopa de cérebro

O estado de coisas quando me interessei por saber do que os cérebros são feitos e como o cérebro humano em especial se comparava a outros era simples: ele não se comparava. Porque, com aquela lista comprida e ainda crescente de singularidades, nós éramos especiais.

Eu, com minha formação de bióloga, não entendia por que tantos dos meus colegas neurocientistas aceitavam sem questionar essa afirmação de singularidade humana, e até a endossavam e propagavam. Desde Darwin nos empenhamos para entender as regras que se aplicam a todos os seres vivos, as restrições que são comuns a toda matéria viva. Acabamos por compreender que, por trás da diversidade de todos os mamíferos, existe uma constituição genética básica e hereditária que a restringe: quem sai aos seus degenera só um pouquinho. Mas se essas restrições evolutivas também se aplicam aos humanos, como é que o cérebro do *Homo sapiens*, e só ele, poderia ser ao mesmo tempo tão semelhante a outros nas regras evolutivas a que ele obedece e, no entanto, tão diferente — a ponto de nos dotar da habilidade de refletir sobre nossas origens materiais e metafísicas, o mundo e o universo, enquanto os outros animais literalmente cuidam da própria vida e só?

Na primeira década do século XXI parecia ainda mais necessário que características de tamanho relativo, custo energético e constituição genética extraordinários do cérebro humano explicassem as nossas notáveis habilidades cognitivas, pois o pouco trabalho feito no século anterior para comparar a matéria cerebral humana com a de outras espécies não indicava nada de especial. Por razões técnicas, durante décadas a comparação de tecidos cerebrais de espécies diferentes limitou-se a estimar densidades de neurônios em seções de tecido, isto é, a medir quantos neurônios eram visíveis ao microscópio em uma seção de certas dimensões. Um punhado de cientistas — entre eles Donald Tower e Herbert Haug — examinou a densidade de neurônios no córtex cerebral de diversas espécies de mamíferos e não encontrou nenhuma coisa que destacasse os humanos. Em termos de anatomia, nossa matéria cerebral parecia não ser feita com nada diferente da matéria cerebral daqueles outros animais. Se isso fosse verdade, então nossa superioridade tinha de ser devida a alguma outra coisa que fosse fora do comum, por exemplo, a maior quantidade relativa de matéria cerebral no corpo, ou um uso de energia relativamente maior, como se o nosso cérebro fosse um computador turbinado.

Ou talvez a razão de a matéria do cérebro humano parecer tão ordinária era simplesmente estarmos comparando os humanos com as espécies erradas, como maçãs com laranjas. Em seu trabalho pioneiro, Donald Tower,[1] e depois Herbert Haug,[2] compararam livremente camundongos, coelhos, gatos, vacas, baleias, macacos e humanos entre si, sem levar em consideração a possibilidade de que, se existem óbvias diferenças externas entre roedores, carnívoros, artiodáctilos, cetáceos e primatas, também devem existir no mínimo algumas diferenças internas, possivelmente também nos cérebros. Harry Jerison faria o mesmo. Tais comparações condiziam totalmente com a suposição básica da época de que todos os cérebros de mamíferos eram construídos do mesmo modo, com uma mesma relação entre tamanho do cérebro e número de neurônios — e de que o cérebro humano, de fato, não diferia do de nenhum outro mamífero. Embora nunca explicitada, a expectativa durante todo o século XX, evidenciada na prática usual de comparar indiscriminadamente os cérebros de espécies distintas, era de que todos os cérebros de mamíferos, grandes e pequenos, fossem variações aumentadas ou diminuídas de um mesmo esquema básico.

Mas e se não fossem?

TODOS OS CÉREBROS SÃO CRIADOS IGUAIS?

Deixemos de lado a encefalização e o custo energético e voltemos ao básico por um momento. Um pouquinho de raciocínio crítico nos diz que todos os cérebros não podem ser feitos do mesmo modo, com uma relação igual e universal entre tamanho do cérebro e número de neurônios. Todos os cérebros são, sim, feitos de neurônios, as menores unidades computacionais que processam informações e as transmitem nas redes em grande escala que eles constroem no cérebro. As informações são recebidas através de sinapses, e estima-se que existam de 10 mil a 100 mil sinapses por neurônio. As informações transmitidas por todas essas sinapses convergem no corpo celular do neurônio, que então as processa e transmite o resultado ao neurônio seguinte. Embora certamente possuir mais sinapses deva contribuir para aumentar a flexibilidade e a complexidade do processamento de informações em um neurônio, é razoável supor que, em última análise, a capacidade computacional do cérebro de uma dada espécie deve ser muito mais limitada pelo número de neurônios do que pelo de sinapses.[3]

Se os cérebros de todos os mamíferos fossem feitos da mesma maneira, então dois cérebros de tamanhos semelhantes deveriam ser feitos de números semelhantes de neurônios, distribuídos de maneira semelhante por suas estruturas. E se os números de neurônios limitam a capacidade cognitiva, então vacas e chimpanzés, ambos dotados de um cérebro que pesa aproximadamente quatrocentos gramas, deveriam ter capacidades cognitivas comparáveis. Surpreendentemente, tem sido difícil conceber modos de comparar as capacidades cognitivas de espécies distintas. Testes cognitivos precisam ser ecologicamente relevantes para as espécies testadas: têm de respeitar não apenas seus interesses particulares, mas também o feitio de seu corpo (possuem cascos, garras, dedos — ou asas?) e, ainda assim, serem comparáveis entre as várias espécies.* Isso posto, temos suficiente familiaridade com as duas espécies em questão para suspeitar que os chimpanzés possuem repertórios comportamentais muito mais ricos, mais flexíveis e complexos do que as vacas. A menos, é claro, que as vacas tenham uma vida mental riquíssima e sejam tão espertas que prefiram não nos deixar perceber que estão refletindo profundamente enquanto pastam. Uma possibilidade altamente improvável, considerando que as vacas nos permitem criá-las para o abate em manadas pacíficas, ao passo que os chimpanzés inventam manhas para ludibriar os tratadores nos zoológicos. Está claro que dois cérebros de tamanhos semelhantes *não têm* necessariamente habilidades cognitivas semelhantes.

* Uma tentativa muito promissora de comparar capacidades cognitivas entre espécies foi feita em 2014 por uma grande equipe de cientistas de todo o planeta, chefiada por Evan MacLean. Adiante trataremos desse caso mais detalhadamente.

Mas prossigamos nessa linha de raciocínio, porque já vai piorar. Se todos os cérebros de mamíferos fossem construídos do mesmo modo, variando em tamanho como versões maiores ou menores de um mesmo desenho básico executado em escala segundo as mesmas regras, então cérebros maiores sempre deveriam ter mais neurônios do que cérebros menores; e, como os neurônios são as unidades computacionais básicas do cérebro, os cérebros maiores também deveriam possuir capacidade cognitiva maior do que os cérebros menores. No entanto, aqui surge o mais perturbador de todos os problemas relacionados ao tamanho do cérebro: o cérebro humano não é o maior de todos. Na verdade, nem chega perto de ser o maior, razão pela qual o maior coeficiente de encefalização foi saudado como a solução tão esperada para esse paradoxo. No mínimo treze espécies possuem encéfalo de tamanho equivalente ou maior do que a nossa média de 1,5 quilo — e o maior encéfalo conhecido, que pesa nove quilos, seis vezes mais do que o nosso, pertence a uma baleia, o cachalote. A honra não é só dos cetáceos: o cérebro do elefante africano, de cinco quilos, pesa mais que o triplo do nosso.

Cachalote	9000 g	Baleia cinzenta	4300 g
Baleia comum	6930 g	Falsa orca	3650 g
Baleia-azul	6800 g	Baleia-piloto	2700 g
Orca	5600 g	Baleia-da-groenlândia	2700 g
Elefante africano	5000 g	Minke	2300 g
Jubarte	4700 g	Golfinho-nariz-de-garrafa	1500 g
Elefante asiático	4400 g	Humanos	1300 g

Essas incongruências indicam que nem todos os cérebros são feitos do mesmo modo, nem seguem a mesma regra de proporcionalidade — e me levaram a desconfiar que talvez não soubéssemos realmente do que eram feitos os diferentes cérebros, muito menos o cérebro humano. Embora a literatura especializada contivesse muitos estudos sobre o volume e a área da superfície do cérebro de diversas espécies,[4] além de vários artigos sobre densidades de neurônios no córtex cerebral,[5] eram raras as estimativas sobre números de neurônios. Em especial, não consegui encontrar nenhuma fonte original da tão repetida noção dos "100 bilhões de neurônios no encéfalo humano". Na melhor das hipóteses, essa seria uma ordem de grandeza aproximada. Em 1988, Robert Williams e Karl Herrup haviam estimado "aproximadamente 85 bilhões de neurônios" no cérebro humano, com base em estimativas parciais para o córtex cerebral e o cerebelo, mas depois disso eles foram muitas vezes citados erroneamente como se tivessem estabelecido um número médio muito mais arredondado, os tais 100 bilhões de neurônios no encéfalo humano. Em 2003 consultei vários neurocientistas mais experientes, a maioria dos quais acreditava nessa estimativa dos 100 bilhões, mas nenhum deles foi capaz de me fornecer a referência da citação original. Mais tarde encontrei Eric Kandel em pessoa, cujo livro didático *Princípios de neurociências*,[6] verdadeira bíblia da área, apregoava esse número, com o complemento "e com dez a cinquenta vezes mais células gliais". Quando perguntei a Eric onde ele tinha arranjado esses números, ele pôs a culpa em seu coautor Tom Jessel, que fora o responsável pelo capítulo onde eles apareciam. Mas nunca pude conferir isso com Tom Jessel. Pelo visto, uma aproximação parcial fora usada como uma estimativa de ordem de grandeza, a qual, por sua vez, tinha sido confundida com a realidade. Estávamos em 2004, e ninguém sabia verdadeiramente quantos neurônios continha em média um encéfalo humano.

Agora parece que a ideia de que há dez vezes mais células gliais do que neurônios é um mito ainda maior que a dos 100 bilhões de neurônios. Segundo esse mito, se de fato existissem 100 bilhões de neurônios no cérebro como um todo, teria de haver também 1 trilhão de células gliais. Em 2004 sabia-se que existem menos do que duas células gliais para cada neurônio na substância cinzenta do córtex cerebral humano, e muito menos do que 0,1 no cerebelo.[7] Isso significava que ainda teria de haver por volta de 1 trilhão de células gliais no estriado, diencéfalo e tronco cerebral, os quais pesam, juntos, menos de duzentos gramas. Se isso fosse verdade, deveria haver aproximadamente 5 milhões de células gliais por miligrama de tecido nessas áreas, enquanto em todas as áreas examinadas até 2004 concluíra-se que as densidades de células gliais nunca superavam 100 mil por miligrama de tecido, um número cinquenta vezes menor. As tão populares estimativas de 100 bilhões de neurônios e dez vezes mais células gliais no cérebro humano pareciam ser o resultado de uma brincadeira de "telefone sem fio" entre cientistas, na qual a aceitação de um punhado de estimativas de ordem de grandeza e de razões entre glias e neurônios como se fossem a realidade fugira ao controle e, sendo números redondos tão atraentes, arraigaram-se na imaginação de neurocientistas e do público.

Uma das razões da ausência de estimativas factuais para o número de células do cérebro como um todo era que, na época, o único modo confiável de contar células baseava-se na estereologia, usando, por exemplo, o "fracionador óptico", o mais confiável método estereológico para contar células. O fracionador óptico consiste em posicionar sobre fatias finíssimas de tecido sondas tridimensionais virtuais constituindo uma pequena fração conhecida do volume de tecido total, contar o número de células encontradas na área abrangida pelas sondas, e então fazer a extrapolação para o número total de células no volume do tecido como um todo. Esse é um método aceitável para tecidos que tenham uma distribuição de células relativamente homogênea ou pelo menos apresentem apenas pequenas variações na densidade das células nas diversas porções do tecido. No entanto, a distribuição altamente heterogênea dos neurônios pelas diferentes estruturas do encéfalo torna impraticável usar a estereologia para determinar números de células no encéfalo como um todo. As densidades neuronais variam segundo fatores de até mil nas estruturas do tronco cerebral e cerebelo. Mesmo dentro de uma única estrutura — por exemplo, o cerebelo —, os neurônios aglomeram-se em densidades muito variadas nas diferentes camadas. Para lidar com isso em um estudo estereológico seria preciso fatiar o cérebro em centenas de estruturas de densidades comparáveis, depois introduzir nelas um número altíssimo de sondas para fazer a contagem. Seria proibitivamente caro até para um laboratório bem equipado. Que dirá para mim, que não tinha laboratório nem financiamento.

COMO CONTAR CÉLULAS SEM UM LABORATÓRIO?

Quando entrei no ramo da contagem de células, eu não era neuroanatomista, e a estereologia estava longe de ser a minha área de especialização. Em 2003 eu nem tinha um laboratório, muito menos financiamento. Fora contratada no ano anterior para trabalhar na Universidade Federal do Rio de Janeiro como professora adjunta especializada em divulgação científica, o mesmo trabalho que eu fizera nos três anos anteriores em um museu de ciência no Rio, após uma formação científica um tanto heterodoxa. Depois de me especializar em virologia durante a graduação na Universidade Federal do Rio e de um breve período como aspirante a geneticista na Case Western Reserve University (CWRU), em Cleveland, fui iniciada em neurociência por um amigo da pós-graduação, e me especializei no desenvolvimento do sistema nervoso periférico no laboratório de Story Landis durante dois anos na CWRU, onde descobri a neurociência de sistemas durante meus cursos da pós-graduação. Depois fui estudar na Alemanha, onde fiz doutorado em neurofisiologia visual enquanto trabalhava no laboratório de Wolf Singer no Instituto Max Planck de Estudos do Cérebro em Frankfurt. Depois de decidir não fazer pós-doutorado em respostas neuronais oscilatórias, que fora a minha área de estudo ali, voltei para o Rio de Janeiro e fui trabalhar como cientista visitante no Museu da Vida, para acompanhar meu marido na época, que acabara de se tornar bolsista de pós-doutorado no laboratório de Roberto Lent na Universidade Federal do Rio. Durante os três primeiros anos desse meu retorno à cidade, projetei atividades práticas para as crianças que visitavam o museu, criei um site e escrevi meu primeiro livro de neurociência para o grande público, o qual me rendeu um emprego em minha alma mater. Minha tarefa principal era ensinar divulgação científica a jovens cientistas, mas a banca responsável pela minha contratação deixou claro que, se quisesse, eu poderia me dedicar novamente a atividades de pesquisa.

Agarrei logo a oportunidade. Minha curiosidade tinha sido atiçada enquanto eu vasculhava a literatura para fundamentar um tema que surgira quando eu trabalhava no museu. Eu pensava que o melhor modo de começar um trabalho no qual lidava diretamente com o público era ter uma ideia do que as pessoas pensam sobre o cérebro; assim, em 1999, fiz um levantamento com mais de 2 mil pessoas intitulado "Você conhece seu cérebro?".[8] Era um questionário impresso com mais de 95 afirmações breves do tipo "Não existe consciência sem um cérebro", "Drogas causam dependência porque agem no cérebro" e "A mente é produto de espíritos, não do cérebro". Os respondentes deviam assinalar "Sim", "Não" ou "Não sei". Uma das afirmações era "Usamos apenas 10% do cérebro", e 60% de cariocas de nível universitário responderam "Sim". Eu me surpreendi. Tinha visto essa frase de efeito em revistas de divulgação científica e até em anúncios publicitários, mas não fazia ideia de que era tão arraigada na imaginação do público — especialmente porque é um mito. Usamos 100% do cérebro o tempo todo, quando aprendemos, progredimos, realizamos coisas grandiosas e até quando dormimos; acontece apenas que nós o usamos de maneiras diferentes em momentos diferentes.

Mas e se apenas 10%, ou até menos, das células do cérebro fossem neurônios? Essa era uma afirmação em *Princípios de neurociências* — está dito ali que possuímos 100 bilhões de neurônios e de dez a cinquenta vezes mais células gliais. E essa ideia tornara-se um "fato" tão aceito que se permitia aos neurocientistas começar suas publicações com frases genéricas nessas linhas sem citar referências. Era o equivalente, para os neurocientistas, de dizer que os genes eram feitos de DNA: tornara-se um "fato" universalmente conhecido. Se possuíamos dez vezes mais células gliais do que neurônios, estes compunham aproximadamente 10% do total de células cerebrais, e se os neurônios eram as células que realmente importavam para a cognição (o que faria os especialistas em glia corretamente revirarem os olhos), então talvez fosse mesmo possível dizer que usávamos apenas 10% das nossas células cerebrais.

Mas e se isso não fosse verdade?

Procurando na literatura especializada os estudos originais sobre o número de células que compunham o encéfalo, quanto mais eu lia, mais me dava conta de que estava atrás de algo que não existia. Com todas aquelas numerosas ideias e até algum consenso aparente, nós na verdade não sabíamos quantas células constituíam um cérebro, muito menos como o cérebro humano se comparava a outros.

A estereologia não fornecera a resposta, provavelmente não forneceria, e de qualquer modo eu não teria recursos para usá-la. Mas e se não fosse necessário? Entre os estudos dos anos 1970 que eu tinha lido sobre tentativas de determinar números de células cerebrais havia alguns artigos que propunham extrair e medir o DNA total do cérebro e dividir a quantidade obtida pelo conteúdo médio de DNA por núcleo celular, e com isso chegar ao número estimado para o total de células no cérebro.[9] Funcionaria, sim — mas eu, que anos antes vira minha orientadora da graduação coletar núcleos isolados de culturas de células, só conseguia pensar: "Não, não meça o DNA, conte os núcleos!". Eu tinha uma ideia. Iria transformar cérebros em sopa.

A RESPOSTA ESTÁ NA SOPA

Se o principal obstáculo para contar as células do cérebro era a heterogeneidade de sua distribuição pelo tecido, eu poderia literalmente dissolver essa heterogeneidade em detergente. Isto é, se eu conseguisse dar um jeito de dissolver apenas as membranas celulares no tecido, mas não a membrana nuclear em cada célula, poderia transformar o cérebro numa sopa de núcleos celulares flutuando livremente e contá-los com facilidade por amostragem de apenas algumas alíquotas (minúsculas porções) da suspensão, depois de torná-la homogênea por agitação. Contanto que cada célula cerebral possuísse um só núcleo, se eu soubesse quantos núcleos celulares havia em um cérebro, também saberia quantas células ele possuía. Se ao menos eu tivesse um laboratório onde trabalhar!

Roberto Lent, que era na época o chefe do Departamento de Anatomia da Universidade Federal e fora um dos responsáveis pela minha contratação, sem dúvida possuía um laboratório — e, ironicamente, estava dando os últimos retoques em um livro didático de neurociência intitulado *Cem bilhões de neurônios*. Perguntei se ele sabia de onde vinha esse número e, como eu esperava, a resposta foi negativa. "E se eu dissesse que sei como conseguir uma estimativa adequada?" Roberto não só estava disposto a ouvir minha ideia esquisita de transformar cérebros em sopa para contar células: também me ofereceu um espaço na bancada e materiais de seu laboratório, ainda que, se minha ideia funcionasse, ele talvez tivesse de mudar o título de seu livro (o que ele fez depois, mas muito discretamente; como a primeira edição já era um sucesso de vendas no Brasil na época em que conseguimos nossos resultados, as edições posteriores simplesmente ganharam um ponto de interrogação: *Cem bilhões de neurônios?*).

Em uma prateleira alta de seu laboratório havia um liquidificador de cozinha, e cérebros humanos poderiam ser obtidos no Departamento de Patologia do Hospital Universitário. Eu começaria com camundongos e ratos, é claro, e muito provavelmente não usaria um liquidificador de cozinha; apesar disso, naqueles primeiros tempos, toda vez que eu entrava no laboratório dele, relanceava os olhos para aquele eletrodoméstico e me perguntava: "Será que algum dia eu vou mesmo pôr um cérebro humano num liquidificador e dissolver a essência do que um dia já foi uma pessoa?". Incomodava-me a imagem da dura e súbita aniquilação total de um cérebro humano. Mas por fim me convenci de que, em última análise, dissolver um cérebro não seria tão diferente de cortá-lo em dezenas de milhares de pedaços minúsculos, coisa que os anatomistas precisam fazer rotineiramente para poder visualizar células cerebrais ao microscópio. A diferença era que, em vez de *cortar* o cérebro em pedacinhos, eu o *dissolveria* em porções ainda menores: os núcleos das células. Além disso, o protocolo final não envolvia nada violento como pôr pedaços de cérebro num liquidificador. Era muito mais como uma receita de cozinha na qual pedaços de tecido eram fatiados, cortados em cubos e triturados para fazer um mingau.

Mas as minhas primeiras tentativas envolveram mesmo um pequeno liquidificador. Coletar núcleos celulares é prática usual em bioquímica, por isso comecei testando protocolos emprestados que envolviam congelar cérebros de rato em nitrogênio líquido para romper as membranas celulares e então pôr o tecido, duro como pedra, em um liquidificador manual de cozinha. O resultado deveria ter sido fácil de predizer: pedacinhos de cérebro de rato congelado atirados por toda parte no laboratório, é claro. Transformar cérebros em sopa para estimar números de células cerebrais só funcionaria se eu fosse capaz de coletar absolutamente todos os núcleos de cada cérebro. Obviamente não era aceitável que pedacinhos de cérebro congelado voassem para fora da sopa, nem mesmo que grudassem na tampa do aparelho.

Dissolver tecido levemente fixado em um homogeneizador de vidro (figura 2.1) revelou-se muito mais promissor. A fixação em paraformaldeído forma ligações cruzadas de moléculas de proteína no tecido e o torna duro e mecanicamente estável. Como a membrana nuclear é riquíssima em proteína, ela se torna muito bem fixada e resistente ao estresse mecânico. As primeiras tentativas com tecido fresco não fixado mostraram qual seria a aparência dos núcleos se fossem destruídos: eles se transformavam em chumaços de DNA livre, corados de azul quando vistos ao microscópio devido ao DAPI, um corante fluorescente marcador de DNA que eu usei para tornar os núcleos visíveis. Preparações feitas com tecido que havia sido fixado por apenas algumas horas tinham uma proporção maior de núcleos intactos, mas ainda se viam muitos que haviam sido rompidos.

Descobri minha mina de ouro com o tecido endurecido que fora deixado em fixador por aproximadamente duas semanas. Eis a ideia que tornou tudo possível: se mesmo uma fixação breve

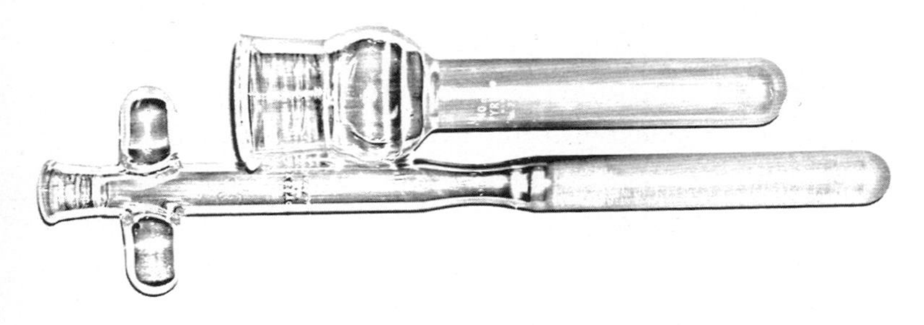

Figura 2.1 Triturador de tecidos de vidro, usado como um pilão cilíndrico para homogeneizar tecido cerebral.

protegia pelo menos alguns dos núcleos da destruição no homogeneizador, então uma fixação longa e rigorosa, a um ponto no qual o tecido se tornasse quase duro como pedra, poderia assegurar que todos os núcleos sobrevivessem ao processo — o que, afinal de contas, era o objetivo do novo método. Finalmente funcionou: quando todas as tentativas com um cérebro muito endurecido pela fixação produziram números semelhantes, eu soube que tinha um modo novo, eficiente e eficaz de contar células.

Depois de acertar detalhes — por exemplo, qual seria o melhor modo de coletar os núcleos e transferi-los para tubos graduados com perda insignificante —, consegui um protocolo estável. Ele consistia em primeiro dissecar o cérebro fortemente fixado em áreas menores que fossem anatômica e funcionalmente significativas, como o córtex cerebral como um todo, o cerebelo, os bulbos olfatórios e "o resto" (por enquanto). Depois de pesada, cada parte do cérebro era fatiada e cortada manualmente em porções menores, para facilitar o processo de dissociação; este, por sua vez, consiste em deslizar para o conteúdo em detergente Triton X-100 para cima e para baixo entre as paredes de vidro do homogeneizador — o que dissolve as membranas das células, mas mantém intactos os núcleos celulares livres. Depois de vinte minutos dessa movimentação do pistão no tubo eu tinha uma suspensão de núcleos leitosa e sem grumos revirando no homogeneizador: o cérebro fora totalmente transformado em sopa. O próximo passo era assegurar que todos os núcleos a serem contados haviam sido coletados, o que eu fazia lavando o pistão dentro do tubo algumas vezes, usando uma pipeta para coletar os núcleos diretamente do fundo do tubo, depois lavando novamente muitas vezes as paredes do tubo e coletando todas as lavagens em um volume final de núcleos livres, ao qual eu adicionava o corante de DNA azul fluorescente DAPI, além de solução salina na quantidade necessária para que o volume atingisse um número redondo que pudesse ser lido acuradamente na proveta. Eu aplicava o corante DAPI a uma última lavagem adicional e a examinava ao microscópio para me assegurar de que não restava nenhum núcleo no homogeneizador; todos os núcleos de todas as células no tecido agora estavam tingidos de azul e coletados em um volume conhecido, prontos para serem contados. Agora só era preciso agitar a suspensão para distribuir igualmente os núcleos no líquido antes de extrair algumas alíquotas, que seriam contadas e consideradas representativas do todo.

Não era preciso nenhum treinamento especial para contar os núcleos celulares livres com o uso do microscópio de fluorescência: eram aquelas coisas arredondadas grandes demais para serem bactérias ou mitocôndrias. Usando um hemocitômetro, um conjunto de lâmina e lamínula feito especialmente para contar células, com um volume preciso de quatro nanolitros (quatro milionésimos de milímetro) acima de cada um dos 25 quadrados gravados no vidro, eu podia contar facilmente quantos núcleos havia em cem nanolitros da suspensão e por regra de três calcular quantos havia no volume total conhecido de núcleos livres. O processo todo ao microscópio requeria apenas dez minutos, durante os quais eu contava os núcleos em quatro alíquotas da suspensão.

Se a suspensão tivesse sido bem misturada por agitação imediatamente antes da coleta de cada alíquota, o coeficiente de variação entre as quatro alíquotas costumava ser menor do que 0,10 — isto é, o desvio-padrão das quatro contagens não representava mais do que 10% da média das quatro contagens. Com essa variação pequena, a estimativa do número total de células no tecido era tão confiável quanto estimativas obtidas por meio de estereologia.

Feita a contagem de células, eu aproveitava a existência de um anticorpo que se liga especificamente a uma proteína expressa essencialmente em todos os núcleos de células neuronais, e somente neles: a proteína nuclear neuronal ou "NeuN", descoberta em 1992,[10] quando sua função ainda era desconhecida.* O importante nessa proteína NeuN era que, embora uns poucos tipos neuronais específicos em lugares esparsos não a produzam, para os meus propósitos de contagem de células do encéfalo inteiro eu podia considerar, com segurança, que a expressão de NeuN era um bom marcador para todos os neurônios, e somente para neurônios — e a presença de NeuN podia ser detectada nos núcleos celulares livres adicionando-se anticorpos tingidos de vermelho às suspensões. Era necessário apenas que um pequeno volume da suspensão reagisse com o anticorpo anti-NeuN tingido de vermelho e, após algumas horas, eu podia levar os núcleos de volta ao microscópio para determinar que porcentagem do total

* Mais tarde demonstrou-se que a proteína NeuN ligava-se a sequências específicas de RNA e regulava o recorte [*splicing*] de mRNA (RNA mensageiro) no núcleo celular. Hoje ela é chamada de Fox-3, depois da descoberta de que, curiosamente, ela é um homólogo do gene Fox ("Fox" refere-se a "Feminizing locus on X", ou "lócus feminizador em X"), envolvido na determinação do sexo no verme nematodo *Caenorhabditis elegans*. Como não se pode esperar que algo que determina o sexo esteja diretamente envolvido em função neuronal, esse provavelmente é um dos muitos exemplos de genes que são cooptados para diferentes funções em diferentes estágios do desenvolvimento ou da evolução.

de núcleos (tingidos de azul) tinha pertencido a neurônios (agora também tingidos de vermelho). Bastava contar quinhentos núcleos (o que levava em torno de quinze minutos ao microscópio) para determinar a porcentagem de neurônios com uma certeza de 0,2%. Aplicar a porcentagem de neurônios ao número total de células na estrutura de origem gerava uma estimativa do número total de neurônios na estrutura. Por subtração, eu tinha o número total das demais células no tecido, a maioria presumivelmente células gliais. Somar os resultados para as várias estruturas cerebrais — e eu começava com cérebros inteiros subdivididos simplesmente em córtex cerebral, cerebelo e o resto do cérebro — produzia, pela primeira vez, estimativas diretas dos números totais de neurônios e outras células no cérebro do rato como um todo. E todo esse processo levava menos de um dia.

Que emoção! Eu sabia algo que ninguém mais no mundo sabia naquele momento: quantos neurônios existiam em um cérebro inteiro de rato.

A próxima questão, evidentemente, era se esses números eram bons. E bons, no campo da neuroanatomia quantitativa, significava comparáveis aos obtidos pelo método da estereologia. Não seria possível nenhuma comparação para estimativas de células em estruturas que não se prestavam à estereologia; afinal de contas, esse era justamente o objetivo de criar um novo método: ir aonde a estereologia não podia chegar. Felizmente para nós, porém, havia algumas estimativas estereológicas na literatura para o córtex cerebral e o cerebelo de rato — e as nossas estimativas condiziam com elas.

Em 2004, Karl Herrup, na época trabalhando na Case Western Reserve University, veio a um simpósio que Roberto e eu organizamos em Caxambu para falar sobre a importância de conhecer os números de células no cérebro. Fazia tempo que Karl se interessava pela contagem de células no cerebelo, sua parte favorita do encéfalo, mas abandonara a ideia porque lhe faltava um método adequado (o cerebelo é particularmente refratário à estereologia devido à densidade extremamente elevada de minúsculos neurônios na camada granular, em geral próximos demais entre si para que se possa contá-los separadamente com alguma precisão). Ele fora orientador da tese de uma grande amiga minha, o que fizera de mim uma presença constante em seu laboratório na CWRU anos antes, e eu passara a considerá-lo meu orientador honorário. Quando delineei nosso método de contagem de células cerebrais para Karl em Caxambu, ele sorriu: "Anos atrás eu pensei em algo nessas linhas; queria usar a citometria de fluxo para contar células isoladas do tecido. Mas nunca fui em frente. Você chegou na minha frente, e me alegro com isso!". Quando soube que o artigo descrevendo o método ainda não fora submetido para publicação, ele imediatamente se ofereceu para receber o manuscrito como editor do *Journal of Neuroscience*. Assim, em 2005, depois de uma rodada muito razoável de revisão por pares, Roberto e eu tivemos nosso primeiro artigo publicado em um dos mais respeitados periódicos da área.[11]

Embora transformar encéfalos em sopa para contar os números totais de células que eles contêm trouxesse resultados comparáveis aos da estereologia (quando havia resultados possíveis de ser comparados) e gerasse dados que se mostravam cada vez mais consistentes à medida que estendíamos nossa análise a mais espécies, nosso método deparou com resistência considerável de alguns especialistas, sobretudo os que viam suas teorias favoritas começarem a desmoronar diante dos novos números. Pareceristas e críticos queriam ter a mesma prova: uma comparação lado a lado do novo método com a bem estabelecida estereologia. Eu não estava equipada para fazer estereologia, por isso durante muitos anos não tive como fazer eu mesma a verificação. No fim, foi melhor não ter sido eu quem provou que estávamos certos. Isso foi feito independentemente, em 2014, por Christopher von Bartheld, da

Universidade de Reno, e por Daniel Miller e meu futuro colaborador Jon Kaas, da Universidade Vanderbilt em Nashville.[12] Desde que Jon e eu começamos a colaborar em 2006, o laboratório dele vem adaptando nosso método para obter contagens automatizadas ainda mais rápidas com a ajuda de um citômetro de fluxo.[13] Jon e Chris mostraram que nosso novo método de transformar cérebros em sopa era não só tão acurado quanto a estereologia, mas também mais rápido, mais confiável e mais fácil de aplicar.[14] E, como fora a intenção original, o método podia fornecer números para estruturas heterogêneas complexas, por exemplo, um encéfalo inteiro, que não podiam ser analisadas com a estereologia.[15]

A propósito, o novo método não foi batizado de "sopa de cérebro". Fomos informados de que nossa técnica era análoga a uma versão líquida do fracionador óptico, o método estereológico usado para cortar tecidos em fatias, fatias em cubos e cubos em conteúdos de sondas ópticas, cujas células só então eram contadas. Nessa mesma linha, Roberto e eu achamos que nosso método também devia ser chamado de "fracionador". Como íamos além dos cubos de tecido contados pelo fracionador óptico e os dividíamos nas menores unidades de contagem possíveis, os núcleos, sugeri o termo inglês "ultimate frationator" [fracionador máximo], que Roberto sabiamente vetou. Já que estávamos transformando tecido heterogêneo em uma suspensão de núcleos homogênea ou "isotrópica", ele propôs chamá-lo de "fracionador isotrópico". O nome pegou, por falta de alternativa melhor. O próprio Karl Herrup já me disse que esse é um nome bem horroroso, e eu concordo. Sempre que posso (o que não acontece frequentemente, pois os editores de revistas especializadas não são chegados a informalidades), prefiro chamar nosso método de contagem de células por aquilo que ele é: "sopa de cérebro".

3. Tem cérebro aí?

Agora que eu tinha um método para contar as células cerebrais, eu precisava de cérebros. E muito mais do que apenas cérebros humanos. Eu precisava de encéfalos de um abrangente conjunto de outras espécies para fazer comparações — senão, como descobrir se o nosso possui mais neurônios até do que encéfalos maiores, como o do elefante? Eu também queria entender as origens evolutivas da diversidade dos cérebros: se a relação entre tamanho do cérebro e número de neurônios era a mesma para todos os mamíferos, se diferentes estruturas cerebrais ganhavam neurônios nas mesmas proporções, se existiam leis fundamentais universais que determinavam a composição dos cérebros. Alcançar esses objetivos requeria analisar os encéfalos do maior número de espécies possível, pequenas e muito pequenas, grandes e muito grandes, de diferentes grupos de mamíferos, e não apenas dos costumeiros camundongos e ratos e do eventual macaco disponíveis nos laboratórios de pesquisa.

Mas é claro que tínhamos de começar em algum lugar e, convenientemente, nosso biotério no Instituto de Ciências

Biomédicas no Rio de Janeiro nos dava acesso fácil não apenas a ratos e camundongos, mas também a hamsters e porquinhos-da-índia, quatro espécies de roedores que diferiam em até oito vezes no tamanho da massa corporal e nove vezes no da massa encefálica. Era um bom começo: a meu ver, os poucos estudos comparativos em grande escala sobre a composição de cérebros na literatura especializada, especialmente os de autoria de Donald Tower e Herbert Haug, haviam comparado todos os tipos de mamíferos como se eles fossem iguais entre si, e eu não queria cometer o mesmo erro (Heinz Stephan e sua equipe na Alemanha tiveram o cuidado de separar primatas de insetívoros e morcegos em seus estudos, mas, por outro lado, eles tinham apenas dados volumétricos e nem sequer contavam com estimativas de densidade neuronal a partir das quais pudessem aventar números aproximados para as quantidades de neurônios). Como tínhamos acesso fácil a quatro espécies de roedores, eu começaria só com roedores. No entanto, precisávamos de mais. Especificamente, necessitávamos de cérebros de roedores grandes se quiséssemos descobrir as regras de proporcionalidade que se aplicam à construção do encéfalo dos animais dessa ordem.

Estávamos com sorte: o maior de todos os roedores é sul-americano — a capivara (*Hydrochoerus hydrochaeris*, que significa "porco d'água"; figura 3.1) é uma massa peluda marrom, sem cauda, de cara quadrada e tamanho de um cão pastor-alemão, que não se parece com o rato nem com outros roedores, salvo pelos reveladores dentões incisivos. São animais gregários que vadeiam nas margens de lagos de água doce e rios na bacia amazônica; submergem para se esconder, ficando apenas com as narinas de fora, quando pressentem a presença de grandes felinos ou cobras, seus predadores. Também por sorte, as capivaras estão longe de ser uma espécie ameaçada: são consideradas alimento, não meramente próprio para consumo humano, mas

Figura 3.1 Capivara (*Hydrochoerus hydrochaeris*), a maior espécie de roedor (*à esq.*), e cutia (*Dasyprocta prymnolopha*), a quarta maior espécie dessa ordem (*à dir.*).

também muito saboroso, pelo menos no Nordeste brasileiro. Capivaras tinham sido avistadas nas lagoas do Rio de Janeiro e estavam se transformando em praga na região paulista de Campinas. Ainda assim, obter permissão para apanhar e matar um desses animais afigurava-se um pesadelo burocrático. Além disso, as capivaras cariocas contavam com a simpatia do público, que se encantava ao avistar alguma, e eu não tinha a menor intenção de estragar a festa. Se era para me dedicar por algum tempo ao ramo de estudar a diversidade de cérebros, nada de atrair publicidade negativa.

Justamente quando eu estava começando a procurar por criadouros de capivaras que fornecessem para restaurantes do Nordeste, um colega da Universidade Federal do Pará, Cristóvão Picanço-Diniz, avisou meu colaborador Roberto Lent de que funcionários do Ibama haviam apreendido duas capivaras criadas ilegalmente no quintal de uma família para servir de alimento e estavam prestes a lhes dar algum destino, mas tinham lembrado de perguntar primeiro a Cristóvão se o laboratório dele, que estudava representações sensoriais no cérebro, por acaso não teria algum uso para os animais (não, não tenho a menor ideia de como ocorreu àqueles funcionários fazer tal pergunta). Cristóvão sabia da nossa nova incursão em estudos comparativos do cérebro e se ofereceu para conseguir as capivaras e nos enviar os cérebros. Seus alunos prontamente vestiram avental de açougueiro, abateram os dois animalões e nos remeteram as cabeças numa grande caixa de isopor, flutuando em paraformaldeído. Comemoramos a chegada daquela encomenda macabra e malcheirosa: agora tínhamos cérebros de capivara!

De quebra, Cristóvão ainda nos forneceu dois cérebros de outro grande roedor amazônico, a cutia (*Dasyprocta prymnolopha*; figura 3.1), um animalzinho briguento do tamanho de um gato doméstico, que ao comer senta-se sobre as pernas posteriores e usa as patas dianteiras para segurar o alimento, como faz o rato. É o quarto maior roedor, de tamanho menor que o castor norte-americano e a paca sul-americana; porém, com uma massa corporal entre três e quatro quilos, certamente serviria aos nossos propósitos. Agora tínhamos uma amostra com seis espécies de roedor cujo tamanho corporal variava de quarenta gramas (o camundongo de laboratório, *Mus musculus*) a mais de quarenta quilos (a capivara), com cérebros que iam de 0,4 grama de peso a 75 gramas (massa aproximadamente comparável à do cérebro de um macaco reso). Agora era só transformar tudo aquilo em sopa.

PRIMATAS COMO NÓS

Recém-chegada à área, eu não era capaz de aquilatar a verdadeira importância dos números de neurônios e outras células que agora tínhamos condições de determinar para aquelas espécies de roedores. Eu sentia que estávamos lidando com algo muito importante, agora que finalmente podíamos examinar a composição celular de diferentes cérebros, mas queria a opinião de mais alguém. Como ainda não tínhamos publicado nada sobre o método do fracionador isotrópico nem sobre os cérebros de roedores, eu precisava conversar pessoalmente com alguém e explicar o que estávamos fazendo.

A oportunidade surgiu em março de 2004, durante um simpósio que inaugurou o Instituto Internacional de Neurociência de Natal, idealizado por Miguel Nicolelis. Jon Kaas, um especialista renomado em evolução do cérebro de primatas e velho amigo de Miguel, faria uma palestra no simpósio. Depois de sua palestra, procurei-o — uma estranha completa, ex-aluna de ninguém naquela área — e perguntei sem rodeios: "Se eu dissesse que tenho um modo muito simples de contar os neurônios do encéfalo inteiro, de córtices inteiros, de qualquer estrutura que interesse, qual seria a importância disso?". Jon arregalou os olhos e inclinou a cabeça para trás para me enxergar com seus oclinhos minúsculos, no gesto que agora sei que é habitual quando ele ouve algo surpreendente: "É isso que temos procurado o tempo todo, mas ninguém sabe como fazer". Era tudo o que eu queria ouvir. Estávamos no caminho de algo útil, no mínimo.

Mais adiante naquele ano, apresentamos nossos primeiros resultados sobre cérebros de roedores na meca da neurociência, o encontro anual da Society for Neuroscience (SfN) nos Estados Unidos. Jon e sua orientanda de pós-doutorado Christine Collins vieram ver nosso pôster, e começamos a conversar sobre uma possível colaboração para investigar os números de neurônios que compõem o cérebro de espécies de primata às quais eles tinham facilidade de acesso em seu laboratório na Universidade Vanderbilt em Nashville. Jon, Christine e eu tornamos a nos reunir depois que o nosso manuscrito sobre o método do fracionador isotrópico foi publicado em 2005, no encontro seguinte da SfN, no qual

Roberto e eu apresentamos um segundo pôster, dessa vez sobre a mudança nos números de neurônios em cérebro de ratos em desenvolvimento. Agora os planos para levar-me à Vanderbilt e começar a colaboração com eles no trabalho com cérebros de primatas ficaram mais sérios. Três meses depois, eu estava lá.

Era janeiro de 2006, e Christine Collins e uma doutoranda, Peiyan Wong, já tinham preparado cérebros de várias espécies de primata: fortemente endurecidos pelo processo de fixação, prontos para ser dissecados e transformados em sopa assim que eu chegasse. Também haviam organizado toda a vidraria e os reagentes, além de ter agendado os horários para uso dos microscópios. Começamos a trabalhar sem demora. Cerca de três dias depois, entrei na sala de Jon com meu laptop aberto e mostrei a ele os primeiros gráficos comparando cérebros de sagui, gálago e macaco-da-noite (todos de pequeno porte e fáceis de transformar em sopa) com o nosso conjunto de dados de cérebros de roedores — já completo, mas ainda não publicado. Os resultados eram muito promissores: essas três espécies de primata pareciam abrigar no cérebro um número de neurônios muito maior que o dos roedores dotados de cérebro de tamanho semelhante. Seus cérebros primatas eram claramente feitos de modo diferente do cérebro de roedores. "Então funciona mesmo!", exclamou Jon, de olhos arregalados, boca aberta e cabeça inclinada para trás. Sorri, ainda de laptop na mão. "Você não esperava que funcionasse, não é?", ele admitiu francamente. "Mas agora você pode ter tudo o que quiser, qualquer coisa. É só pedir!"

E começou a diversão. Separamos alguns hemisférios cerebrais de diferentes espécies de primata, incluindo várias espécies do gênero *Macaca*, que eu levaria para casa e analisaria em meu pequeno laboratório novinho em folha no Rio. Jon apresentou-me a seu ex-aluno Ken Catania, um biólogo extraordinário que também trabalhava na Vanderbilt. Na época ele tinha em seu laboratório uma colônia de ratos-toupeiras-pelados, roedores feiosos cavadores de túneis, e além disso frequentemente capturava vários animaizinhos da ordem dos *Eulipotyphla* (musaranhos e toupeiras). Passamos então a colaborar em um estudo sobre os cérebros desse grupo de animais, antes conhecidos como "insetívoros", que incluem algumas das menores espécies de mamífero conhecidas. Christine e Peiyan começaram a dissecar estruturas visuais e auditivas no córtex e subcórtex de diferentes cérebros para que pudéssemos investigar como se comparavam os números de neurônios nessas duas vias funcionais. Conforme aumenta o tamanho do cérebro de primatas, será que a visão prevaleceria cada vez mais sobre a audição, como se presume nessas espécies acentuadamente visuais? (Demonstramos que não, embora a visão tenha de fato precedência: o cérebro de primatas não humanos possui cerca de cinquenta vezes mais neurônios corticais dedicados ao processamento visual do que às informações auditivas.)[1] Fiz uma incursão na câmara fria do laboratório de Jon e encontrei alguns cerebelos e bulbos olfatórios que estavam encalhados ali como restos de tecidos. O laboratório de Jon era especializado no estudo do córtex cerebral, mas, por sorte, ao contrário de muitos laboratórios, ali aquelas partes de cérebro não usadas não tinham sido descartadas. (No ano seguinte, quando voltei com o conjunto de dados completo, pronto para ser transformado em publicação, começamos a coletar medulas espinhais de animais que haviam sido abatidos no laboratório de Jon para outros estudos não relacionados — queríamos ter uma janela para a relação entre o tamanho do corpo e o número de neurônios necessários para operá-lo.)[2] Enquanto vasculhava o depósito frigorífico de Jon naquela visita, encontrei quatro cerebelos grandes, um de gorila e três de orangotango, que estavam imersos em paraformaldeído fazia mais de uma década. O DNA, por ser uma molécula muito estável, devia estar preservado dentro dos núcleos, por isso o corante

DAPI que revelava os núcleos e nos permitia contá-los ainda deveria funcionar, apesar do longo tempo de fixação. Ali estavam tecidos preciosos aos quais poderíamos dar um bom uso. Corri para o escritório de Jon. "Posso ficar com eles, por favor?" "É claro que pode." Pareceu um dia de Natal.

Colaborar com Jon tem sido uma experiência engrandecedora que mudou minha vida. Esse homem sereno e generoso, responsável por uma quantidade enorme de feitos científicos nas áreas da plasticidade em adultos e neuroanatomia evolutiva, agora, em suas palavras, só queria se "divertir". Ele imediatamente patrocinou a publicação do nosso primeiro estudo sobre o cérebro de roedores na *Proceedings of the National Academy of Sciences* em 2006. Começou a espalhar a notícia sobre os nossos novos dados em círculos de neuroanatomistas comparativos e providenciou para que eu fosse a palestrante principal no simpósio sobre evolução do cérebro da editora científica Karger em 2010, onde finalmente pude conhecer alguns dos principais estudiosos de neuroanatomia comparativa e evolutiva. Tenho certeza, mesmo que eu nunca venha a perguntar e ele nunca venha a me dizer, de que Jon também me indicou para o prêmio acadêmico da Fundação James S. McDonnell que recebi naquele ano — uma quantia sem precedentes (em termos brasileiros) de 600 mil dólares, a serem gastos praticamente do jeito que eu quisesse em prol das nossas pesquisas para compreender as bases anatômicas da superioridade cognitiva do cérebro humano. Sem dúvida alguma, as minhas principais realizações devem muito à influência dele na área — mas, para ser justa, é claro que meus achados não teriam sido publicados, nem meu trabalho teria sido reconhecido se não tivessem mérito próprio. Jon tem a minha gratidão incondicional, e até hoje continuamos a nos divertir explorando a evolução do cérebro, exatamente como ele queria. Já publicamos juntos catorze estudos, e outros ainda virão.

Estudar primatas era um grande avanço, e necessário se quiséssemos determinar se os humanos possuíam um cérebro de primata-padrão. Mas eu queria um conjunto muito mais abrangente de espécies para estudar os mecanismos que geram a diversidade evolutiva. Nesse contexto, havia um nome que eu ouvira algumas vezes ser mencionado como uma possível fonte de encéfalos, tanto muito pequenos como muito grandes: Paul Manger, um cientista australiano que trabalhava na África do Sul em neuroquímica comparativa de estruturas do tronco cerebral — e que, como eu descobriria depois, gosta de sair com sua Land Rover pelas savanas africanas para coletar seu próprio material.

O momento de entrar em contato com Paul chegou em 2009, quando li um artigo que ele acabara de publicar, descrevendo como perfundir cérebros de elefantes em seu ambiente natural e coletá-los ainda em boas condições para estudos neuroanatômicos ao microscópio. Nosso artigo sobre o número médio de neurônios no cérebro humano acabara de ser publicado,[3] portanto estávamos prontos para lidar com a próxima questão: o encéfalo muito maior do elefante africano conteria mais ou menos neurônios do que o encéfalo humano? Quando li o novo artigo de Paul, eu soube que ele obtivera legalmente os cérebros de três elefantes africanos machos adultos, abatidos como parte de um programa maior de manejo de população realizado pelo Malilangwe Trust no Zimbábue. Sob a supervisão de um veterinário de animais selvagens que trabalhava para o Trust, aqueles três elefantes tinham sido alvejados por um dardo contendo uma dose altíssima de um anestésico seguro para consumo humano e, depois, baleados no coração. A cabeça de cada elefante foi separada do corpo e perfundida através das artérias carótidas, primeiro com cem litros de soro fisiológico fluindo de uma plataforma elevada para remover todo o sangue do cérebro, depois com cem litros de paraformaldeído para preservar o cérebro imediatamente a fim de que ele pudesse ser transportado até o laboratório para estudos posteriores. Enquanto isso, outra equipe esquartejou a carcaça de cada elefante e distribuiu a carne aos moradores da área: mais de 10 mil refeições. Esses três animais, que teriam sido abatidos de qualquer modo junto com vários outros naquele ano, não só alimentaram o povo local, mas também contribuíram para a ciência, por intermédio do trabalho de Paul e de sua sempre crescente rede de colaboradores no mundo todo.

Eu queria entrar para aquele clube, por isso mandei um e-mail a Paul. Percebi que era um baita atrevimento escrever o equivalente a "Olá, estranho, trabalho no ramo de transformar cérebros em sopa para descobrir do que são feitos. Será que você pode me dar metade de um desses cérebros de elefante novinhos em folha que você acabou de receber para eu o destruir?". Por sorte, Paul não me despachou logo de cara (acontece que ele é chegado em ideias inusitadas, e isso muito provavelmente ajudou no meu caso); em vez disso, ele me respondeu prontamente, oferecendo-se para me ceder alguns blocos de tecido que eu poderia processar. Seria o suficiente?

Muito obrigada, mas não, não seria suficiente, respondi, tratando de explicar que alguns pedaços não nos permitiriam ir além do que já tinha sido feito por Donald Tower nos anos 1950, quando ele determinou a densidade de neurônios em algumas amostras do enorme córtex cerebral do elefante asiático.[4] Em princípio, multiplicar estimativas da densidade neuronal do córtex cerebral pelo volume do tecido seria um modo matemático simples de estimar o número total de neurônios do tecido inteiro, se o tecido fosse todo homogêneo. Porém, com base no que sabíamos sobre o cérebro humano, não podíamos supor essa homogeneidade total. O cálculo também não era aceitável quando existiam métodos estereológicos apropriados que ofereciam estimativas imparciais, considerando que as estimativas de números totais de neurônios obtidas desse modo para grande número de espécies seriam imensamente contaminadas pela enorme variação no volume dos cérebros das diversas espécies, portanto não teriam nenhum valor matemático para se compreender como se comparavam os cérebros de espécies distintas. Não havia saída. Se quiséssemos fazer a coisa certa e descobrir uma resposta para a importantíssima questão sobre se o encéfalo humano ainda continha mais neurônios do que um encéfalo três vezes maior, como o do elefante africano (o que eu julgava ser a explicação mais simples para a superioridade cognitiva dos humanos), precisávamos contar os neurônios do cérebro inteiro de um elefante. Ou, no mínimo, de uma metade inteira — um hemisfério —, supondo que quaisquer diferenças em números de células entre os dois hemisférios seriam ínfimas em comparação com a variação em grande escala entre as espécies.

Paul ficou satisfeito com meus argumentos de vendedora e imediatamente concordou em me dar um hemisfério cerebral de elefante! Começamos a pensar nas providências práticas. O tecido era precioso demais para ser enviado pelo correio e corria o risco de extraviar-se ou encalhar nas mãos de funcionários da alfândega brasileira. Por isso, Paul solicitaria ao governo sul-africano permissão para exportar o hemisfério cerebral de elefante, e eu iria até seu laboratório na Universidade Witwatersrand em Joanesburgo e traria o cérebro comigo na bagagem. Aí surgiu outra questão: eu poderia fazer isso?

Descobri o número do telefone da Agência Nacional de Vigilância Sanitária (Anvisa), que inspeciona as fronteiras brasileiras e é responsável por regular a entrada no país de alimentos e outros produtos relacionados à saúde. Liguei para a agência da Anvisa no Aeroporto Internacional do Rio de Janeiro, onde eu pretendia aterrissar, e fiz uma pergunta que provavelmente era uma das mais estapafúrdias que eles já tinham ouvido: "Alô, sou uma cientista que vai visitar um colaborador na África do Sul e queria saber se na volta posso trazer na mala um cérebro de elefante". Mas a funcionária na outra ponta da linha não se perturbou. "Um cérebro de elefante. Vivo?" (O quê?) "Não, minha senhora, mortinho da silva." "Então pode." Contanto que eu tivesse uma lista das espécies cujos tecidos eu traria para o Brasil e uma declaração de que os tecidos não estavam vivos, não representavam risco biológico nem tinham valor comercial, tudo bem. O que eles realmente queriam barrar era o tráfico de animais vivos. Os encéfalos que eu transportaria estavam longe disso.

Fui ao laboratório de Paul em novembro de 2009 para pegar o hemisfério cerebral de elefante e acabei trazendo uma variedade de cérebros inteiros: de morcegos, roedores africanos, afrotérios (um grande conjunto de espécies de mamífero que vivem ou têm origem na África), uma girafa e um antílope — porém não a metade do cérebro de elefante, pelo menos não ainda. Deparamos com uma muralha burocrática quando tentamos obter as autorizações para exportar o cérebro de elefante da África do Sul. Mas para todos os outros cérebros, tudo bem.

Eu só poria as mãos em um hemisfério cerebral de elefante em 2012, três anos e muitos outros cérebros depois, quando Paul e eu organizamos nossa própria incursão para coletar cérebros de várias espécies de artiodáctilos grandes. Os artiodáctilos são ungulados que andam sobre um número par de dedos — por exemplo, o porco, o veado e o antílope. Os maiores são a girafa (da qual Paul me dera um cérebro na minha primeira visita) e o hipopótamo (do qual um hemisfério aguarda que eu vá buscá-lo no depósito frigorífico de Paul). Os artiodáctilos são particularmente interessantes por várias razões, uma das quais é que eles pertencem à mesma ordem de mamíferos na qual se classificam os cetáceos, animais dotados de cérebros enormes (assim, a composição celular de seus cérebros poderia nos dar alguma indicação do que esperar dos cérebros de cetáceos enquanto eu não conseguisse ter acesso a um): baleias e golfinhos têm um ancestral em comum com o hipopótamo moderno. A outra razão é que os artiodáctilos possuem cérebros que regulam em tamanho com os cérebros de primatas não humanos de porte médio e grande, portanto poderiam nos indicar se os cérebros de primatas possuem mais neurônios do que os de artiodáctilos de tamanho equivalente. Ou seja, poderíamos comparar um chimpanzé e uma vaca em termos de números de neurônios no cérebro, e não da massa encefálica. Se estivesse correta a minha hipótese de que o número de neurônios era a principal limitação à capacidade cognitiva, deveríamos encontrar muito menos neurônios nos encéfalos de artiodáctilos do que nos de primatas de massa comparável.

Nossa chance de obter aqueles cérebros sem ter de caçar os animais pessoalmente materializou-se graças a uma empresa muito conceituada na África do Sul: um abrigo de segurança máxima para animais selvagens apreendidos (no caso de animais de espécies protegidas feridos por caçadores ilegais) ou capturados legalmente na natureza, segundo regulações sul-africanas, e postos em quarentena até poderem ser devolvidos ao seu lugar de origem ou vendidos a zoológicos estrangeiros, príncipes árabes — ou a neurocientistas que só querem os cérebros dos animais. Durante uma visita para planejar outro estudo sobre o crescimento contínuo do cérebro do crocodilo-do-nilo, na qual fizemos uma excursão a um criadouro de crocodilos (também perfeitamente legal), Paul me levara ao abrigo de animais selvagens, onde anteriormente ele obtivera girafas e tratara as cabeças com seu método de perfusão. A área era duplamente cercada e protegida por arame eletrificado: tive a sensação de que entrava no Jurassic Park e algum bicho estava prestes a dar um bote. Havia ali vários rinocerontes-brancos fortemente protegidos, que tinham sido resgatados de caçadores ilegais e estavam se recuperando de ferimentos até poderem ser devolvidos à natureza sem risco. Também podíamos entrar no recinto de uma chita, e foi o que fizemos, distraidamente, seguindo o exemplo da veterinária que a criara desde filhote e jurou que ela era mansa como uma gatinha. Quando meu córtex pré-frontal se deu conta, já estávamos perto demais do bicho, que tinha os olhos cravados nos meus. Agora sei o que é sentir um calafrio na espinha. Mas como sair correndo não adiantaria nada, fui em frente e fiz um carinho na bicha, que ronronava alto. Isso mesmo: eu fiz carinho numa chita. Que ideia de jerico fenomenal.

Recebi da empresa uma lista (surreal) de animais disponíveis e seus preços, e conversei com os excelentes funcionários do abrigo sobre o que gostaríamos de fazer e de que modo. Voltei para casa, examinei a lista analisando as respectivas massas corporais e encefálicas de cada espécie, fiz uma escolha de espécies razoável levando em conta uma boa variação em tamanho, preço e número de horas que seriam necessárias para coletar seus cérebros. Perguntei então à James McDonnell Foundation e à nossa universidade se eles me davam permissão para comprar os cérebros daquela instalação. Davam, sim. Eu aprenderia com o próprio especialista, Paul Manger, a coletar cérebros na natureza.

Em junho de 2012, juntamos uma equipe de estudantes solícitos e em boa forma física do departamento de Paul, várias caixas de ferramentas, muitos litros de soro fisiológico e paraformaldeído, e lá fomos nós. Ficara combinado que os funcionários e veterinários do abrigo se encarregariam da eutanásia dos animais e nos permitiriam fazer as dissecções ali mesmo; em troca, eles ficariam com a carne para alimentar seus leões e outros grandes felinos, e os funcionários processariam as peles e ficariam com elas. Nós também nos encarregaríamos de limpar tudo no fim. Todo mundo ficou feliz.

"Menos os animais", protestou minha mãe. "Que coisa horrível, tirar a vida deles." Bem, se pensarmos que um dia todo mundo morre e que a alternativa para aqueles animais específicos teria sido uma morte horrível, sangrenta e dolorosa na natureza, estripados vivos por leões e leopardos, acho que ter uma morte indolor por uma overdose de anestésico não era assim tão ruim. Por outro lado, sou uma carnívora feliz (assim como minha mãe, aliás, embora ela, como muita gente, se recuse a comer "animais bonitinhos"). Eu também sou um animal e, por definição, animais precisam se alimentar de outras formas de vida. Os leões também têm de comer. Nós fomos apenas quem matou a refeição *para eles* naquele dia.

Paul se organizou com alguns estudantes para remover os cérebros; eu me preparei com outros para extrair a medula espinhal — uma tarefa muito mais trabalhosa, diga-se de passagem. Começamos removendo tiras extragrandes de filé do dorso de cada animal com uns facões enormes. Devo dizer que senti uma curiosa satisfação por ter aprendido depressa a manejar bem uma serra elétrica;* quando estávamos trabalhando no último dos doze animais, nosso sistema funcionava que era uma beleza, e estávamos até ganhando do time do Paul (para grande satisfação desta novata aqui).

De volta ao laboratório, enchi duas malas com potes lacrados, duplamente embalados em plástico branco, com um ou mais cérebros em cada um. Enviei uma foto minha com meu tesouro para o pessoal lá de casa. A resposta do meu marido veio rápido: "Parece que você está trazendo pacotes de cocaína. Vou já providenciar o dinheiro para pagar a fiança quando te prenderem no aeroporto".

* Às vezes me divirto pensando nas informações que eu poderia mencionar em uma nova seção de "Outras habilidades" no meu curriculum vitae: "transformar cérebros em sopa; detectar com estranha facilidade números errados em tabelas de dados dos alunos; cortar filés de antílope, elande e crocodilo; fazer cortes delicados com serra elétrica".

Mas a moça da Anvisa me dera a informação correta. Fui parada na alfândega, sim, depois de minhas malas passarem pelo raio X — mas só porque os agentes pensaram que eu estava trazendo queijo fresco altamente proibido, como o casal de portugueses que eles tinham revistado antes de mim. "Não, são apenas cérebros para uma pesquisa em colaboração com uma universidade da África do Sul." A situação era tão inusitada que eles não sabiam quem é que devia inspecionar minha bagagem e meus papéis. Por isso, tratei de me sentar e esperar com a maior paciência. A funcionária que veio fazer a inspeção leu a declaração dos materiais biológicos não perigosos e sem valor comercial, folheou o maço de autorizações (eu tinha uma para cada espécie, em vários idiomas), relanceou os olhos pela longa lista de espécies, ficou com a cópia da lista que eu sabia que ela iria me exigir e então... deixou meus cérebros passarem. Nem precisei de fiança.

Conforme os manuscritos foram sendo publicados e possíveis colaboradores se interessaram por nosso trabalho, foi ficando cada vez mais fácil obter os cérebros que desejávamos analisar. Agora tínhamos cérebros de marsupiais, carnívoros, aves, peixes, polvos e, finalmente, cetáceos, tudo em processamento. Eu já estaria trabalhando com insetos se soubesse como dissecar os cérebros deles (sim, eles também possuem um): além de serem o grupo animal mais diversificado com o maior número de espécies, também são fáceis de encontrar no quintal de casa. E como pouca gente tem crise de consciência quando dá uma chinelada numa barata ou uma palmada num mosquito, eu antevejo pouca resistência ou protestos indignados por parte do público. Meu principal interesse é a diversidade dos cérebros e o que ela nos ensina a respeito de como a vida evoluiu. Por isso, se uma criatura tem cérebro, estou interessada. É o que diz o adesivo preto na porta do meu pequeno laboratório: *Got brains?* [Tem cérebro aí?]

4. Nem todos os cérebros são construídos do mesmo modo

Resumidamente, eu queria descobrir do que eram feitos os cérebros de diferentes espécies, uma questão que, na minha opinião, era uma das mais fundamentais da neurociência, mas sobre a qual ainda tínhamos pouquíssimos conhecimentos na época. Sabíamos, obviamente, de que tipos de célula os cérebros eram feitos — neurônios, células gliais e as células endoteliais que formam as paredes dos capilares por onde oxigênio e nutrientes são levados até o cérebro pelo sangue. Mas em que quantidades e proporções? Quais eram as regras que determinavam como os cérebros eram construídos, se é que havia alguma? Será que um aumento no tamanho do cérebro, em uma comparação de cérebros adultos (quer fosse medido em massa ou volume, que nesse caso são intercambiáveis*), significava simplesmente uma adição

* O volume e a massa do encéfalo são essencialmente intercambiáveis, com um fator de proporcionalidade de 1,036. Mais especificamente, o volume encefálico é igual à massa encefálica dividida por um fator de 1,036 g/cm^3, que é a densidade específica do encéfalo (apenas ligeiramente maior do que a da água pura, que por definição tem densidade de 1 g/cm^3).

dessas células em números proporcionais, ou seriam os diferentes cérebros construídos cada qual ao seu modo, com diferentes proporções de cada tipo de célula? Essencialmente, existia uma relação única entre o tamanho do cérebro e seu número de neurônios e outras células, uma relação aplicável universalmente a todas as espécies? Em outras palavras: todos os cérebros eram feitos do mesmo modo?

Se fossem, como se supunha quando entrei para o ramo da contagem de células, então cérebros de massas semelhantes deveriam conter números semelhantes de neurônios, mesmo se pertencessem a espécies muito distintas; e, quanto maior o cérebro, mais neurônios ele deveria possuir, inclusive se comparássemos espécies sem parentesco algum. Isso significava que havia um teste simples para a hipótese: para todas as espécies de mamíferos, deveria existir uma relação única de proporcionalidade entre a massa do cérebro e o número de neurônios que ele continha — e dois cérebros de tamanhos semelhantes sempre deveriam ser compostos de números semelhantes de neurônios.

Em 2007 tínhamos dados de seis espécies de roedores e seis de primatas (figura 4.1) suficientes para testar essa hipótese.* Sabíamos, pela primeira vez, que o cérebro do rato, por exemplo, possuía em média 189 milhões de neurônios; o da cutia, 795 milhões; e o da capivara, um animal muito maior, 1,6 bilhão.[1] Em contraste, nos primatas, trabalhando com Jon Kaas, encontramos 636 milhões de neurônios no cérebro do sagui, 3,7 bilhões no do macaco-capuchinho e 6,4 bilhões no do reso.[2] Esses simples números já mostravam que primatas de porte médio possuíam

* No apêndice há uma lista de espécies, massa encefálica e número de neurônios extraída do nosso conjunto de dados. O conjunto de dados completo está em Herculano-Houzel, Catania, Manger e Kaas, 2015. Disponível também em: <www.suzanaherculanohouzel.com/lab>.

Figura 4.1 Rato, sagui, cutia, macaco-da-noite, macaco reso e capivara enfileirados segundo a massa encefálica. As duas espécies de macaco possuem mais neurônios do que a capivara, apesar de terem cérebros menores. Os números de neurônios estão indicados (M: milhão; B: bilhão).

muito mais neurônios até do que a maior espécie de roedor. Mas tamanhos e aparências enganam. É aí que as análises matemáticas e estatísticas se tornam fundamentais: assim não precisamos confiar nas aparências.

Uma representação linear simples em um gráfico da massa encefálica em função do número de neurônios no encéfalo de cada uma dessas primeiras espécies de roedor e primata (figura 4.2) mostra que, de modo geral, quanto mais neurônios um encéfalo possui, maior é o encéfalo: de fato, encéfalos maiores tendem a possuir mais neurônios. Mas a essa altura permanecia a questão: todos os encéfalos tornavam-se maiores na mesma proporção conforme adquiriam neurônios?

Na curva linear da figura 4.2 é difícil distinguir entre os roedores e as espécies de primatas menores, quase amontoados no canto esquerdo inferior. Parece que uma única relação aplica-se a todas essas espécies — com exceção da capivara, que se destaca à esquerda dos primatas maiores, como se fosse uma anomalia, dotada de um cérebro excepcionalmente grande para seu número de neurônios. No entanto, qualquer aparência de ambiguidade pode ser dissipada plotando os dados em um gráfico log-log (figura 4.3), isto é, usando uma escala logarítmica no eixo horizontal e no

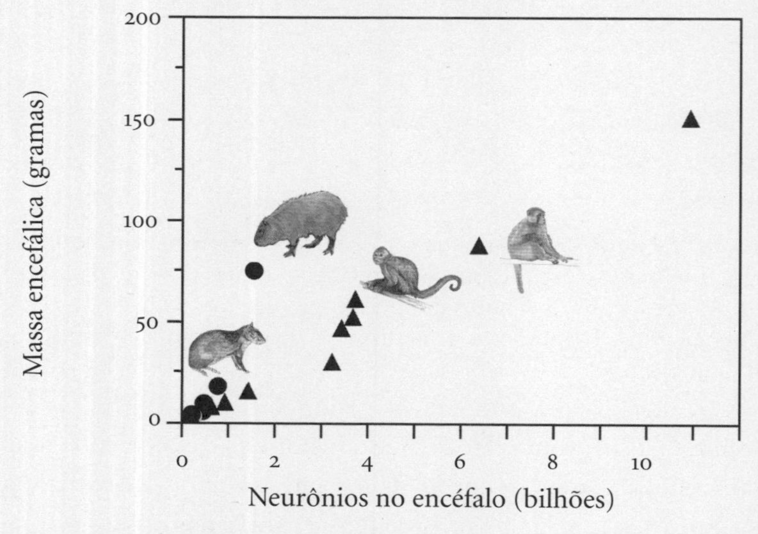

Figura 4.2 Um gráfico em escala linear mostra o que ainda poderia ser uma relação única entre massa encefálica e o número de neurônios no encéfalo de roedores (círculos) e primatas (triângulos), na qual a capivara parece ser uma anomalia.

vertical. Como vimos no capítulo 1, essa é uma manobra clássica da biologia quantitativa para fazer os valores aparecerem mais separados, pois as escalas log-log transformam em uma linha reta uma lei de potência que aparece como uma curva rapidamente ascendente em uma escala linear. O resultado equivale a representar valores logarítmicos em uma escala linear, com a vantagem de que o gráfico mostra diretamente os valores não transformados.*

* O modo clássico de usar leis de potência em estudos de alometria é usar a massa corporal como a variável independente, ou *X*. Analogamente, a tradição em estudos sobre como a morfologia do cérebro varia segundo a massa encefálica é usar a massa encefálica como *X* nos gráficos. No entanto, como a massa encefálica só pode ser um resultado do número de neurônios e seu tamanho médio, definido por um conjunto de mecanismos no desenvolvimento, decidi

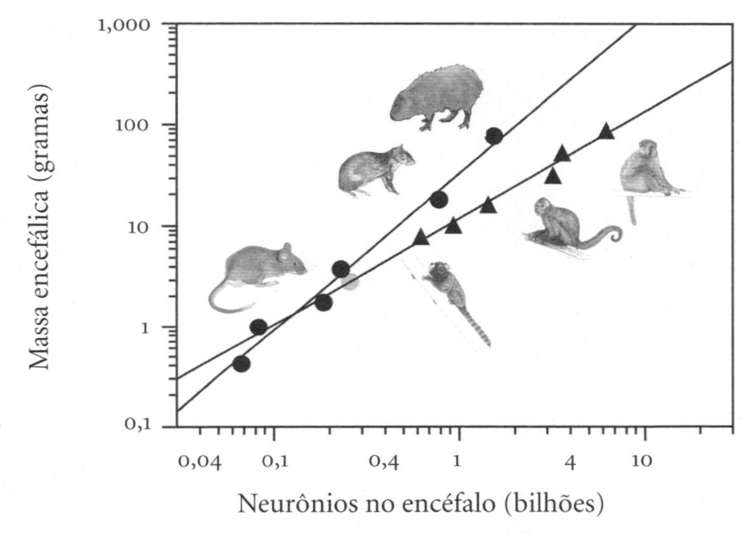

Figura 4.3 O gráfico log-log mostra que existem relações diferentes entre massa encefálica e número de neurônios no cérebro para roedores (círculos) e primatas (triângulos). As linhas indicam as leis de potência que melhor descrevem as variações na massa encefálica como funções dos números de neurônios no cérebro de roedores e primatas, separadamente, com expoentes de +1,6 em roedores e +1,0 em primatas. Agora a capivara já não parece uma anomalia: possui a massa encefálica predita para um cérebro de roedor com seu número de neurônios.

O gráfico log-log na figura 4.3 sugere que roedores e primatas realmente se agrupam ao longo de duas curvas separadas — e que a capivara, na verdade, não é uma anomalia, ao menos não quando comparada a outros roedores. Como vimos no capítulo 1, os dados no gráfico que compõem uma curva em um gráfico log-log são indicadores de uma relação de lei de potência na qual *Y* (eixo vertical), em vez de variar proporcionalmente a *X* (eixo

---

que seria lógico sempre plotar a massa encefálica como a variável dependente (a consequência do número de neurônios), ou seja, como *Y*.

horizontal) multiplicado por um dado número constante, varia segundo *X elevado* a uma potência constante (a). Assim, leis de potência são escritas na forma $Y \sim X^a$, em contraste com funções lineares, nas quais $Y \sim cX$. De certo modo, uma função linear é um caso especial de lei de potência no qual o expoente alométrico $a = +1$, ou seja, onde Y aumenta apenas linearmente junto com X. Porém, assim que o expoente a se torna significativamente maior do que 1, Y começa a aumentar mais depressa do que X. Por exemplo, quando Y é a massa encefálica, X é o número de neurônios no encéfalo e a lei de potência que os relaciona tem o expoente alométrico +1, a relação é linear, e um número dez vezes maior de neurônios resulta em um encéfalo exatamente dez vezes maior. Mas quando o expoente alométrico da lei de potência é +2, o mesmo número dez vezes maior de neurônios resulta em um encéfalo cem vezes maior.

Na nossa primeira análise,[3] que não incluiu o cérebro humano, constatamos que a massa encefálica de primatas aumenta segundo o número de neurônios no encéfalo elevado à potência +1. Ou seja, em uma comparação entre espécies primatas, o encéfalo cresce em escala linear conforme ganha neurônios. Assim, o encéfalo do macaco reso, com 87 gramas, é apenas pouco mais de dez vezes maior que o do sagui (que pesa apenas 7,8 gramas) e possui aproximadamente dez vezes mais neurônios. Em contraste, o encéfalo de 17,6 gramas da cutia é cerca de dez vezes maior que o do rato, mas possui apenas quatro vezes mais neurônios. Descobrimos que isso ocorre porque a massa encefálica aumenta muito mais depressa conforme os encéfalos de roedores ganham neurônios,[4] segundo uma lei de potência de expoente alométrico +1,6. Com esse expoente, um número dez vezes maior de neurônios resulta em um encéfalo de roedor cuja massa não é dez vezes maior, e sim quarenta vezes. Portanto, em comparação com primatas, o modo como o encéfalo dos roedores ganha neurônios é inflacionário: leva a uma massa encefálica que infla rapidamente. Em consequência, não só os encéfalos de primatas possuem mais neurônios do que os encéfalos de massa semelhante de roedores, como também quanto maior a massa encefálica, maior a diferença no número de neurônios encontrada em um encéfalo de primata em comparação com um encéfalo de roedor, o que se pode ver na separação progressiva entre as duas linhas traçadas na figura 4.3. Lá estava a nossa resposta: nem todos os encéfalos são feitos da mesma forma, pois até os roedores e primatas, parentes próximos na evolução, possuem números de neurônios bem diferentes em encéfalos de tamanhos comparáveis.

Como o encéfalo consiste em estruturas de desenho, composição e função muito diferentes, englobar tudo isso em um único saco, o "encéfalo todo", poderia resultar na desconsideração de semelhanças ou diferenças em uma parte do encéfalo quando comparássemos grupos distintos de animais. Por outro lado, dividir o encéfalo em um número excessivo de estruturas aumentaria imensamente o tempo necessário para a coleta de dados. Assim, para os estudos iniciais cujo objetivo era apenas descobrir se todos os encéfalos seguiam uma mesma regra de proporcionalidade na variação de tamanho em todos os grupos de mamíferos, decidimos separar o encéfalo apenas nas estruturas mais óbvias: córtex cerebral, cerebelo e o anatomicamente inapropriado mas correto "resto do encéfalo". Isso não incluía os bulbos olfatórios, que, por estarem alojados em um pequeno envoltório ósseo na parte frontal do cérebro, frequentemente não são coletados junto com o cérebro. Como muitos dos cérebros que receberíamos para análise viriam sem essa parte, para assegurar que todos os encéfalos analisados fossem comparáveis, decidimos simplesmente não incluir o bulbo olfatório na massa encefálica total.

Descobrimos que, de fato, os neurônios se distribuíam pelas estruturas do encéfalo em números muito diferentes. Ainda estudando apenas roedores e primatas não humanos, embora já em uma amostra maior, composta de 22 espécies,[5] constatamos que, em todas elas, a grande maioria dos neurônios encefálicos, aproximadamente 80%, localizavam-se no cerebelo, uma estrutura relativamente pequena na parte posterior ao cérebro.[6] Portanto, era possível que as diferentes relações que encontrávamos entre massa encefálica e número de neurônios para roedores e primatas fossem devidas principalmente a diferenças no cerebelo, e não no córtex cerebral, cujos números poderiam, na verdade, seguir uma proporcionalidade semelhante entre roedores e primatas.

No entanto, isso não se confirmou: nas comparações entre os dois grupos, números diferentes de neurônios correspondiam a massas muito diferentes somente para o córtex cerebral. Começamos a nos referir a essas diferentes relações entre a massa de uma estrutura cerebral e seu número de neurônios nas comparações entre espécies como as "regras neuronais de proporcionalidade", as quais se aplicavam a cada parte do encéfalo em cada grupo de mamíferos. Entre os roedores, descobrimos que o córtex cerebral ganhava massa de acordo com uma lei de potência de seu número de neurônios com um expoente alométrico grande: +1,7; entre os primatas, o expoente era +1, portanto sua escala era linear. Como se vê na figura 4.4, isso significava que, assim como acontecia para o encéfalo como um todo, o córtex cerebral variava em tamanho de modos muito diferentes quando comparávamos roedores e primatas. Quando ambos ganhavam números semelhantes de neurônios, o córtex dos roedores tornava-se muito maior que o dos primatas — e, como resultado, um córtex de roedor possuía muito menos neurônios que um córtex de massa semelhante de um primata.

Por exemplo, o córtex cerebral tem massa semelhante na capivara (48,2 gramas) e no macaco da espécie *Macaca radiata* (48,3 gramas), mas esses valores semelhantes das massas escondem uma diferença altamente significativa no número de neurônios: enquanto o córtex da capivara possui apenas 306 milhões de neurônios, o do *Macaca radiata* tem 1,7 bilhão, ou seja, quase o sêxtuplo de neurônios, acondicionados de modo mais compacto em um volume semelhante. Essa diferença reflete o que chamei de "vantagem dos primatas":[7] devido ao modo como o encéfalo primata se estrutura, um número muito maior de neurônios cabe no seu córtex cerebral, cujo tamanho assemelha-se ao de um roedor — o que é uma grande vantagem se o volume custar caro, como veremos ainda neste capítulo.

A vantagem dos primatas também é encontrada no cerebelo,

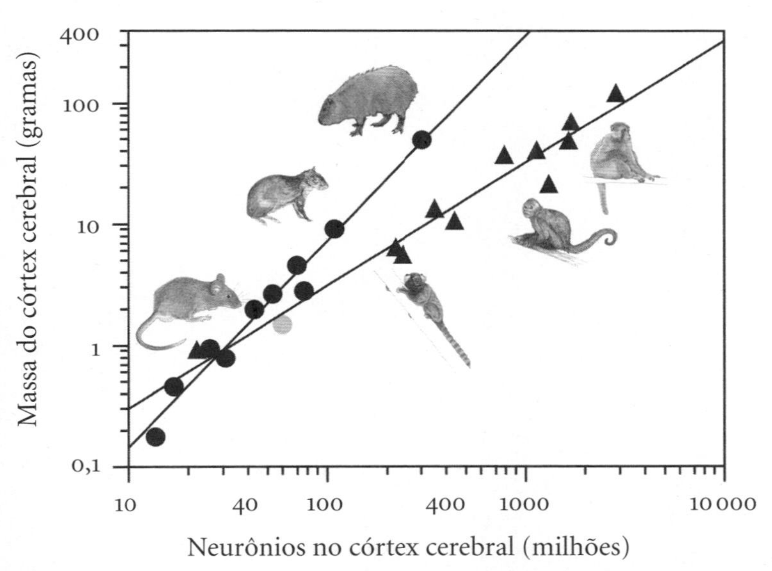

Figura 4.4 A massa do córtex cerebral aumenta de modos diferentes conforme ganha neurônios em roedores (círculos) e primatas (triângulos). As retas indicam as leis de potência que melhor descrevem a variação na massa cortical como funções de números de neurônios no córtex cerebral de roedores (expoente +1,7) e de primatas (expoente +1), separadamente. Quanto maior o córtex cerebral, maior a discrepância no número de neurônios encontrados em espécies de primatas e roedores, com cada vez mais neurônios nos córtices de primatas do que nos de roedores.

outra estrutura que mostrou possuir regras neuronais de proporcionalidade diferentes para roedores e primatas. O cerebelo ganha massa entre as espécies de roedores segundo uma função potência do seu número de neurônios com um expoente alométrico de +1,3 (figura 4.5); entre os primatas, porém, o expoente é +1, portanto seu aumento de tamanho é linear. Isso significa que o cerebelo varia em tamanho em funções diferentes entre roedores e primatas, sendo o crescimento dos cerebelos de roedores mais rápido que o dos primatas à medida que ambos ganham números semelhantes de neurônios. Como resultado, mais neurônios cabem no cerebelo de um primata do que no de um roedor de mesmo porte. Por exemplo, o cerebelo da capivara (6,6 gramas) possui 1,2 bilhão de neurônios, enquanto o cerebelo ligeiramente menor do macaco da espécie *Macaca radiata* (5,7 gramas) tem 2 bilhões de neurônios, ou seja, quase o dobro.

Em contraste, as outras estruturas cerebrais, que chamamos de "resto do encéfalo" e processamos todas juntas como uma porção única de tecido, de início não pareciam variar como funções tão diferentes do seu número de neurônios nas comparações entre roedores e primatas. Como vemos na figura 4.6, esse conjunto composto por tronco cerebral, diencéfalo e estriado (todas as estruturas subcorticais em conjunto) ganha massa entre espécies de roedores conforme seu número de neurônios aumenta segundo uma lei de potência com expoente alométrico de +1,6, o que é nominalmente diferente do expoente +1,1 para a lei de potência que relaciona a massa do resto do encéfalo ao número de neurônios nas comparações entre primatas, mas mostra grande sobreposição entre os dois grupos. Em contraste com o alinhamento ordeiro dos dados referentes ao córtex ou ao cerebelo para roedores ou primatas, para o resto do encéfalo encontramos um espalhamento muito maior das espécies ao redor das funções ajustadas, possivelmente em razão da miscelânea de estruturas encefálicas usadas

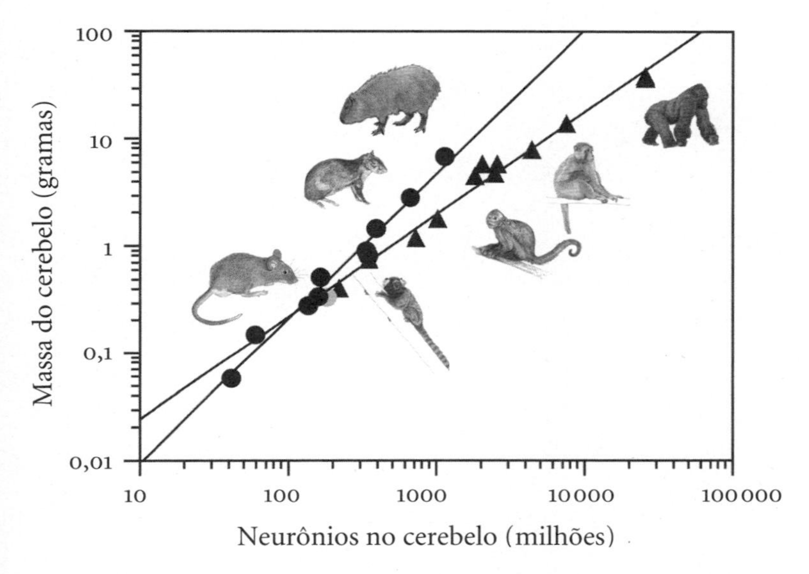

Figura 4.5 Também a massa do cerebelo aumenta de modos diferentes conforme roedores (círculos) e primatas (triângulos) ganham neurônios nessa estrutura. As retas indicam as leis de potência que melhor descrevem a variação na massa cerebelar como funções de números de neurônios em cerebelos de roedores (expoente +1,3) e primatas (expoente +1), separadamente. Quanto maior o cerebelo, maior a discrepância no número de neurônios encontrados em espécies de primatas e roedores, com cada vez mais neurônios nos cerebelos de primatas do que nos de roedores.

juntas nos cálculos. Aqui várias espécies de primata se sobrepõem à reta traçada para roedores e vice-versa, como vemos na mistura de círculos com triângulos da figura 4.6. Por exemplo, o resto do cérebro da cutia pesa seis gramas e possui 49 milhões de neurônios, não muito diferente do resto do cérebro do *Macaca radiata,* que pesa 7,4 gramas e tem 61 milhões de neurônios. Portanto, à primeira vista, as regras neuronais de proporcionalidade para o resto do encéfalo não parecem diferir sistematicamente entre roedores e primatas. Contudo, conforme analisamos mais espécies, ficou claro que a vantagem dos primatas também se aplica à construção do "resto do encéfalo", como veremos adiante. Mas, por enquanto, vamos nos ater ao que significa a vantagem dos primatas quanto a como seu córtex cerebral e cerebelo aumentam em tamanho conforme ganham neurônios.

As diferentes regras neuronais de proporcionalidade para o córtex cerebral e o cerebelo entre roedores e primatas têm implicações muito interessantes no que diz respeito à evolução da diversidade do encéfalo. Pela primeira vez, pudemos sugerir que os

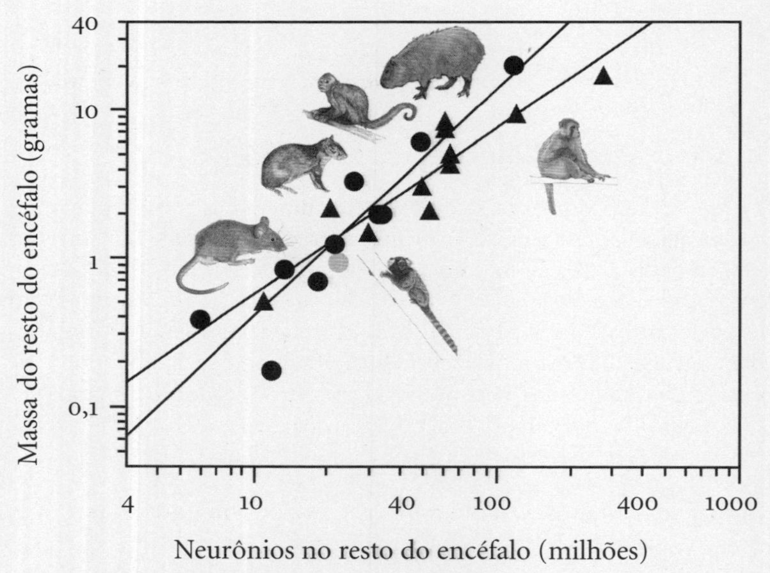

Figura 4.6 A massa do resto do encéfalo, em contraste com a do córtex cerebral e a do cerebelo, inicialmente parecia aumentar em tamanho de modo um tanto semelhante entre roedores (círculos) e primatas (triângulos) conforme ganha neurônios. As linhas indicam as leis de potência que melhor descrevem a variação da massa do resto do encéfalo como funções de números de neurônios no cérebro de roedores (expoente +1,6) e primatas (expoente +1,1), separadamente. Embora os expoentes sejam nominalmente diferentes, existe significativa sobreposição entre roedores e primatas.

eventos que levaram os primatas a divergir do ancestral que eles tinham em comum com os roedores modernos incluíram não só mudanças na posição dos olhos (frontal nos primatas, lateral na maioria dos roedores) e terminação dos dedos (unhas nos primatas, garras nos roedores), mas também mudanças no modo como o córtex cerebral e o cerebelo eram construídos. Os expoentes alométricos maiores para essas estruturas nos roedores sugeriam que os neurônios corticais e cerebelares tornaram-se, em média, maiores na linhagem dos roedores do que na dos primatas à medida que esses neurônios também se tornaram mais numerosos (e, nesse caso, maiores significa não só dotados de um corpo celular maior, mas também de dendritos e axônios mais longos, como veremos adiante). Em contraste, o aumento linear da massa cortical e cerebelar conforme essas estruturas ganham neurônios na linhagem primata indica que o tamanho médio de seus neurônios deve permanecer razoavelmente estável em uma comparação entre espécies. Portanto, as mudanças que conduziram à divergência entre as linhagens dos primatas e roedores na evolução, quaisquer que tenham sido, devem ter incluído mudanças em genes e outros mecanismos que controlam o tamanho das células.

A descoberta de que o córtex cerebral e o cerebelo de roedores e primatas seguiam regras neuronais de proporcionalidade foi extremamente importante. Mostrou que era errada a suposição, tão comum na literatura especializada, de que comparações de tamanho do cérebro entre espécies acentuadamente diferentes serviriam como indicação sobre seus números de neurônios e, portanto, também sobre suas capacidades cognitivas. Encéfalos de tamanhos semelhantes podiam ser feitos de números diferentes de neurônios — pelo menos quando são comparados roedores e primatas.

No entanto, as diferentes regras neuronais de proporcionalidade não nos diziam se o encéfalo do último ancestral que roedores e primatas tiveram em comum (1) era construído como um encéfalo de roedor moderno, e os primatas divergiram desse desenho; (2) era construído como um encéfalo de primata moderno, e os roedores divergiram desse desenho; ou (3) era construído de acordo com regras de proporcionalidade totalmente diferentes das que governam tanto os cérebros de roedores como os de primatas modernos — e *tanto* roedores *como* primatas divergiram dele, cada grupo com seus modos particulares de montar um córtex cerebral e um cerebelo. Por outro lado, naquela altura, a semelhança nas regras neuronais de proporcionalidade que encontramos para o resto do encéfalo de roedores e primatas acenava com a possibilidade de que o resto do encéfalo do último ancestral comum às duas linhagens foi construído do mesmo modo que o dos animais modernos desses grupos — um cenário muito mais parcimonioso do que aquele no qual as duas linhagens teriam convergido independentemente até chegar às mesmas regras neuronais de proporcionalidade para o resto do encéfalo (embora até mesmo esse cenário ainda fosse possível, obviamente).

Mas havia um jeito simples de sair desse dilema. Se conseguíssemos determinar as regras neuronais de proporcionalidade que se aplicavam ao córtex cerebral, cerebelo e resto do encéfalo de outros grupos de mamíferos tão diversos como afrotérios e artiodáctilos — espécies mamíferas muito mais distantes em suas histórias evolutivas do que os roedores e primatas, que são parentes mais próximos —, também deveríamos ser capazes de determinar qual era a mais provável de todas aquelas possibilidades.

ALÉM DE ROEDORES E PRIMATAS

Os primatas e roedores vivos são parentes próximos na evolução, tão próximos quanto nós e nossos primos em primeiro grau — e não porque primatas descendam de roedores ou porque nós sejamos descendentes dos nossos primos (o que evidentemente não somos, pois temos idades semelhantes), e sim porque tanto eles como nós descendemos de um mesmo ancestral. No caso dos nossos primos e nós, esse ancestral comum é um dos avós: mesmo se ele já não estiver vivo, podemos determinar, pela história oral e registros escritos, quando ele viveu. No caso dos roedores e primatas, o último ancestral comum exclusivo desses dois grupos e não de outros viveu há cerca de 95 milhões de anos.[8]

Essas relações genealógicas com ancestrais que viveram e morreram tanto tempo atrás podem ser estabelecidas graças a várias técnicas e metodologias modernas e outras não tão modernas. Quer os modos de estabelecer tais parentescos envolvam datação radiométrica, sequenciamento de genes e proteínas ou até as antigas comparações de características morfológicas, todos os resultados são submetidos a análises matemáticas da "cladística", cujo objetivo é determinar quais grupos ou espécies (clados) descendem de um ancestral comum e quais não descendem. Obviamente, as análises cladísticas nem sempre concordam entre si; podemos esperar diferenças em resultados dependendo das espécies, genes e proteínas que são comparados, em razão, por exemplo, de diferentes taxas de mutação ao longo do tempo. A árvore genealógica consensualmente aceita das espécies vivas está sempre evoluindo, mudando conforme novas evidências surgem e refutam interpretações anteriores dos dados e sugerem novas teorias da evolução.

Ainda assim, não há dúvida de que as espécies que hoje andam pela Terra nem sempre estiveram no planeta, como também é fato que no passado existiram espécies hoje extintas. Esqueletos que podemos reconhecer como pertencentes a humanos modernos não têm mais do que 200 mil anos de idade; por outro lado, trilobitas prosperaram entre 540 e 250 milhões de anos atrás, mas não são encontrados no registro fóssil nem antes nem depois daquele período. O mesmo vale para os dinossauros: engastados em rochas de

230 milhões de anos, porém não mais antigas, eles desapareceram há 65 milhões de anos, mais ou menos na época em que um grande meteoro ou cometa caiu na península mexicana de Iucatã.[9] Desde então não foram vistos dinossauros vivos — embora os lagartos e crocodilos modernos sejam assombrosamente parecidos com eles. Com certeza, a vida, preservada como a vemos no registro fóssil, evoluiu com o passar do tempo — pois "evolução" significa simplesmente mudança. Portanto, a evolução é um fato, e não uma teoria: a vida *mudou* ao longo do tempo. Por outro lado, as suposições de *como* exatamente essas mudanças aconteceram, estas, sim, são teorias: quais teriam sido os mecanismos que deixaram os rastros que hoje examinamos para recontar suas histórias.

O consenso atual,[10] baseado em técnicas moleculares modernas e em análises matemáticas parcimoniosas, é que, de todos os eutérios modernos (mamíferos placentários, isto é, não monotremados nem marsupiais), os afrotérios divergiram primeiro do ancestral comum a todos, e os cetartiodáctilos (artiodáctilos e cetáceos) divergiram por último ou mais recentemente, como ilustrado na figura 4.7. Os roedores e primatas situam-se em posição intermediária, juntos no supergrupo *Euarchontoglires* — um agrupamento que, já em 2007, mostramos não ser válido caso fosse baseado no modo como seus cérebros foram construídos. Se pudéssemos determinar as regras neuronais de proporcionalidade que se aplicavam, por um lado, aos afrotérios e, por outro, aos artiodáctilos, e compará-las às regras para roedores e primatas (e talvez também outros clados), deveríamos ser capazes de encontrar a explicação mais parcimoniosa para como os cérebros diferentemente construídos vieram a ser o que são hoje.

Em 2014, cerca de dez anos depois de ter criado o método para transformar cérebros em sopa com o objetivo de descobrir o número de células de que eles eram feitos, e graças a um pequeno exército de estudantes e colaboradores, havíamos publicado dados para 41 espécies distribuídas por seis clados de mamíferos. Junto com Ken Catania, conseguimos determinar as regras de escala aplicáveis aos animais da ordem dos eulipotiflos, alguns dos menores mamíferos vivos; em colaboração com Paul Manger, agora conhecíamos as regras neuronais de proporcionalidade para afrotérios e artiodáctilos, em extremos opostos da árvore evolutiva dos eutérios. Agora podíamos examinar todas essas espécies e procurar diferenças e semelhanças no modo como seus encéfalos aumentavam em massa conforme ganhavam neurônios e, assim, conseguir nosso primeiro vislumbre da construção da diversidade do encéfalo na evolução dos mamíferos.

Constatamos que, para o córtex cerebral, o quadro era suficientemente claro. As regras de escala neuronal que já tínhamos encontrado para os roedores também se aplicavam ao antiquíssimo grupo dos afrotérios (musaranhos africanos e toupeiras, mais o elefante africano), aos minúsculos mas não tão antigos *Eulipotyphla* (mais as toupeiras e demais musaranhos), a essa altura reconhecidos como um grupo separado dos afrotérios (aposentando, assim, o nome anteriormente usado, "insetívoros"[11]), e o grupo muito mais recente dos artiodáctilos (porco, antílope, girafa).* Como vemos na figura 4.8, todos os córtices cerebrais de não primatas têm a mesma relação entre massa cortical e número de neurônios, enquanto todos os córtices de primatas apresentam uma relação diferente que é comum entre eles.

* Infelizmente, o encéfalo de girafa que pudemos analisar pertencia a um espécime juvenil, e não a um adulto. Mas como sabemos que, em ratos e camundongos, o número total de neurônios no córtex é alcançado bem antes que a massa cortical atinja os valores de adulto, podemos razoavelmente esperar que o número de neurônios que encontramos no córtex cerebral da girafa juvenil realmente represente a totalidade de um adulto, mesmo que esse córtex ainda não tenha atingido seu tamanho pleno. Por essa razão, a girafa é mostrada no gráfico, porém excluída dos cálculos da lei de potência na figura 4.7.

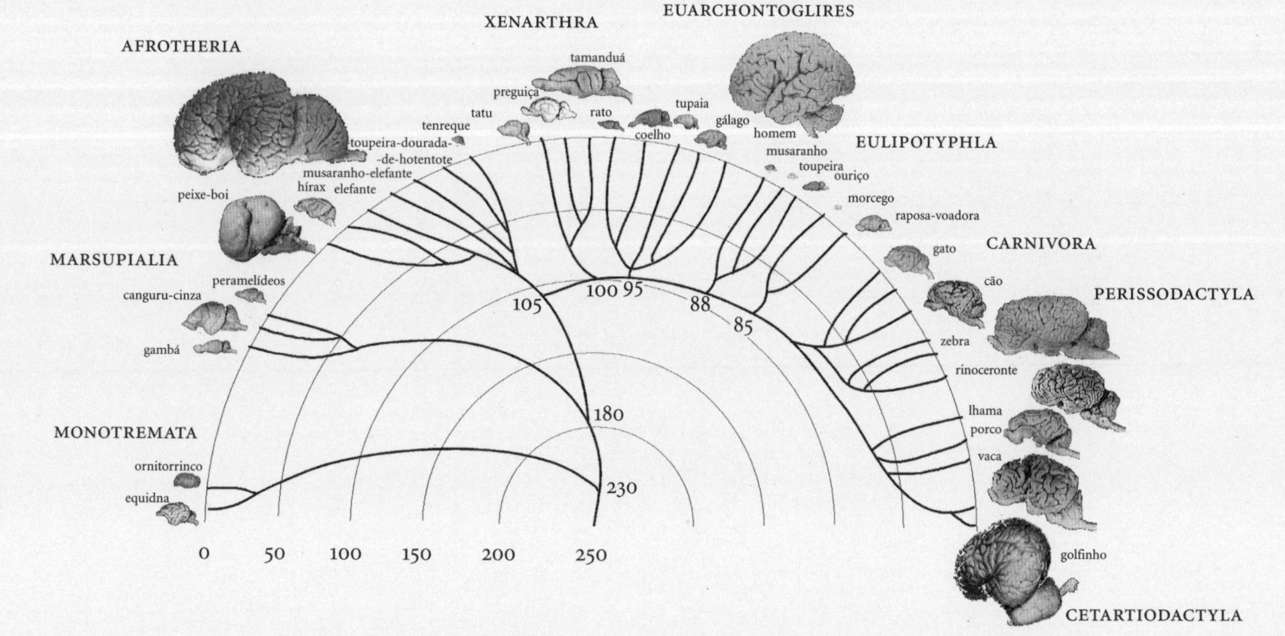

Figura 4.7 Árvore consensual das relações genealógicas ou evolutivas entre espécies mamíferas vivas (datas em milhões de anos atrás). Roedores e primatas são ramos diferentes do mesmo grupo: *Euarchontoglires*; no entanto, regras neuronais de proporcionalidade distintas aplicam-se tanto ao córtex cerebral quanto ao cerebelo desses dois grupos. Figura extraída de Herculano-Houzel, 2012, com permissão.

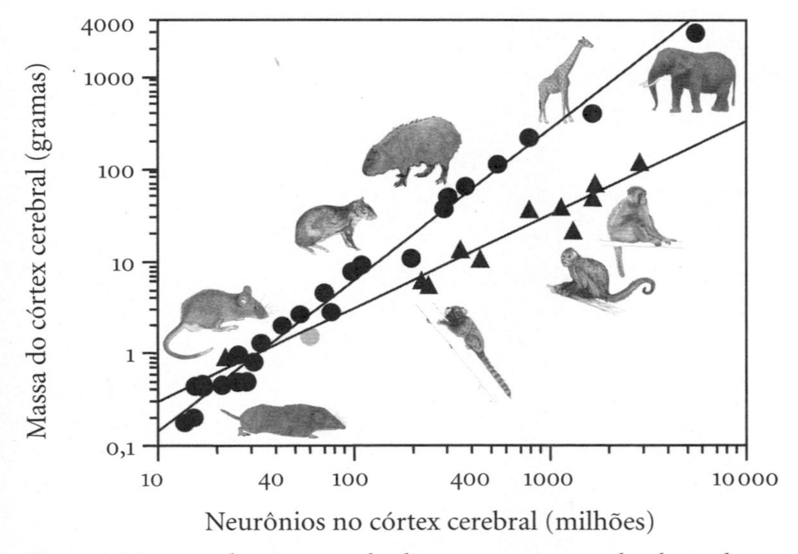

Figura 4.8 A massa do córtex cerebral aumenta em tamanho de modo semelhante para roedores, afrotérios, mamíferos da ordem *Eulipotyphla* e artiodáctilos (círculos) conforme ganha neurônios, mas segue outra relação para as espécies primatas (triângulos). As linhas indicam as leis de potência que melhor descrevem a variação na massa cortical como funções de números de neurônios no córtex de primatas (expoente +1) e no de todos os outros clados (expoente +1,6). Quanto maior o córtex cerebral, maior a discrepância no número de neurônios encontrados em córtices de primatas e não primatas de massa semelhante, com cada vez mais neurônios nos córtices de primatas do que nos de não primatas.

Tínhamos então uma resposta ao nosso enigma, ilustrada na figura 4.9. Dadas as relações evolutivas para as várias espécies e grupos de mamíferos que estávamos examinando, a explicação mais parcimoniosa para a origem das regras neuronais de proporcionalidade para primatas e não primatas é a descrita a seguir. A regra neuronal de proporcionalidade para não primatas, comum às espécies não primatas modernas que pertencem a clados mamíferos recentes e antigos em sua divergência evolutiva, deve ter sido

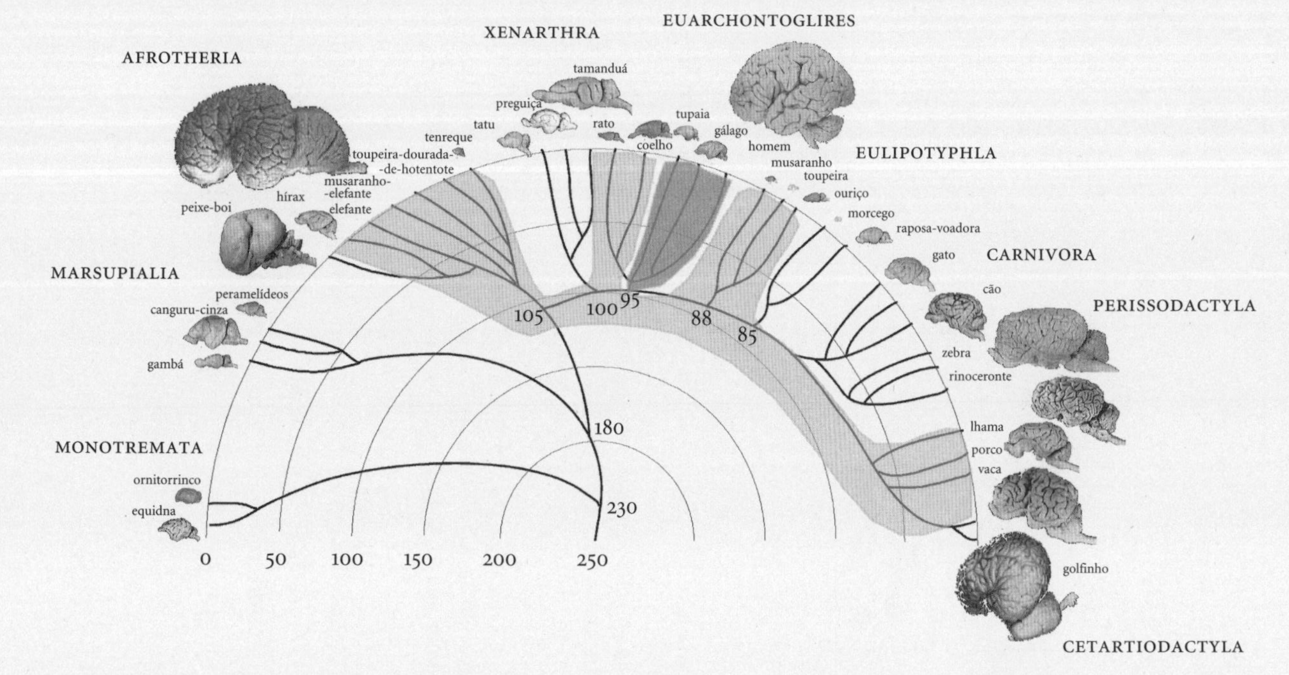

Figura 4.9 Esquema proposto para a evolução da variação da massa cortical do cérebro com números crescentes de neurônios: presume-se que as regras neuronais de proporcionalidade que se aplicam aos afrotérios, roedores, eulipotiflos e artiodáctilos modernos já se aplicavam aos seus ancestrais comuns, uma vez que foram mantidas na evolução dessas linhagens, mas mudaram quando ocorreu a divergência dos animais que mais tarde deram origem aos primatas.

o modo ancestral de montar um córtex cerebral dos eutérios, e permaneceu razoavelmente inalterada desde então (do contrário, cada um dos grupos não primatas que examinamos teria apresentado sua própria regra de proporcionalidade). Os primatas, por sua vez, divergiram dessa regra de proporcionalidade ancestral ao adotar um modo, a regra neuronal de proporcionalidade primata, que acondicionava mais neurônios juntos em um volume semelhante.[12] (A questão mais empolgante, evidentemente, era como os humanos se comparavam aos outros primatas — mas isso terá de esperar pelo próximo capítulo.)

Podemos dizer que os primatas "divergiram" da regra de proporcionalidade ancestral conforme seu córtex cerebral cresceu porque a história evolutiva das espécies mamíferas mostra uma tendência muito acentuada ao aumento do tamanho do cérebro,[13] começando com animais pequenos dotados de cérebros muito pequenos. O parente mais próximo conhecido de todos os mamíferos modernos é o mamaliforme *Hadrocodium wui*, com massa corporal estimada de apenas dois gramas, semelhante aos menores morcegos vivos e aos mamíferos da ordem *Eulipotyphla*,[14] que viveram há cerca de 195 milhões de anos.[15] O *Hadrocodium* possuía massa encefálica estimada em 0,04 grama, com um córtex cerebral que, segundo nossas estimativas, pesava 0,02 grama e tinha apenas 3,6 milhões de neurônios[16] — o que é um córtex bem menor e com muito menos neurônios do que encontramos nas espécies mamíferas modernas que compuseram nossa amostra. Contudo, podemos intuir que essas espécies antigas tinham um córtex cerebral já construído segundo regras neuronais de proporcionalidade que permaneceram iguais nas linhagens que originaram os afrotérios, roedores, eulipotiflos e artiodáctilos modernos — e que o grupo que por fim levou aos primatas modernos ramificou-se à medida que mudou o modo como os neurônios eram adicionados ao córtex, dando aos primatas a vantagem de acondicionar mais neurônios em um volume semelhante.

E o cerebelo? Constatamos que, para essa estrutura encefálica, os afrotérios (exceto o elefante, como veremos no capítulo 6) e artiodáctilos também seguiam a mesma regra neuronal de proporcionalidade que já havíamos descoberto para os roedores, enquanto os eulipotiflos diferiam tanto dos primatas como dos outros grupos não primatas, como se vê na figura 4.10. É interessante notar que, como o cerebelo dos primatas, o dos eulipotiflos possui mais neurônios do que os cerebelos de massa comparável de um roedor ou afrotério. Por exemplo, o cerebelo da toupeira da espécie *Scalopus aquaticus* (que pertence à ordem *Eulipotyphla*), com 0,153 grama, possui 158 milhões de neurônios, enquanto o do hamster (um roedor), ligeiramente menor, com 0,145 grama, tem apenas 61 milhões, e o cerebelo do musaranho-elefante (um afrotério), apesar de ser um pouco maior, com 0,168 grama, tem só 89 milhões de neurônios.

Parece, portanto, que as antigas espécies de eutérios possuíam um cerebelo construído segundo regras neuronais de proporcionalidade que permaneceram as mesmas nas linhagens que originaram os afrotérios, roedores e artiodáctilos modernos — e que os grupos que por fim levaram aos primatas modernos, e separadamente aos eulipotiflos, ramificaram-se quando algo mudou no modo como neurônios eram acrescentados ao cerebelo (figura 4.11), permitindo que essa estrutura aumentasse mais lentamente em massa conforme ganhava neurônios tanto nos eulipotiflos como nos primatas — e ambos obtiveram, assim, uma vantagem em relação aos outros mamíferos no modo como seus cerebelos acondicionavam mais neurônios sem se tornarem desproporcionalmente maiores.

O resto do encéfalo mostrou o mesmo padrão visto no córtex cerebral, com regras neuronais de proporcionalidade semelhantes para afrotérios, roedores, eulipotiflos e artiodáctilos, indicando que essas foram as regras que também basearam a construção do resto

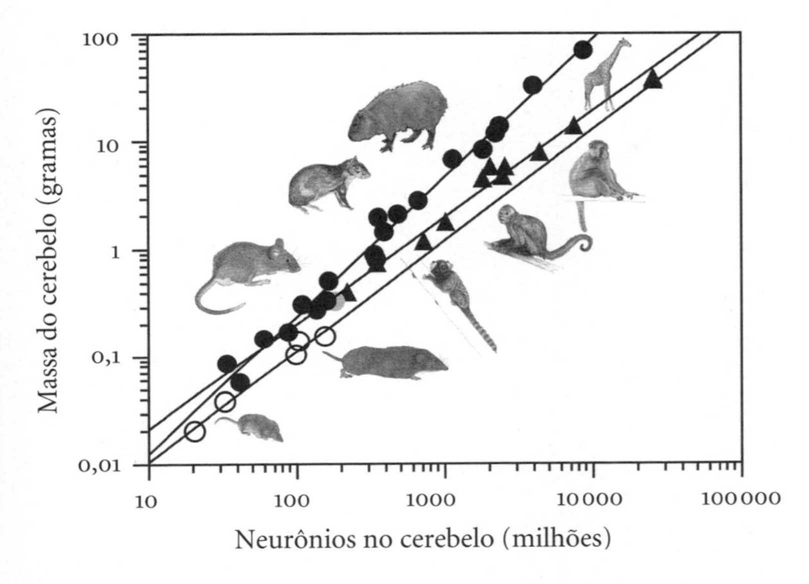

Figura 4.10 A massa do cerebelo varia de acordo com regras de proporcionalidade semelhantes para roedores, afrotérios e artiodáctilos (círculos cheios) conforme ganha neurônios, mas difere para os primatas (triângulos) e eulipotiflos (círculos vazios) conforme estes ganham neurônios no cerebelo. As retas indicam as leis de potência que melhor descrevem a variação na massa cerebelar como funções do número de neurônios no cerebelo dos primatas (expoente +1), eulipotiflos (expoente também +1, mas com um deslocamento vertical no gráfico) e no de todos os outros clados (expoente +1,3). Os números de neurônios cerebelares encontrados nos eulipotiflos, embora comparáveis aos dos pequenos roedores e afrotérios, são acondicionados em volumes menores.

do encéfalo dos primeiros eutérios. Os primatas mais uma vez divergiram do modo ancestral comum de montar o resto do encéfalo, com números semelhantes de neurônios acondicionados em volume menor (figura 4.12). Por exemplo, o resto do encéfalo, quando possui entre 106 milhões e 122 milhões de neurônios, pesa vinte gramas na capivara (roedor), 64,7 gramas no antílope (artiodáctilo), mas apenas 9,2 gramas no macaco reso (primata).

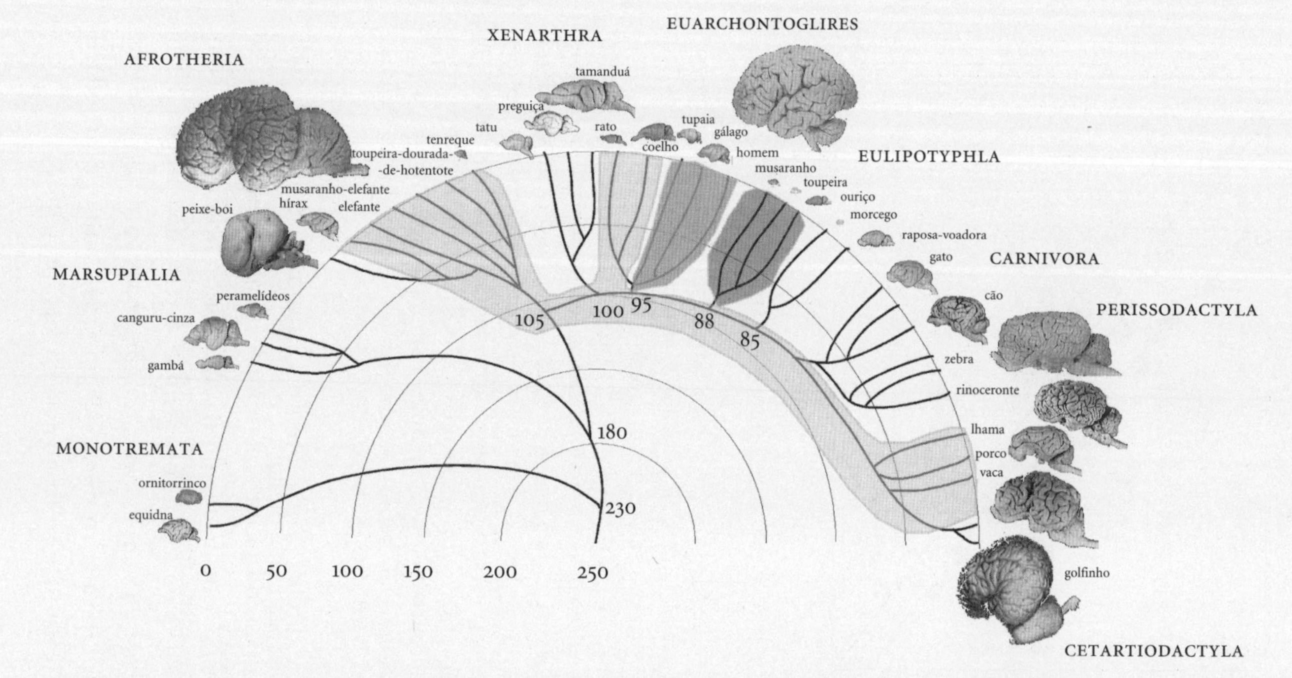

Figura 4.11 Esquema proposto da evolução da variação da massa cerebelar com números crescentes de neurônios: presume-se que as regras neuronais de proporcionalidade que se aplicam aos afrotérios, roedores e artiodáctilos modernos já se aplicavam ao seu ancestral comum, e que foram mantidas na evolução dessas linhagens, porém mudaram duas vezes e separadamente, por ocasião da divergência dos animais que mais tarde originaram os primatas e os eulipotiflos.

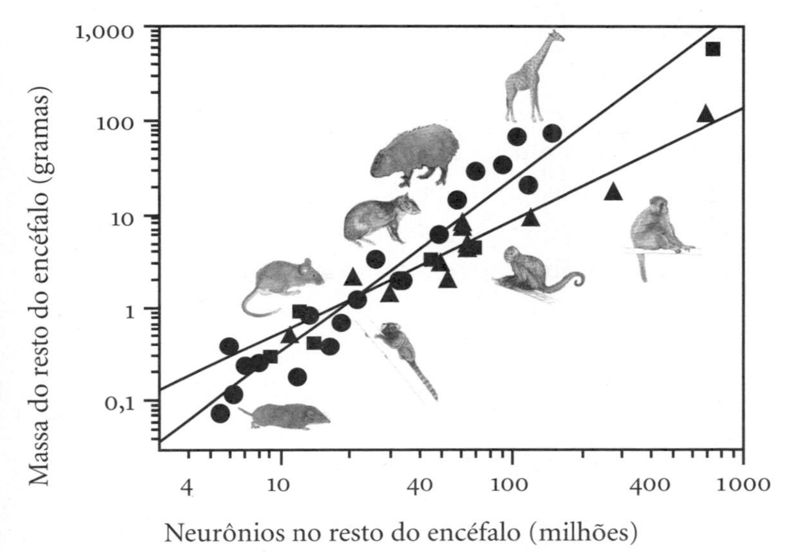

Figura 4.12 A massa do resto do encéfalo aumenta de maneira semelhante para afrotérios (quadrados), roedores, eulipotiflos e artiodáctilos (círculos) conforme ganha neurônios, mas difere para os primatas (triângulos). As retas indicam as leis de potência que melhor descrevem a variação na massa do resto do encéfalo como funções de números de neurônios nessas estruturas em primatas (expoente +1,2) e todos os outros clados (expoente +1,9). Para números comparáveis de neurônios no resto do encéfalo, essas estruturas são muito menores nos primatas do que em outros animais.

O QUE SIGNIFICAM REGRAS NEURONAIS DE PROPORCIONALIDADE DIFERENTES

Foi fundamental descobrir que não havia uma relação única, universal, de proporcionalidade entre a massa das estruturas encefálicas e seu número de neurônios. Agora sabemos que as comparações têm de ser feitas entre semelhantes: que os humanos, sendo primatas, devem ser comparados apenas com outros primatas, e não com roedores e artiodáctilos. A massa do córtex cerebral, por exemplo, oferece uma aproximação útil para o número estimado de neurônios corticais nas comparações de roedores com outros roedores ou mesmo com artiodáctilos. Mas os primatas não podiam mais ser comparados com roedores e artiodáctilos como se eles fossem iguais; as comparações tinham de ser apenas com outros primatas. Devido às diferentes regras de proporcionalidade, um córtex, cerebelo ou o resto do encéfalo de um primata escondem números muito maiores de neurônios do que o esperado para o córtex, cerebelo ou resto do encéfalo de massa comparável pertencente a um não primata.

As regras neuronais de proporcionalidade específicas para diferentes ordens e estruturas do encéfalo também nos revelaram muito sobre a *natureza* das mudanças evolucionárias subjacentes às divergências do córtex e cerebelo dos primatas, do cerebelo dos eulipotiflos e do resto do encéfalo dos primatas. Descobrimos que era possível fazer inferências razoáveis sobre o que provavelmente aconteceu quando esses clados mamíferos surgiram como novas linhagens. E, mais uma vez, o que possibilitou essas inferências foi uma simples análise matemática.

Como o encéfalo é feito de células, o tamanho de um encéfalo ou de uma estrutura encefálica é, necessariamente, o resultado de quantas células o compõem e do tamanho médio dessas células.* Para sermos mais exatos: a massa ou volume de um encéfalo ou estrutura encefálica é o produto de seu número de células — neurônios e células não neuronais — pela massa ou volume médios dessas células. Porém, como descobrimos que a distribuição de células não neuronais era matematicamente uniforme nas comparações entre estruturas e espécies (mais detalhes adiante),

* Em nossos cálculos, o espaço extracelular entre as células é incluído nas estimativas de tamanho delas; portanto, não existe um terceiro componente na massa (ou no volume) do encéfalo — existe apenas o número de células e o tamanho médio.

podemos, por ora, considerar que quaisquer mudanças nas regras de proporcionalidade que governam o modo como as estruturas encefálicas são construídas devem-se sobretudo ao modo como essas estruturas ganham neurônios, e não às células não neuronais (gliais e endoteliais) de diferentes tamanhos.

Tínhamos conhecimentos sobre mudanças em números de neurônios na evolução dos mamíferos; mas o que podíamos dizer quanto ao tamanho médio desses neurônios? Quando a massa de uma estrutura encefálica aumenta linearmente com seu número de neurônios, como ocorre com o córtex e o cerebelo dos primatas, só existe uma conclusão possível quanto ao tamanho médio dos neurônios: ele deve permanecer igual. Para ilustrar, imagine um saco muito elástico cheio de números variados de bolinhas de isopor. Se forem usadas bolinhas de um tamanho médio constante, encher esse saco com três vezes ou dez vezes mais contas tornará o saco exatamente três ou dez vezes maior em volume. Isso é verdade mesmo se nem todas as bolinhas forem de tamanho uniforme, contanto que o tamanho *médio* de todas as bolinhas permaneça constante. No caso das estruturas encefálicas, seria uma tarefa formidável verificar se o tamanho das bolinhas (os neurônios) para as diversas espécies é constante, pois o volume de neurônios não se concentra regionalmente: os dendritos e sobretudo os axônios às vezes se estendem por longas distâncias do corpo principal da célula, e medir a célula inteira requer reconstruções tridimensionais de seções microscópicas de tecidos cerebrais que são extremamente trabalhosas.

Mas é aqui que a matemática simples vem de novo em nosso socorro. Se os neurônios realmente têm um tamanho médio constante apesar de variarem em número, então o número de neurônios por volume cerebral, isto é, a densidade de neurônios no tecido, também deve ser constante, como o número de bolinhas por unidade de volume no saco. Essa é uma informação muito útil, pois determinar a densidade neuronal é uma tarefa trivial com o nosso método: basta dividir o número de neurônios encontrados no tecido pela massa ou volume do tecido.

Por esse raciocínio, encher o saco elástico com bolinhas de isopor que *aumentam* de tamanho à medida que mais contas são usadas resulta em um saco de contas cujo volume aumenta mais depressa do que ele ganha bolinhas. Se o saco for enchido com dez vezes mais bolinhas e cada bolinha agora for em média 1,5 vez maior, o volume final do saco será não apenas dez vezes maior, mas 10 × 1,5 = 15 vezes maior. Se as bolinhas forem cinco vezes maiores quando adicionadas em números dez vezes maiores, o saco torna-se 5 × 10 = 50 vezes maior. Mais uma vez, é possível inferir a mudança no tamanho médio das bolinhas em cada saco sem medir o tamanho das bolinhas; basta determinar a *densidade* das bolinhas no saco. No primeiro cenário, a densidade das bolinhas no saco é 1,5 vez menor; no segundo, é cinco vezes menor. A densidade das bolinhas varia inversamente à mudança no volume médio das bolinhas.* Além disso, se existe uma relação constante entre a mudança no tamanho das bolinhas conforme elas se tornam mais numerosas, isso aparecerá como uma relação fixa entre a densidade de bolinhas e o número de bolinhas no saco. E se substituirmos "bolinhas" por "neurônios" nessas afirmações, poderemos saber como o tamanho médio de neurônios muda conforme as estruturas cerebrais ganham neurônios na evolução.

* A demonstração completa de que isso se aplica aos neurônios em estruturas encefálicas nas comparações entre espécies mamíferas encontra-se em Mota e Herculano-Houzel, 2014, onde mostramos que a massa média calculada de células neuronais varia com a densidade neuronal medida (neurônios por miligrama de tecido cerebral) elevada à potência −1,004, o que não é significativamente diferente de −1,000.

No córtex cerebral de não primatas, conforme aumenta o número de neurônios, a densidade neuronal diminui de um modo uniforme que pode ser descrito como uma função de potência do número de neurônios com o expoente alométrico -0,6 (figura 4.13). Como o tamanho médio dos neurônios varia inversamente à densidade neuronal, esse expoente implica que a massa média dos neurônios corticais de não primatas aumenta com o número de neurônios no córtex elevado à potência +0,6. Isso significa que, quando um córtex de não primata ganha dez vezes mais neurônios, seus neurônios tornam-se em média quatro vezes maior em massa — portanto, o córtex se torna quarenta vezes maior em massa total. Quando ganha cem vezes mais neurônios, seus neurônios tornam-se dezesseis vezes maiores em média, e o córtex, 1600 vezes maior; com mil vezes neurônios a mais, eles se tornam 64 vezes maiores em média, e o córtex, 64 mil vezes maior. Nas espécies primatas, em contraste, conforme aumenta o número de neurônios corticais, não há variação sistemática na densidade neuronal (figura 4.13). Isso significa que, conforme o córtex dos primatas evoluiu, começou a ganhar neurônios sem um aumento sistemático significativo no tamanho médio de seus neurônios. Isso não quer dizer que os neurônios dos primatas tornaram-se menores, mas apenas que pararam de crescer: o córtex primata parece ter mantido um tamanho médio da célula neuronal semelhante ao encontrado no córtex do rato ou do coelho, e sem dúvida menor que o do córtex da cutia. Em consequência, quando um córtex primata ganha dez vezes mais neurônios, torna-se apenas aproximadamente dez vezes maior; e se ganhar cem vezes mais neurônios, irá se tornar apenas cerca de cem vezes maior.

A correlação bastante forte entre densidade neuronal (e, portanto, tamanho neuronal médio) e número de neurônios para não primatas sugere que deve ter havido um mecanismo que, na

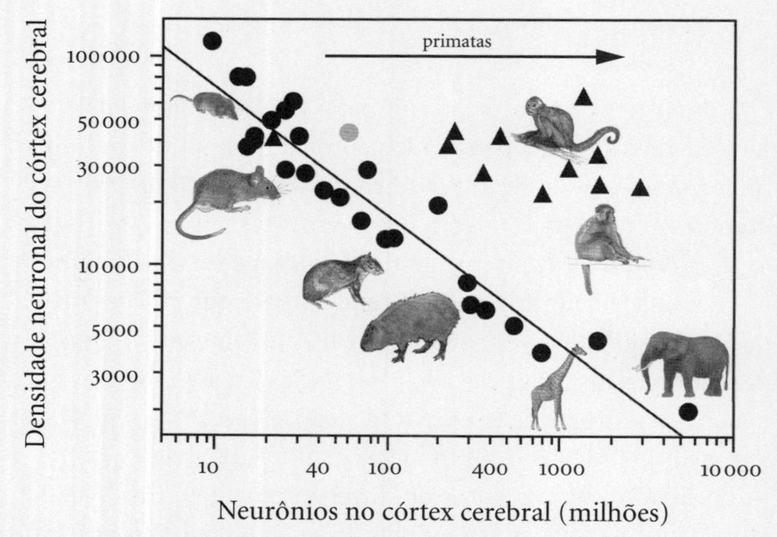

Figura 4.13 Conforme o córtex cerebral de não primatas (círculos) ganha neurônios, a densidade neuronal (em neurônios por miligrama de córtex cerebral) cai conforme o número de neurônios elevado à potência –0,6, o que implica que a massa média de neurônios aumenta com o número de neurônios elevado à potência +0,6. Em contraste, conforme o córtex de primatas (triângulos) ganha neurônios, a densidade neuronal não cai significativamente. Considerando que a evolução dos mamíferos começou com cérebros e córtices pequenos, podemos inferir que os primatas ramificaram-se do ancestral comum com mudanças que desatrelaram a adição de neurônios de mudanças no tamanho médio de neurônios no córtex cerebral.

evolução de mamíferos não primatas, *acoplou aumentos no número* de neurônios no córtex cerebral a *aumentos no tamanho médio* desses neurônios. Toda vez que esse mecanismo, ainda não descoberto, aumentava o número de neurônios componentes do córtex cerebral de uma espécie não primata, ele aumentava também o tamanho médio dos neurônios em uma magnitude predizível. Além disso, esse mecanismo tem de ter sido (e continua a ser) bem robusto, pois funciona há mais de 90 milhões de anos, desde antes da divergência das linhagens dos afrotérios, roedores, eulipotiflos e artiodáctilos, e, de fato, ainda se reflete nas espécies modernas de cada um desses grupos. Quando os primatas, por sua vez, se ramificaram do ancestral que tinham em comum com não primatas, foi com alguma ruptura que incluiu a neutralização desse mecanismo e o *desacoplamento* do aumento no número de neurônios corticais de um aumento no tamanho médio dos neurônios. Ou seja, o que quer que aumentasse o número de neurônios corticais de uma espécie primata para outra nova espécie de cérebro maior, *não* tornava seus neurônios corticais maiores. Assim, as regras neuronais de proporcionalidade que se aplicam aos primatas tornaram-se diferentes e específicas para esse grupo.

Como as primeiras espécies de primatas eram menores que as atuais,[17] essa "ruptura" na origem dos primatas deve ter surgido em animais com números pequenos de neurônios no córtex cerebral, o qual, pelas nossas previsões, deve ter possuído um número de neurônios que condizia com as regras de escala tanto dos não primatas como dos futuros primatas, ou seja, estaria localizado na interseção das distribuições para primatas e não primatas mostradas nas figuras 4.8 e 4.13. Portanto, a atual distribuição dos valores de densidade neuronal em espécies primatas modernas pode ser usada para rastrear no passado esse primata ancestral até o ponto em que as funções para não primatas e primatas convergem na figura 4.13. O fóssil do primata basal *Ignacius graybullianus* sugere que ele tinha um volume endocraniano de 2,14 centímetros cúbicos e massa corporal predita de 231 gramas.[18] Se realmente essa espécie se posicionava próximo à ramificação dos primatas, as regras de proporcionalidade ancestrais para cérebros mamíferos ainda devem aplicar-se, e nesse caso poderíamos inferir uma massa aproximada de 0,96 grama no córtex cerebral, o que gera uma estimativa de 42,4 milhões de neurônios nesse córtex, semelhante ao número de neurônios encontrado no córtex cerebral dos lêmures-camundongo [gênero *Microcebus*] modernos.[19] A propósito, esses lêmures situam-se justamente onde se esperaria que o primata ancestral estaria em nossos gráficos: na intercepção entre as regras de proporcionalidade para os córtices de primatas e não primatas. Usando, em vez disso, as regras de proporcionalidade que supomos que se aplicassem aos mamíferos ancestrais, encontramos um valor intermediário de 33,9 milhões de neurônios no córtex cerebral. A convergência entre as duas estimativas é o que poderíamos esperar em nosso cenário proposto de ramificação dos primatas a partir de um ancestral comum que eles tiveram com os não primatas modernos, com modificações nas regras neuronais de proporcionalidade que se tornaram cada vez mais evidentes conforme os números de neurônios aumentaram para as várias espécies na evolução.

Quais são as consequências do fato de que o córtex cerebral dos primatas ganha neurônios que, em média, não se tornam maiores à medida que passam a ser mais numerosos, em contraste com outros mamíferos, para os quais mais neurônios no córtex implicam necessariamente neurônios maiores? Antes de tudo, isso significa que a natureza não se limita a um único modo de construir um córtex. Mas, além disso, significa que os primatas têm uma vantagem importante, porque seus neurônios não aumentam de tamanho conforme se tornam mais numerosos: seu córtex aumenta em volume apenas à medida que ganha neurônios, e não mais. Em termos de volume, adicionar neurônios cuja massa média não aumenta significativamente é um modo muito econômico de acrescentar neurônios ao córtex, se comparado à alternativa dos não primatas, a qual leva rapidamente a um córtex que é muito maior para seu número de neurônios. Isso é importante porque o volume tem seu preço: por exemplo, quanto maior o córtex, mais tempo demora para que os potenciais de ação se propaguem por fibras do córtex, retardando a integração das informações no cérebro. De fato, nossas estimativas são de que o tempo médio de propagação de sinais na substância branca cortical aumenta rapidamente para os roedores, segundo uma função de potência do número de neurônios corticais elevado à potência +0,466, enquanto para os primatas o tempo de propagação aumenta muito mais lentamente conforme o córtex ganha neurônios, com um expoente alométrico de apenas +0,165.[20] O modo como o córtex cerebral é construído nos primatas traz a nítida vantagem de *reduzir o aumento do tempo da propagação de sinais à medida que o córtex ganha neurônios* (portanto, aumenta de tamanho) em comparação com os não primatas.

Isso, porém, aparentemente encerra um enigma: mesmo que um córtex primata se torne apenas proporcionalmente maior conforme ganha neurônios, necessariamente as distâncias entre os mesmos dois pontos no córtex ainda assim aumentam, então os dois pontos têm de ser ligados por neurônios mais longos, maiores — só que os neurônios parecem conservar seu tamanho médio. Como essas duas coisas podem ser verdade ao mesmo tempo? A solução para o enigma está no conceito fundamental de tamanho neuronal *médio*: ele significa que alguns neurônios podem tornar-se maiores (mais longos, nesse caso), mas, se isso acontecer, em contrapartida outros se tornarão mais curtos. Em termos do córtex cerebral e sua substância branca subjacente, isso significa que, se alguns neurônios corticais em um cérebro maior agora se tornaram maiores, com fibras mais longas percorrendo a substância branca, ainda mais neurônios corticais agora precisam restringir suas fibras à substância cinzenta. Se em média o tamanho neuronal não mudar significativamente, ou se mudar muito pouco, entre as espécies primatas, então o primeiro tipo de neurônios (o que estabelece conexões de longa distância através da substância branca subcortical) deve aumentar em números mais lentamente do que o segundo tipo (o que estabelece conexões de curta distância através da substância cinzenta, sem transpor a fronteira para entrar na substância branca). De fato, em outros estudos sobre como a substância branca subcortical aumenta de volume conforme o córtex ganha neurônios, pudemos determinar que a conectividade cortical através da substância branca — ou seja, a fração dos neurônios corticais que são conectados com fibras longas através da substância branca — *diminui* conforme os córtices primatas ganham neurônios, como predito no cenário anterior. Esse é exatamente o modo como uma rede de pequeno mundo se torna maior: não por um aumento de todas as conexões na mesma escala, mas mediante o acréscimo de muitas outras conexões locais e apenas algumas conexões longas essenciais. Em contraste, para os roedores a conectividade cortical através da substância branca permanece estável conforme seus córtices ganham neurônios, e esses neurônios se tornam maiores em média.[21]

Para o cerebelo, constatamos que a densidade neuronal diminui conforme o cerebelo ganha neurônios nas espécies não primatas e não eulipotiflos, como se vê na figura 4.14, o que indica que, nessas espécies, o tamanho neuronal médio aumenta juntamente com os números de neurônios cerebelares, segundo uma função de potência com o expoente alométrico +0,3. Isso significa que um aumento de dez vezes no número de neurônios que compõem um cerebelo de não primata e não eulipotiflo é acompanhado por neurônios que se tornam, em média, duas vezes maior; um aumento de mil vezes no número desses neurônios é acompanhado por aumento de oito vezes no tamanho médio dos neurônios cerebelares. Como resultado, os cerebelos de primatas, independentemente do tamanho, possuem densidades neuronais — portanto, tamanhos médios das células neuronais — comparáveis ao cerebelo do rato.

Notavelmente, para as espécies não primatas o aumento no tamanho médio dos neurônios é muito mais lento no cerebelo do que no córtex cerebral conforme essas estruturas ganham neurônios em números semelhantes. Essa discrepância condiz com o modo como a anatomia das duas estruturas se comparam. Provavelmente a razão do aumento mais lento do tamanho neuronal médio no cerebelo do que no córtex está relacionada à diferença no padrão da conectividade de longa distância nessas duas estruturas. Enquanto o córtex cerebral tem um grande número de conexões recíprocas de longa distância entre sítios corticais por toda a substância branca subcortical, a substância branca cerebelar consiste unicamente em conexões de entrada e saída *para* o córtex cerebelar, mas não *entre* sítios cerebelares. Por exemplo, no cerebelo não existe nada comparável a um corpo caloso ligando as duas metades. Em vez disso, as fibras mais longas alcançam apenas vários milímetros (em contraste com centímetros no córtex cerebral), e elas se encontram na camada superior do córtex cerebelar, organizadamente dispostas em paralelo pelas folhas cerebelares, onde distribuem informações pelas células de Purkinje. Assim, a disposição das fibras no cerebelo é geometricamente mais econômica do que a encontrada no córtex cerebral, e é a base das muitas diferenças na função local das duas estruturas. Enquanto as fibras de longa distância por toda a substância branca subcortical permitem que colunas de neurônios no córtex cerebral processem informações vindas de centímetros de distância em padrões convergentes, divergentes ou recíprocos, as fibras paralelas da camada superior do cerebelo, muito mais numerosas (pois existe uma para cada célula neuronal granular), distribuem as informações lateralmente ao longo de poucos milímetros, permitindo sua integração em âmbito local pelas células de Purkinje.

Os eulipotiflos e os primatas parecem ter se afastado independentemente de suas respectivas regras de proporcionalidade cerebelar ancestrais, cada qual com modificações que desacoplaram os aumentos no número de neurônios dos aumentos no tamanho das células, como ilustrado na figura 4.14. Esses padrões implicam que, na evolução de eulipotiflos e primatas, neurônios

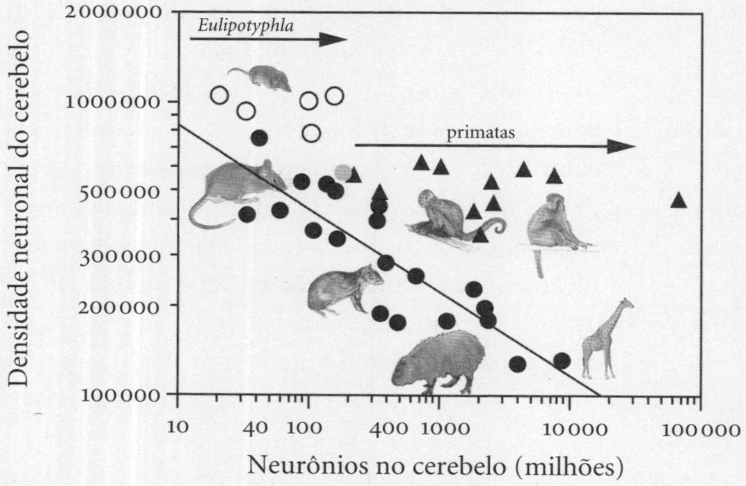

Figura 4.14 À medida que o cerebelo das espécies não primatas e não eulipotiflos ganha neurônios (círculos cheios), a densidade neuronal diminui segundo o número de neurônios elevado à potência −0,3, o que implica que a massa média dos neurônios aumenta com o número de neurônios elevado à potência +0,3. Em contraste, conforme o cerebelo ganha neurônios nas espécies primatas (triângulos) e eulipotiflos (círculos vazios), não ocorre diminuição significativa na densidade neuronal. Considerando que a evolução dos mamíferos começou com cérebros e córtices pequenos, podemos inferir que os primatas e os eulipotiflos ramificaram-se de seus respectivos ancestrais com mudanças que desacoplaram os aumentos no número de neurônios cerebelares dos aumentos nos tamanhos médios desses neurônios.

começaram a ser adicionados ao cerebelo sem que houvesse aumentos adicionais significativos em seu tamanho médio. A ausência de um aumento no tamanho médio das células neuronais no cerebelo de eulipotiflos e primatas sugere que as fibras paralelas na camada superior do cerebelo ainda transmitem sinais lateralmente por distâncias iguais ou menores nos cerebelos de primatas e eulipotiflos grandes e pequenos, a menos que as células de Purkinje nesses cerebelos maiores se tornassem menores — e, nesse caso, as fibras paralelas transmitiriam sinais lateralmente por distância mais longa. No entanto, esta última possibilidade parece improvável; nas várias espécies mamíferas para as quais examinamos o tamanho das células de Purkinje, ele parece ter aumentado junto com o volume do cérebro.[22] Ainda assim, a descoberta mais importante é a de que os eulipotiflos e os primatas ganham neurônios no cerebelo sem que aumente o tamanho médio dos neurônios, o que indica que não existe um único modo de construir um cerebelo maior — assim como não existe um único modo de construir um córtex cerebral maior.

O QUE SIGNIFICA SER PRIMATA

Alguns números mostram as consequências dramáticas da ruptura das regras ancestrais de construção do córtex cerebral nos primatas. Como vemos na figura 4.15, enquanto o menor primata não difere tanto no número de neurônios corticais de um não primata dotado de massa cortical semelhante, quanto maior se torna o córtex cerebral de um primata, mais extrema se torna sua vantagem sobre outros animais em termos do número de neurônios. Vantagens numéricas semelhantes aplicam-se ao cerebelo e ao resto do encéfalo dos primatas em comparação com outras espécies mamíferas não primatas. Os primatas têm uma clara vantagem sobre os outros mamíferos, proveniente de uma mudança evolucionária de rumo que resultou no modo econômico pelo qual neurônios são adicionados ao cérebro, sem que ocorram os grandes aumentos no tamanho médio das células vistos em outros mamíferos.

Eis então a resposta à nossa pergunta inicial: os encéfalos *não* são todos construídos do mesmo modo. Em particular, os encéfalos de primatas *não* são construídos do mesmo modo que os de não primatas. Embora uma vaca e um chimpanzé possuam cérebros

NÃO PRIMATAS			PRIMATAS		
398,8 g	girafa	1,7 B	~ 6 B	chimpanzé	286,0 g
111,3 g	blesbok	571 M	2,9 B	babuíno	120,2 g
68,8 g	springbok	397 M	1,7 B	macaco reso	69,8 g
42,2 g	porco	303 M	1,6 B	macaca radiata	48,3 g
8,9 g	cutia	111 M	442 M	macaco-da-noite	10,6 g
4,4 g	coelho	71 M	245 M	sagui	5,6 g
0,9 g	sauiá	26 M	22 M	lêmure-camundongo	0,9 g

Figura 4.15 Massa cortical (em gramas) e número de neurônios (em milhões: M; ou bilhões: B) em espécies não primatas e primatas, segundo nossas estimativas.

com aproximadamente a mesma massa, podemos predizer que o do chimpanzé tem no mínimo duas vezes mais neurônios que o da vaca. Aliás, até os cérebros de espécies não primatas são construídos diferentemente quando comparamos esses grupos entre si. Embora as regras de escala neuronal aqui mostradas indiquem que roedores, eulipotiflos, afrotérios e artiodáctilos apresentam a mesma relação entre volume do córtex cerebral e número de neurônios, descobrimos depois que o volume de neurônios espalha-se em uma superfície mais ou menos extensa e espessa pelo córtex dos diferentes grupos, mais ou menos como uma mesma colher de geleia pode ser espalhada em camadas mais finas ou mais grossas em pedaços de torradas grandes ou pequenos, respectivamente — mas essa é outra história. A questão crucial agora é: e quanto a *nós?*

5. Notável, mas não extraordinário

Comparar a composição celular do cérebro de um grande número de espécies mamíferas mostrou que os cérebros não eram todos construídos do mesmo modo. Dois encéfalos de tamanhos semelhantes não necessariamente possuíam números semelhantes de neurônios, e um encéfalo maior não necessariamente continha mais neurônios do que um menor. Isto é, não se um deles pertencesse a um primata, pois o modo primata de montar um córtex cerebral e um cerebelo era mais econômico no que diz respeito ao volume, rompendo com o que parecia ser uma ligação obrigatória entre mais neurônios e neurônios maiores: como os neurônios do córtex cerebral e do cerebelo dos primatas pararam de aumentar de tamanho à medida que se tornaram mais numerosos, os encéfalos de primatas são compostos de muito mais neurônios nessas duas estruturas do que se poderia pensar com base no tamanho do encéfalo. Agora podíamos tratar da questão crucial de como o encéfalo humano se compara a outros.

Assim que conhecemos as regras neuronais de proporcionalidade para os cérebros de roedores, em 2006, já pudemos fazer alguns cálculos aproximados. Com as equações que relacionavam o número de neurônios em um encéfalo de roedor à massa do encéfalo e à do corpo, pudemos estimar que, se um encéfalo de roedor fosse dotado de algo em torno de 100 bilhões de neurônios, como se supunha que o encéfalo humano possuía, pesaria mais de trinta quilos e pertenceria a um corpo de mais de oitenta toneladas.[1] Em outras palavras: se fôssemos roedores, nos pareceríamos com a baleia-azul, teríamos de viver na água e possuiríamos um cérebro absurdamente grande, que com grande probabilidade morreria esmagado sob seu próprio peso. Comparado a isso, o fato de podermos carregar nosso peso sobre duas pernas frágeis andando em terra firme e equilibrar um cérebro de tamanho bem modesto na cabeça nos faz parecer realmente extraordinários.

Acontece que comparar humanos com algo que obviamente não somos e depois, com base no resultado absurdo, deduzir que somos fora do comum não é ciência. Essa comparação apenas mostra o que já sabemos: não somos roedores. Não temos dentes incisivos enormes, nem garras, nem olhos nas laterais do rosto. E embora façamos parte de um grupo de animais que são parentes mais próximos dos roedores do que de outros grupos mamíferos, nossos parentes mais próximos em nosso próprio grupo são aqueles também equipados com visão binocular, mãos com cinco dedos e unhas, e dedos hábeis que se movem independentemente: somos primatas.

Portanto, a comparação adequada para determinar se o encéfalo humano era fora do comum seria com o encéfalo dos parentes primatas. Estávamos em 2007, e já conhecíamos as regras neuronais de proporcionalidade que se aplicavam aos encéfalos dos primatas. Assim, a questão ainda em aberto era: dado o número médio de neurônios no encéfalo humano, ele tinha o tamanho predito para um encéfalo de primata genérico com seu número de neurônios ou era especial — extraordinariamente pequeno ou grande?

Precisávamos saber de quantos neurônios o encéfalo humano era feito.

DISSOLVENDO ENCÉFALOS HUMANOS

Estávamos com dificuldades técnicas em nosso trabalho no Departamento de Patologia da Universidade Federal do Rio de Janeiro para determinar do que eram feitos os encéfalos humanos. Os encéfalos que conseguíramos coletar haviam sido fixados muito fortemente, mantidos em baldes de formaldeído por meses até poderem ser examinados, e a fixação excessiva acarretara uma concentração de aldeídos no tecido tão alta que tornava todos os núcleos intensamente fluorescentes em verde e vermelho antes de termos ao menos uma chance de usar nossos corantes para determinar quais núcleos celulares eram de neurônios. Tentei vários protocolos muito parecidos com receitas culinárias para nos livrar do excesso de aldeídos fluorescentes: cozinhei os núcleos em ácido cítrico, aqueci-os no micro-ondas, lavei-os vezes sem conta em diferentes soluções. Tentei alvejá-los sob luzes coloridas. Nada funcionou. Eu olhava os núcleos ao microscópio, e eles olhavam para mim em toda a sua brilhante fluorescência, impedindo quaisquer tentativas de usar anticorpos tingidos para determinar quantos ali eram neurônios.

A solução foi uma não solução: reconhecemos a impossibilidade de usar aqueles encéfalos excessivamente fixados e aproveitamos a oportunidade de iniciar uma nova colaboração com a equipe chefiada por Léa Grinberg e Wilson Jacob Filho na Faculdade de Medicina da Universidade de São Paulo (FMUSP), responsável pelo serviço de atestados de óbito do município e por um banco de cérebros associado ao departamento, organizado como parte do Centro de Estudos e Pesquisas em Envelhecimento. Àquela altura, Frederico Azevedo, um aluno de mestrado no laboratório de Roberto Lent, pedia para ser designado para o projeto do encéfalo humano, e eu me tornei sua coorientadora junto com Roberto. Fred começou a trabalhar em conjunto com Léa, Renata Leite, Renata Ferretti-Rebustini, José Marcelo Farfel e Wilson Jacob Filho, a equipe da FMUSP, para assegurar que eles fixassem os encéfalos doados apenas levemente, mas por completo, perfundindo-os com paraformaldeído através das artérias carótidas em vez de simplesmente mergulhá-los num balde de fixador (o procedimento-padrão em muitos bancos de cérebro). Fred descobriu que se, depois de perfundir os encéfalos, ele os imergisse em fixador por apenas alguns dias, podia transformá-los em sopa e obter núcleos que ainda se mantinham perfeitamente intactos e reativos ao anticorpo anti-NeuN, mas ainda não fluorescentes por si só.

Podíamos começar.

Quatro encéfalos e um ano depois, tínhamos nossos resultados (e Fred, a sua tese de mestrado). Devo mencionar que os nossos dados sobre os encéfalos eram números médios para (1) brasileiros (2) do sexo masculino (3) com idades de cinquenta ou setenta anos — portanto, àquela altura, nada podíamos dizer com respeito a diferenças entre homens e mulheres, variações individuais, efeitos do envelhecimento ou diferenças étnicas. Contudo, para os propósitos de comparar as médias da espécie humana com as de espécies primatas não humanas que variavam em massa encefálica, massa corporal e número de neurônios cerebrais em várias ordens de grandeza, as nossas médias serviriam muito bem.

E essas médias eram 16 bilhões de neurônios no córtex cerebral humano, 69 bilhões no cerebelo e pouco menos de 1 bilhão no resto do cérebro, totalizando 86 bilhões de neurônios no encéfalo humano inteiro. Para aqueles que gostam de observar que "86 é próximo de 100" e dizem que, portanto, em ordem de grandeza a aproximação original é correta (tudo bem, se formos falar em ordem de grandeza, ela de fato é), eu ressalto que os 14 bilhões de neurônios faltantes representam um *encéfalo inteiro de babuíno* — com 3 bilhões de neurônios de quebra. Encontramos variação entre os doadores individuais, evidentemente, porém nenhum deles nem sequer chegou perto de possuir um encéfalo com os míticos 100 bilhões de neurônios, embora nosso encéfalo mais velho possuísse 91 bilhões ("meros" 9 bilhões a menos).

É impressionante o quanto podemos aprender simplesmente com base nesses números, como mostrarei em outros capítulos. Mas, por ora, o mais importante sobre os 86 bilhões de neurônios é onde eles situam os humanos na comparação com outros primatas. Segundo as regras neuronais de proporcionalidade que se aplicam aos primatas, poderíamos esperar que um encéfalo de primata genérico com um total de 86 bilhões de neurônios pesasse cerca de 1240 gramas em um corpo de aproximadamente 66 quilos. Esses são números razoavelmente condizentes com o ser humano, que em média tem um encéfalo de 1500 gramas e um corpo de setenta quilos. A conclusão não deveria surpreender um biólogo: nós somos aquele primata genérico com 86 bilhões de neurônios no encéfalo. Nosso encéfalo é feito à imagem do de outros primatas. Em comparação com um roedor genérico dotado de um número semelhante de neurônios no encéfalo (figura 5.1), nós acondicionamos todos esses neurônios em um volume extraordinariamente pequeno. Mas não somos roedores, e sim primatas, com um encéfalo primata absolutamente comum. Bem, pelo menos em número total de neurônios no encéfalo.

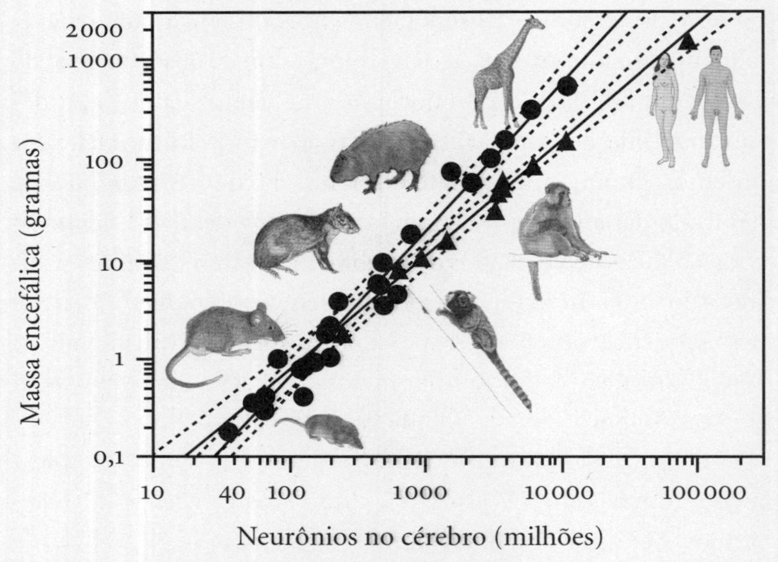

Figura 5.1 O encéfalo humano apresenta a relação entre tamanho do cérebro (massa) e número de neurônios que se esperaria para um primata genérico. A função de potência representada para não primatas (círculos) tem expoente 1,5, enquanto a função de potência para os primatas (triângulos), excluindo a espécie humana, tem expoente 1,1. As linhas pontilhadas indicam os intervalos de confiança de 95% para cada função — e o fato de que a espécie humana está contida nesses intervalos para os primatas indica que ela obedece às mesmas regras neuronais de proporcionalidade que se aplicam a outras espécies primatas.

À IMAGEM DO ENCÉFALO DE OUTROS PRIMATAS

Por outro lado, talvez o encéfalo humano apenas *parecesse* seguir as regras neuronais de proporcionalidade que se aplicavam a outros primatas, mas na realidade não as seguisse — por exemplo, se um número muito maior que o esperado daqueles neurônios se encontrasse no córtex cerebral (o que confirmaria a noção de que nosso córtex expandiu-se excessivamente), compensado por um número muito menor do que o esperado de neurônios no cerebelo. Isso era fácil de verificar, pois havíamos contado separadamente os neurônios do córtex cerebral, cerebelo e resto do encéfalo.

Constatamos que o número total de neurônios no córtex cerebral humano, 16 bilhões em média, é próximo (e até ligeiramente menor) dos 19,9 bilhões de neurônios esperados para um córtex de primata genérico com sua massa cortical, 1233 gramas. Como se vê na figura 5.2, nosso córtex se encontra no intervalo de confiança de 95% usado rotineiramente para testar conformidade. Portanto, o córtex cerebral humano não é excepcional em sua composição neuronal: possui a massa que se esperaria para um córtex de primata com seu número de neurônios.

Isso também se aplica para o cerebelo humano. Com 154 gramas e 69 bilhões de neurônios em média, ele também fica próximo à combinação esperada para um primata genérico (figura 5.3). Portanto, o cerebelo humano também não é extraordinário em sua composição neuronal: é um cerebelo de primata. E o resto do encéfalo também não é especial em sua composição: como se vê na figura 5.4, ele apresenta a mesma relação aplicável a outros primatas entre massa e número de neurônios.

Entre outras coisas, nossas conclusões significavam que, o que quer que tivesse acontecido na história evolutiva dos humanos que produziu o nosso encéfalo bem maior quando comparado aos de outros primatas (afinal de contas, ganhamos um encéfalo três vezes maior que o do último ancestral que temos em comum com nossos parentes mais próximos vivos, os chimpanzés e bonobos, e no tempo recorde de apenas 1,5 milhão de anos, ainda por cima), aconteceu com um encéfalo que ainda obedecia às mesmas regras neuronais de proporcionalidade que se aplicavam aos primatas antes de nós. Nosso encéfalo é feito à imagem do encéfalo de outros primatas. Pensar que Darwin teria apreciado nossas descobertas me põe um sorriso nos lábios.

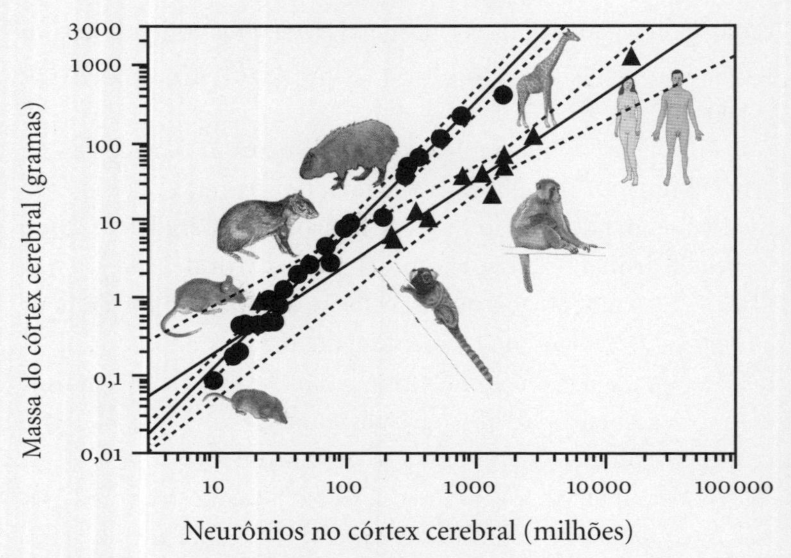

Figura 5.2 O córtex cerebral humano tem a massa esperada para um primata genérico com seu número de neurônios (ou o número de neurônios esperado para sua massa). A função de potência representada para os não primatas (círculos) tem expoente 1,6, enquanto a função de potência para os primatas (triângulos), excluindo a espécie humana, tem expoente 1,1. As linhas pontilhadas indicam os intervalos de confiança de 95% para cada função — e o fato de que a espécie humana está contida nesse intervalo para os primatas indica que seu córtex cerebral é construído segundo a mesma regra neuronal de proporcionalidade que se aplica ao córtex de outras espécies primatas.

EVOLUÇÃO HUMANA: GRANDES PRIMATAS NÃO HUMANOS E HOMINÍNEOS

Tínhamos o que pensávamos ser um conjunto de conclusões simples e diretas, cuja publicação e ampla divulgação aos nossos colegas cientistas e ao público deveriam ser igualmente simples e diretas. Pela primeira vez, tínhamos uma estimativa completa do número médio de neurônios e células não neuronais para todo o encéfalo humano, e ela *não era* 100 bilhões — e, a propósito, o número médio total de células gliais não chegava nem perto de ser dez vezes maior que o de neurônios, como veremos adiante. O número real de neurônios era quase exatamente o que se esperaria para um encéfalo de primata genérico. A nossa principal mensagem era: "O encéfalo humano é apenas um encéfalo de primata aumentado: notável, mas não especial". E, como esperávamos que ela fosse importantíssima, miramos as principais publicações da área.

Mas fomos rejeitados, repetidamente, por diversas razões. Em retrospectiva, acho divertidíssimo que o artigo "Equal Numbers of Neuronal and Non-Neuronal Cells Make the Human Brain an Isometrically Scaled-Up Primate Brain",[2] que depois viria a ser altamente citado (mais de trezentas vezes por outras publicações científicas em apenas cinco anos), e hoje é comumente mencionado nas linhas introdutórias de muitos artigos sobre o cérebro humano, tenha sido rejeitado sem resenha por *Nature, Proceedings of the National Academy of Sciences of the USA, Neuron* e *Journal of Neuroscience* — revistas especializadas que ocupam o mais alto escalão na neurociência justamente graças à frequência com que seus artigos são citados por outros nos anos seguintes à publicação. Finalmente fomos aceitos pelo *Journal of Comparative Neurology*, depois de um longo vaivém do texto com os pareceristas; e cinco anos depois da publicação, o nosso artigo de 2009 ainda continuava a ser o mais consultado no site da revista. A *Science* tinha enviado o manuscrito para pareceristas, mas rejeitou-o depois que um deles declarou que as nossas descobertas eram "apenas o que a estereologia já mostrou", portanto "não inéditas", enquanto outro, que claramente interpretou errado os nossos números, afirmou que eles eram *diferentes* demais dos estudos estereológicos anteriores e, portanto, não críveis. Durante os primeiros anos do nosso trabalho, deparamos frequentemente com

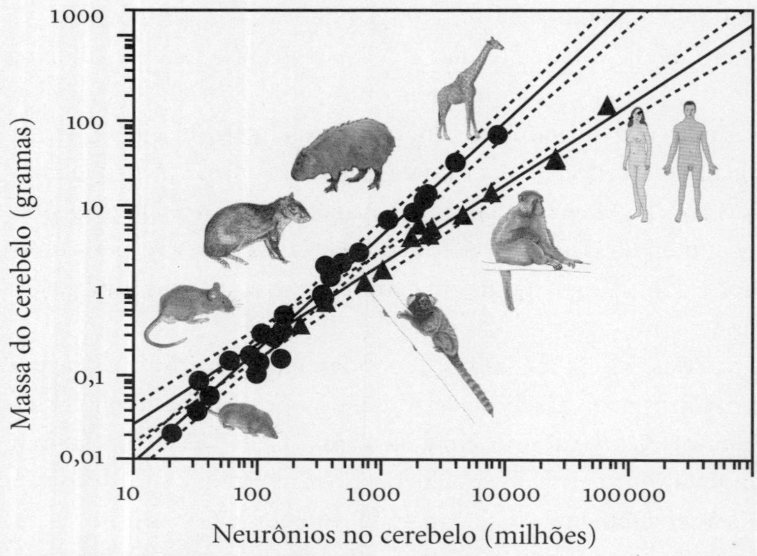

Figura 5.3 O cerebelo humano tem a massa esperada para um primata genérico com seu número de neurônios (ou o número de neurônios esperado para sua massa). A função de potência representada para os não primatas (círculos) tem expoente 1,3, enquanto a função de potência para os primatas (triângulos), excluindo a espécie humana, tem expoente 1. As linhas pontilhadas indicam os intervalos de confiança de 95% para cada função — e o fato de que a espécie humana está contida nesse intervalo para os primatas indica que seu cerebelo é construído segundo a mesma regra neuronal de proporcionalidade que se aplica ao cerebelo de outras espécies primatas.

esse tipo de crítica incrédula: como a estereologia era um método bem estabelecido, deveríamos primeiro cotejar os nossos números com os da estereologia — uma crítica que não entendia que o objetivo do nosso método era justamente ir aonde a estereologia *não era capaz* de ir dentro de um horizonte de tempo razoável: o encéfalo *inteiro*.

Mas havia outra questão. Também tínhamos regras de proporcionalidade para o número de neurônios no encéfalo como

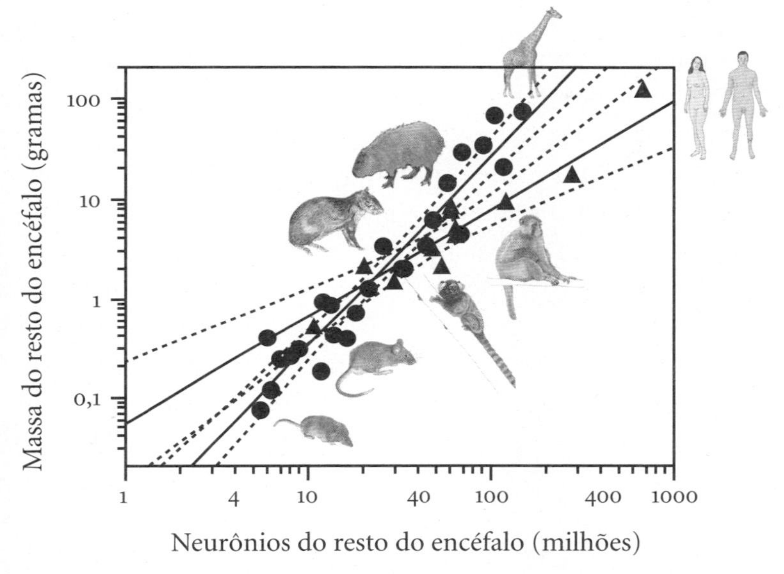

Figura 5.4 O resto do encéfalo humano tem a massa esperada para um primata genérico com seu número de neurônios (ou o número de neurônios esperado para sua massa). A função de potência representada para as espécies não primatas (círculos cheios) tem expoente 1,9, o que exclui os primatas (triângulos), enquanto a função de potência representada para os primatas, excluindo a espécie humana, tem expoente 1,2. As linhas pontilhadas indicam os intervalos de confiança de 95% para cada função — e o fato de que a espécie humana está contida nesse intervalo para os primatas indica que o resto de seu encéfalo é construído segundo a mesma regra neuronal de proporcionalidade que se aplica ao resto do encéfalo de outras espécies primatas.

uma função da massa corporal (trataremos disso adiante), e salientávamos que o encéfalo humano possuía tantos neurônios quanto se esperaria para um não grande primata com sua *massa corporal* — o que contradizia a afirmação de Harry Jerison de que o encéfalo humano era grande demais para o corpo. Um dos pareceristas da *Science* não conseguiu aceitar isso: se os gorilas e orangotangos possuem corpos maiores mas encéfalos menores que os humanos, como podíamos dizer que nosso encéfalo era justamente do tamanho que deveria ser?

No texto nós tínhamos sugerido como isso era possível, mas o parecerista descartara a sugestão. A razão pela qual, durante tanto tempo, os neurocientistas pensaram que o encéfalo humano era extraordinariamente grande para o corpo que o continha foi exatamente a comparação direta com grandes primatas não humanos: se o nosso corpo é menor que o do gorila, então nosso encéfalo também deveria ser menor — e, no entanto, ele tem o triplo da massa. Contudo, nossos dados mostravam que, quando os grandes primatas não humanos eram excluídos (simplesmente porque, àquela altura, desconhecíamos os números de neurônios no cérebro dessas espécies), os humanos mostravam a mesma relação entre massa corporal e número de neurônios no encéfalo encontrada em outros primatas. Sendo assim, e se — *e se* — em vez de os humanos possuírem cérebros que eram *grandes* demais para o corpo, descobríssemos que os gorilas e orangotangos tinham cérebros que eram *pequenos* demais para o corpo?

Para lidar com essa suposição, o primeiro passo era descobrir se os encéfalos de grandes primatas não humanos também obedeciam às regras neuronais de proporcionalidade dos primatas. Isso requeria encéfalos de grandes primatas para analisarmos — um item que, compreensivelmente, é bastante escasso (e eu acho ótimo que seja). No entanto, tínhamos cerebelos de quatro grandes primatas estocados, trazidos do depósito frigorífico de Jon Kaas: um de gorila e três de orangotango. Estavam em boas condições, mas fixados em excesso, irremediavelmente, por isso usar o anticorpo para a proteína NeuN a fim de quantificar os neurônios estava fora de questão. Acontece, porém, que a imensa maioria dos neurônios no cerebelo são pequenas células neuronais granulares, cujo núcleo, uniformemente pequeno e arredondado, é fácil de distinguir de outros núcleos. E mesmo se tivéssemos apenas um encéfalo com que trabalhar, isso ainda seria útil. Como veremos mais pormenorizadamente no capítulo 7, as regras neuronais de proporcionalidade para as várias estruturas cerebrais são tão rigorosas que o número de células no cerebelo, por si só, já nos permitiria predizer o tamanho do encéfalo inteiro de um primata. Se conseguíssemos fazer isso, poderíamos responder à importante pergunta: será que o encéfalo desses grandes primatas não humanos também é construído segundo as mesmas regras de proporcionalidade que se aplicam aos humanos e a primatas não humanos? E, se os encéfalos dos grandes primatas *realmente* seguissem as regras do primata genérico, então poderíamos deduzir que era o tamanho deles em relação ao corpo que não as seguia.

Constatamos que o cerebelo do gorila continha 29 bilhões de células, e o do orangotango, 28 bilhões — das quais 26 bilhões, nos dois casos, eram neurônios.[3] Dadas as suas respectivas massas cerebelares de 38 gramas e 35 gramas, esses números de células cerebelares, comparados aos esperados 25 bilhões e 24 bilhões, situavam-nos firmemente na relação de proporcionalidade que se aplicava a outros primatas: em sua composição celular, os cerebelos desses grandes primatas eram os cerebelos do primata-padrão, genérico. Mais importante era que os 29 bilhões e 28 bilhões de células cerebelares prediziam massas encefálicas totais de 483 gramas e 470 gramas no gorila e no orangotango, as quais diferiam em menos de 10% das médias de 486 gramas e 512 gramas relatadas na literatura. Apenas como referência, o número total de células no cerebelo humano, 85 bilhões, prediz um encéfalo humano de 1433 gramas — enquanto a massa média real dos encéfalos humanos que usamos para gerar as relações de proporcionalidade aplicadas aos grandes primatas atingia um valor muito próximo: 1509 gramas. O fato de que era possível predizer a massa encefálica tão precisamente para o gorila e o orangotango simplesmente com base no número de células em seus cerebelos tinha um significado claro: eles também possuíam encéfalos típicos, genéricos, de primata — assim como os humanos.

A conclusão de que as mesmas regras neuronais de proporcionalidade se aplicavam aos encéfalos de humanos, grandes primatas não humanos, macacos e outros símios também tinha uma implicação muito significativa para a investigação das nossas origens evolutivas. Nossa espécie surgiu há menos de 1 milhão de anos; nosso mais recente ancestral em comum com os gorilas e orangotangos viveu há cerca de 16 milhões de anos; todos os primatas compartilham mais de 50 milhões de anos de história evolutiva. Se as mesmas regras neuronais de proporcionalidade que se aplicavam 50 milhões de anos atrás ainda se aplicavam há 16 milhões de anos (quando surgiram as linhagens do gorila e do orangotango) e há menos de 1 milhão de anos (quando nós surgimos), isso significa que também se aplicavam às espécies que viveram nesse meio-tempo: nossos prováveis ancestrais hominíneos, como os australopitecíneos, que viveram entre 4 milhões e 3 milhões de anos atrás, e o *Homo erectus,* que viveu entre 2 milhões e 1 milhão de anos atrás.

Se valiam as mesmas regras, isso significava que poderíamos usar dados da capacidade craniana obtidos de fósseis para inferir o número de neurônios no encéfalo de espécies hominíneas extintas, ancestrais nossas e de outros. Usando dados publicados sobre a massa encefálica dessas espécies predita com base na capacidade craniana,[4] estimamos que (1) entre 6 milhões e 7 milhões de anos atrás, o *Sahelanthropus tchadensis,* o mais recente ancestral comum presumido dos humanos e chimpanzés, com massa encefálica de 363 gramas, tinha 25 bilhões de neurônios no encéfalo, dos quais aproximadamente 7 bilhões estavam no córtex cerebral; (2) por volta de 4 milhões de anos atrás, australopitecíneos como a bípede Lucy tinham entre 30 bilhões e 34 bilhões de neurônios, dos quais cerca de 9 bilhões estavam no córtex cerebral, um número semelhante ao encontrado no córtex dos grandes primatas não humanos modernos; (3) 2 milhões de anos atrás, as espécies *Homo* primitivas *H. habilis, H. ergaster* e *H. rudolfensis* tinham entre 40 bilhões e 50 bilhões de neurônios no encéfalo, dos quais entre 11 bilhões e 14 bilhões estavam no córtex cerebral; e (4) a partir de 1,5 milhão de anos atrás, o *Homo erectus* deu um salto para 50-60 bilhões de neurônios, 17 bilhões deles situados no córtex cerebral. As mesmas regras de proporcionalidade (baseadas apenas nas nossas seis espécies primatas iniciais) predizem 85-88 bilhões de neurônios no encéfalo do *Homo neanderthalensis* e do *Homo sapiens,* 23-24 bilhões deles só no córtex cerebral. Em contraste, com base no que encontramos nos cerebelos de gorilas e orangotangos, predissemos não mais do que 32-33 bilhões de neurônios em seus encéfalos, 8-9 bilhões dos quais localizados no córtex cerebral. O aumento no número total de neurônios no encéfalo, predito com base na capacidade craniana conhecida de espécies primatas vivas e extintas, é ilustrado na figura 5.5.

A figura 5.5 também mostra a relação predita entre o número de neurônios no encéfalo e a massa corporal para espécies de primatas vivas e extintas, incluindo hominíneos. A função mais baixa representada no gráfico é o modo usual de interpretar essa relação: quando consideramos apenas espécies vivas, incluindo grandes primatas não humanos mas excluindo o homem, parece que o *Homo sapiens* possui no mínimo três vezes mais neurônios do que se esperaria para sua massa corporal. Isso seria condizente com a noção de Jerison: possuímos neurônios demais, muito mais do que deveríamos ter. Somos anomalias que escaparam das regras evolucionárias aplicadas a outros primatas.

Contudo, se considerarmos apenas os hominíneos, tanto os vivos (nós) como os extintos, teremos um quadro totalmente diferente — a função mais alta representada na figura 5.5: uma relação entre massa corporal e número de neurônios no encéfalo que abrange não só os humanos vivos, seus ancestrais diretos e outros parentes mais próximos, mas também a maioria das outras espécies de primatas vivas — e que exclui os grandes primatas não humanos vivos, com seus pouquíssimos neurônios no encéfalo para sua massa corporal. Nesse cenário, não são os humanos a anomalia na relação cérebro-corpo: são os grandes primatas não humanos. Não somos especiais.

Essas eram as evidências que tínhamos àquela altura. Nossos números mostravam que o encéfalo dos grandes primatas não humanos era apenas outro encéfalo de primata, como o nosso. O nosso encéfalo, por sua vez, condizia em tamanho e número de neurônios com a massa corporal dos outros primatas, exceto os grandes primatas não humanos — mas o encéfalo destes não condizia. Não seria possível, então, que os grandes primatas não humanos, por alguma razão, não obedeciam às regras? Será que *eles* haviam se afastado dos outros primatas na relação entre o número de neurônios no encéfalo e a massa corporal? Isso pode parecer apenas semântica vazia (você é menor do que eu ou eu sou maior do que você?), porém a distinção tem uma importância imensa quando se trata da evolução, pois estabelece o que divergiu do plano básico: foram os nossos encéfalos que se tornaram grandes demais, ou os deles que se tornaram relativamente pequenos? Será que a massa encefálica se tornou dissociada da massa corporal nos grandes primatas não humanos? E, mais importante ainda, como isso aconteceu?

Eu desconfiava, com base no que estava apenas começando a descobrir sobre as variações do custo metabólico do encéfalo como uma função de seu número de neurônios, que a razão de os grandes primatas não humanos possuírem corpos muito grandes, mas não o cérebro avantajado que deveria vir junto, era uma limitação metabólica: eles simplesmente não tinham como arcar com o custo de possuir as duas coisas. Esse meu palpite levaria a

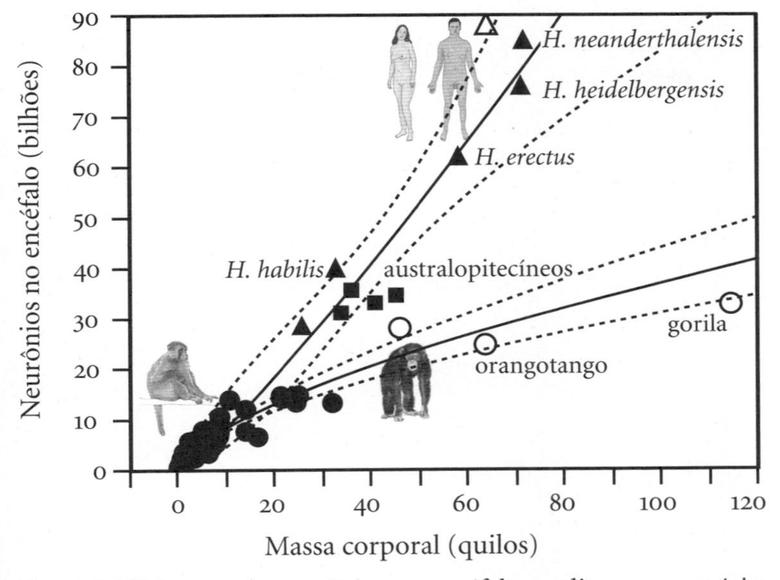

Figura 5.5 Números de neurônios no encéfalo preditos para espécies vivas e extintas de primatas com base nas regras neuronais de proporcionalidade que se aplicam a primatas não humanos e não grandes primatas. O *Sahelanthropus tchadensis* (não mostrado, pois sua massa corporal é desconhecida) possui, segundo predições, um número ligeiramente menor de neurônios do que os grandes primatas não humanos vivos. A função mais alta no gráfico aplica-se exclusivamente aos *Homo* (triângulos) e seus ancestrais australopitecíneos (quadrados), mas prediz o número de neurônios encefálicos e massa corporal para a maioria dos primatas, exceto os grandes primatas não humanos; a função mais baixa aplica-se exclusivamente a espécies primatas não humanas vivas, incluindo grandes primatas não humanos (círculos vazios) e excluindo os humanos. Assim, incluir ou não os grandes primatas não humanos na comparação é o que determina se os humanos modernos obedecem ou não às regras de escala para outros primatas modernos — um claro sinal de que os grandes primatas não humanos é que podem ser a anomalia.

uma das nossas descobertas mais importantes, que permitiu uma interpretação para a singularidade dos humanos e para como chegamos a existir com nosso número notavelmente grande de neurônios cerebrais — mas sem jamais nos afastarmos do modo primata de construir o cérebro.

Antes de entrarmos nesse assunto, porém, precisamos tratar de uma questão igualmente importante: será que esse número notável, mas não extraordinário, de neurônios no encéfalo humano realmente serve de alicerce para as nossas destacadas habilidades cognitivas?

6. E o elefante?

Há muito tempo nos julgamos no ápice das habilidades cognitivas no reino animal. Mas isso é diferente de muitas e importantes maneiras de ser o ápice da evolução. Como disse Mark Twain em 1903,[1] presumir que a evolução foi um longo caminho conducente aos humanos como sua maior realização é tão absurdo quanto presumir que todo o propósito de construir a Torre Eiffel foi aplicar aquela camada final de tinta na cúspide. Além disso, evolução não é sinônimo de progresso, mas apenas de mudança no decorrer do tempo. E os humanos nem sequer são a espécie mais jovem na evolução. Por exemplo, mais de quinhentas novas espécies de peixes ciclídeos apareceram no lago Vitória, o mais recente dos grandes lagos africanos, desde que ele se encheu de água há cerca de 14 500 anos.[2]

Entretanto, existe em nosso cérebro algo único que o torna cognitivamente capaz de pensar até sobre sua própria constituição e sobre as razões para sua presunção de ser superior a todos os outros cérebros. Se somos nós quem põe os outros animais ao microscópio e não vice-versa,* nosso cérebro tem de possuir algo que falta nos demais.

A massa avantajada seria a candidata óbvia: se o cérebro é o que gera a cognição consciente, possuir mais cérebro só poderia significar mais habilidades cognitivas. Mas aqui o grande problema é o elefante, juntamente com toda uma série de espécies de cetáceos que também têm encéfalos maiores do que o humano, mas não apresentam comportamentos tão complexos e flexíveis quanto os nossos. Além disso, igualar tamanho maior do encéfalo com maiores capacidades cognitivas pressupõe que todos os encéfalos são construídos do mesmo modo, a começar por uma relação semelhante entre o tamanho do encéfalo e o número de neurônios, e nós acabamos de ver que os encéfalos de primatas não são feitos como os dos outros.

Agora que meus colegas e eu sabíamos de quantos neurônios eram feitos diferentes cérebros, podíamos reexaminar essa noção de "mais cérebro" e testá-la. O *número de neurônios* em si seria o candidato óbvio, independentemente do tamanho do encéfalo, pois se os neurônios são o que gera a cognição consciente, possuir mais neurônios deveria significar mais capacidades cognitivas. De fato, embora antes se pensasse que as diferenças cognitivas entre as espécies eram qualitativas, considerando-se exclusivamente humanas várias capacidades cognitivas, hoje se sabe que as diferenças cognitivas entre os humanos e outros animais são uma questão de grau. Ou seja, são diferenças *quantitativas*, e não qualitativas. O uso de ferramentas pelos humanos é de uma complexidade impressionante, e chegamos até a inventar ferramentas para produzir outras ferramentas — mas os chimpanzés usam gravetos

* A despeito das divertidas histórias de ficção científica, como a dos camundongos do universo de Douglas Adams que todo o tempo estavam estudando os humanos...

para apanhar cupins no subsolo, macacos aprendem a usar um rodinho para alcançar alimentos,[3] e corvos não só moldam um arame para usar como ferramenta de alcançar comida, mas também o guardam para reutilizar mais tarde.[4] Alex, o papagaio-do-congo criado pela psicóloga Irene Pepperberg, aprendeu a produzir palavras que simbolizam objetos,[5] e chimpanzés e gorilas, embora não sejam capazes de vocalizar por razões anatômicas, aprendem a comunicar-se em linguagem de sinais.[6] Chimpanzés conseguem aprender sequências hierárquicas: participam de jogos nos quais devem tocar em quadrados na ordem ascendente dos números mostrados previamente, e fazem isso tão bem e tão depressa quanto humanos treinados.[7] Chimpanzés e elefantes cooperam para obter um alimento que está distante e não pode ser alcançado só pelo esforço individual.[8] Os chimpanzés, mas também outros primatas, parecem inferir o estado mental de outros, o que é um requisito para ser capaz de trapacear seus colegas.[9] Até aves parecem ter conhecimento do estado mental de outros indivíduos, pois corvídeos ostensivamente guardam alimento na presença de outros, mas, depois que os colegas se vão, transferem o que tinham guardado para outro esconderijo.[10] Chimpanzés e gorilas, elefantes, golfinhos e também corvídeos parecem reconhecer-se no espelho e usá-lo para examinar uma marca visível feita em sua cabeça.[11]

Essas são descobertas fundamentais que atestam as capacidades cognitivas de espécies não humanas — mas observações pontuais como essas não servem para os tipos de comparações entre espécies que precisamos fazer para descobrir o que o cérebro tem que permite a algumas espécies realizar façanhas cognitivas impossíveis a outras espécies. E aqui deparamos com outro problema, o maior de todos até então: como medir capacidades cognitivas em um grande número de espécies, e de um modo que gere medidas que sejam comparáveis entre todas as espécies? Números não resolvem todos os problemas, obviamente, mas às vezes são bem úteis. Neste caso específico, o que precisávamos era de um modo de expressar as capacidades cognitivas de uma espécie em números que pudessem ser comparados com os de outras espécies.

Justamente porque as capacidades cognitivas são múltiplas, um modo de obter comparações válidas dessas capacidades entre espécies é multiplexar muitas delas que foram testadas independentemente e gerar um número único que represente um índice de "cognição global", o qual pode, então, ser comparado entre as diversas espécies. Essa técnica de metanálise, que necessariamente se limita a espécies que são razoavelmente semelhantes em forma do corpo, habitat e interesses (porque uma tarefa viável para um primata de dedos ágeis e gosto por frutas açucaradas inseridas em pequenos orifícios não se aplica, digamos, a um cão ou a um elefante), foi usada por Robert Deaner e colegas em 2007, a fim de gerar índices de cognição global para espécies de primatas não humanos. Os autores descobriram[12] que os parâmetros relacionados ao cérebro, cuja variação se alinhava melhor com variações no índice de cognição global para as várias espécies, eram a massa encefálica absoluta e a massa cortical — e não o coeficiente de encefalização, a massa cortical relativa ou as variações residuais na massa encefálica ou cortical além do que se poderia esperar com base na massa corporal. Em outras palavras: quanto maior o encéfalo e o córtex cerebral de um primata não humano (pois os dois são indissociáveis nas espécies primatas), mais ele é capaz de realizar cognitivamente. Como agora sabemos que encéfalos primatas maiores são feitos de números proporcionalmente maiores de neurônios, decorre que o número absoluto de neurônios é um preditor melhor para habilidades cognitivas do que o coeficiente de encefalização, pelo menos entre as espécies não humanas.

Uma descoberta semelhante, dessa vez aplicável a um conjunto mais abrangente de espécies, foi feita mais recentemente por uma equipe multinacional chefiada por Evan MacLean em 2014.[13] Usando a estratégia oposta de restringir os testes a apenas dois, replicados com precisão para as espécies estudadas, pesquisadores de doze países aplicaram os mesmos dois testes aos sujeitos de suas áreas de especialização — a maioria primatas, mas também pequenos roedores, carnívoros semelhantes ao cão, o elefante asiático e uma variedade de espécies de ave. Os testes envolviam autocontrole, uma habilidade cognitiva que depende da parte pré-frontal associativa do córtex cerebral. Um teste, por exemplo, avaliou a habilidade da espécie estudada para abster-se de procurar comida no lugar A, onde previamente o alimento havia sido escondido à vista do animal e alcançado com êxito, depois de ver a comida transferida para um local B. Para os humanos que observam a tarefa, é óbvio que agora a comida tem de ser buscada em B em vez de A — mas isso é exatamente porque possuímos um cérebro humano e os outros animais, não. A maioria das espécies necessitou de certo número de tentativas antes de começar a se dirigir ao local B em vez de perseverar em A. E, novamente, o melhor preditor do desempenho correto no teste do autocontrole foi o volume encefálico absoluto — com exceção do elefante asiático, que, apesar de possuir o maior encéfalo do grupo estudado, fracassou retumbantemente na tarefa. Algumas razões para isso me ocorrem, desde "ah, ele não se importava com a comida nem com a tarefa" até "ele se divertia porque irritava seus cuidadores quando não cumpria a tarefa". (Gosto de pensar que a razão de ser tão difícil treinar macacos para fazer coisas que os humanos aprendem com facilidade é eles ficarem chateados pela tarefa ser tão óbvia: "Qual é, você quer que eu me mexa para fazer só *isso*? Me dê algo mais difícil para fazer! Me dê video games!".)

Mas, na minha opinião, a possibilidade mais interessante é a de que o elefante, asiático ou africano, talvez não possuísse todos os neurônios pré-frontais no córtex cerebral que são necessários para resolver tarefas de decisão baseadas em autocontrole como aquelas do estudo. Assim que reconhecemos que os encéfalos de primatas e roedores são construídos de formas diferentes, com números diferentes de neurônios para seus tamanhos, predissemos que o encéfalo do elefante africano poderia possuir míseros 3 bilhões de neurônios no córtex cerebral e 21 bilhões no cerebelo, em comparação com nossos 16 bilhões e 69 bilhões, apesar de seu tamanho muito maior — se ele fosse construído como um encéfalo de roedor. Por outro lado, se fosse construído como um encéfalo de primata, o encéfalo do elefante africano poderia ter estonteantes 62 bilhões de neurônios no córtex cerebral e 159 bilhões no cerebelo. No entanto, elefantes não são roedores nem primatas, obviamente; pertencem à superordem Afrotheria, assim como vários animais pequenos, por exemplo, o musaranho-elefante e a toupeira-dourada-de-hotentote que já havíamos estudado — e para os quais havíamos determinado que, realmente, seus encéfalos seguiam uma regra de proporcionalidade bem parecida com a dos cérebros de roedores, como vimos no capítulo 4.

Ali estava, pois, um teste muito importante: o encéfalo do elefante africano (figura 6.1), mais de três vezes mais pesado que o nosso, realmente possuía mais neurônios do que o nosso encéfalo? Se possuísse, minha hipótese de que as capacidades cognitivas dependem puramente de números absolutos de neurônios seria refutada. Mas se o encéfalo humano ainda possuísse mais neurônios do que o encéfalo muito maior do elefante africano, isso confirmaria minha hipótese de que a explicação mais simples para as habilidades cognitivas notáveis da espécie humana é o número notável de seus neurônios cerebrais, sem rivais em nenhuma outra espécie, independentemente do tamanho do cérebro. Em particular, eu achava que o número de neurônios se revelaria maior no córtex cerebral humano do que no do elefante.

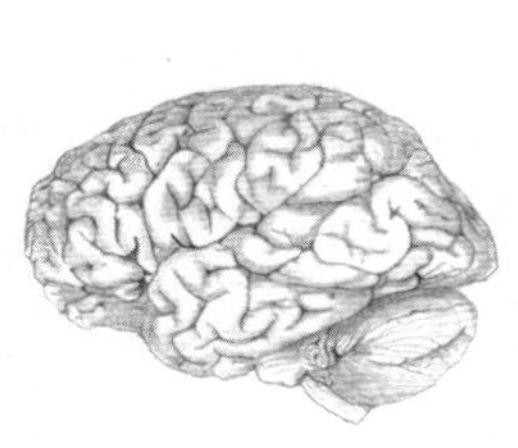

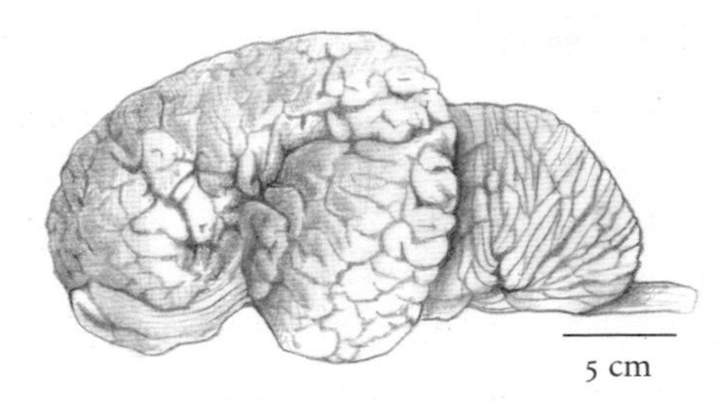

encéfalo humano   encéfalo de elefante

Figura 6.1 Representação lado a lado do encéfalo humano e do encéfalo do elefante africano.

A lógica por trás dessa minha expectativa provinha da literatura cognitiva, que, já fazia tempo, apontava o córtex cerebral (ou, mais precisamente, a parte pré-frontal do córtex cerebral) como a sede exclusiva da cognição superior — raciocínio abstrato, tomada de decisões complexa e planejamento para o futuro. No entanto, quase todo o córtex cerebral é conectado ao cerebelo por meio de alças que ligam o processamento das informações corticais e cerebelares umas às outras, e cada vez mais estudos têm implicado o cerebelo nas funções cognitivas do córtex cerebral,[14] com as duas estruturas trabalhando em conjunto. A noção que reconhece o papel do cerebelo como um modulador do processamento cortical como um todo vem lentamente substituindo a noção mais usual do cerebelo como uma estrutura meramente necessária à aprendizagem sensório-motora. Como já tínhamos descoberto que o córtex cerebral e o cerebelo ganhavam neurônios paralelamente na evolução dos mamíferos (mais detalhes no capítulo 7), as capacidades cognitivas deveriam aumentar não apenas com o número de neurônios só no córtex cerebral, mas com o córtex e o cerebelo juntos, como duas estruturas indissociáveis. E, uma vez que essas duas estruturas juntas continham a grande maioria do total de neurônios no encéfalo, as capacidades cognitivas deveriam correlacionar-se igualmente bem com o número de neurônios no encéfalo inteiro, no córtex cerebral e no cerebelo.

E foi por isso que nossos resultados com o encéfalo do elefante africano saíram melhores do que a encomenda.

BALDES DE SOPA DE CÉREBRO

O hemisfério de um elefante africano que Paul Manger disponibilizara pesava mais de 2,5 quilos; isso significava, obviamente, que seria preciso cortá-lo em centenas de pedaços menores para o processamento e a contagem, pois transformar cérebros em sopa só funciona para porções de tecido com não mais do que três gramas a cinco gramas de cada vez. Eu queria que os cortes fossem feitos sistematicamente, não a esmo: se fizéssemos uma série completa de cortes coronais do encéfalo do elefante, como de um pão fatiado de ponta a ponta, e depois cortássemos cada uma dessas fatias de encéfalo sistematicamente em pedaços menores, seguindo marcos naturais (os sulcos) e separando a substância cinzenta da branca, poderíamos até produzir pelo menos um mapa aproximado da distribuição de neurônios pela superfície cortical e encéfalo do elefante africano. Anteriormente usáramos um fatiador de frios para transformar um cérebro humano em uma dessas séries completas de cortes finos. O fatiador era muito bom para separar giros corticais, porém tinha uma grande desvantagem: em sua lâmina circular ficava grudada uma quantidade excessiva de substância cerebral humana, e isso impedia as estimativas do número total de células no hemisfério. Se quiséssemos descobrir o número total de neurônios no encéfalo do elefante, tínhamos de cortá-lo manualmente, e em fatias bem mais grossas, para minimizar as possíveis perdas a um ponto em que elas fossem insignificantes.

Assim, o dia começou na loja de ferragens, onde minha filha e eu (as férias escolares tinham começado) fomos procurar suportes de prateleira para servirem como molduras regulares, sólidas e planas, para cortar o hemisfério de elefante, e também a faca mais comprida que eu pudesse segurar com uma só mão. (Uma grande oportunidade para uma menina no começo da adolescência poder dizer anos depois: "Mãe, lembra aquele dia em que a gente fatiou um cérebro de elefante?".) Um amigo jornalista, Bernardo Esteves, que estava no laboratório aquele dia para documentar o processo para uma reportagem sobre a sopa de cérebro que ele estava escrevendo para sua revista,[15] assistiu enquanto serrávamos os reforços estruturais dos suportes e depois emoldurávamos o encéfalo de elefante. Claro que existem magníficas máquinas de 100 mil dólares para fazer um trabalho desses com perfeição, mas por que gastar todo esse dinheiro quando uma boa faca de açougueiro dá conta da tarefa?

Ajeitei o hemisfério na bancada, com a parede medial para baixo, e fiz primeiro um corte frontal central, de cima para baixo, dividindo o hemisfério em metades anterior e posterior; em seguida, virei para baixo a face posterior recém-cortada da metade dianteira, emoldurada pelos dois suportes. Uma aluna segurou a moldura enquanto eu firmava o hemisfério contra a bancada com a mão esquerda e, com a direita, fatiava o cérebro com firmeza mas delicadeza, em movimentos de vaivém, mais ou menos como faz o vibrátomo, um aparelho que corta seções muito mais finas de cérebros pequenos no laboratório. Vários cortes depois, também na metade posterior e no cerebelo, tínhamos um encéfalo de elefante totalmente fatiado na nossa bancada (figura 6.2): dezesseis seções do hemisfério cortical, oito do cerebelo, mais todo o tronco cerebral e o gigantesco bulbo olfatório de vinte gramas (dez vezes a massa de um encéfalo de rato), dispostos separadamente.

Figura 6.2 Hemisfério direito do cérebro de um elefante africano cortado em dezesseis seções (as duas fileiras superiores; a parte frontal do cérebro está no alto, à dir.), e seu cerebelo direito cortado em oito seções (fileira inferior; a parte medial do cerebelo está à dir.). Esse é um encéfalo realmente grande: a régua no alto da imagem mede quinze centímetros. As substâncias cinzenta e branca do córtex cerebral e do cerebelo são claramente distinguíveis nas seções.

Em seguida, precisamos separar do córtex as estruturas internas — estriado, tálamo, hipocampo — e então cortar o córtex em pedaços menores para o processamento, separar cada um desses pedaços em substância cinzenta e branca. Ao todo, ficamos com 381 porções de tecido, a maioria das quais ainda era várias vezes maior do que os cinco gramas que podíamos processar de cada vez. Era, sem comparação, o maior tecido que já havíamos processado. Uma pessoa trabalhando sozinha e processando um pedaço de tecido por dia iria precisar de muito mais de um ano, sem pausas, para concluir a tarefa. Claramente era necessário um trabalho de equipe, ainda mais se eu quisesse ter os resultados em não mais do que seis meses. Porém, mesmo com um pequeno exército de alunos da graduação, chefiados pela aluna do último ano Kamilla Avelino-de-Souza, estava demorando demais: dois meses haviam passado, e apenas um décimo do hemisfério estava processado. Era preciso fazer alguma coisa.

O capitalismo veio em socorro. Fiz alguns cálculos (uma das poucas vantagens de tratar eu mesma da contabilidade para minhas verbas) e percebi que podia dispor de cerca de 2500 dólares — aproximadamente um dólar por grama de tecido a ser processado. Reuni a equipe e fiz uma oferta: qualquer um poderia ajudar, contanto que Kamilla ou eu estivesse no laboratório para supervisionar, e todo mundo seria financeiramente recompensado com a mesma quantia. Eu começaria a anotar quem processou qual tecido, e evidentemente haveria um controle de qualidade — mas os alunos que faziam a maior parte das contagens, Kamilla e Kleber Neves, eram muito experientes na tarefa; Kamilla, especialmente, não se acanhava de reclamar com os alunos mais novos para que fizessem o trabalho direito e obrigá-los a levar uma suspensão mal dissolvida de volta ao homogeneizador várias vezes até o serviço ficar como devia. Funcionou maravilhosamente. Duplas rapidamente se formaram, em que um aluno cuidava da homogeneização, e outro, da contagem de células, e então dividiam a renda. Meu marido ao visitar o laboratório comentava, assombrado, sobre aquele bando de estudantes na bancada, conversando na maior animação enquanto trabalhavam duro (até então, a maioria se revezava em turnos em vez de trabalhar ao mesmo tempo, pois o laboratório era pequeno). Jairo Porfírio encarregou-se dos grandes lotes de marcação com o anticorpo, eu fiz todas as contagens de neurônios ao microscópio e, em pouco menos de seis meses, tínhamos processado todo o meio encéfalo do elefante africano, como planejado.

E O VENCEDOR É ...

E não é que o encéfalo do elefante africano *tinha* mais neurônios que o encéfalo humano?[16] E não apenas um pouco mais:

tinha o *triplo*, 257 bilhões para os nossos 86 bilhões de neurônios. Porém — e esse era um "porém" colossal — estonteantes 98% daqueles neurônios situavam-se no cerebelo, na parte posterior do encéfalo. Em todos os outros animais que havíamos examinado até então, o cerebelo concentrava a maioria dos neurônios cerebrais, mas não muito mais do que 80%. A distribuição de neurônios excepcional no encéfalo do elefante deixava uma relativa ninharia de 5,6 bilhões de neurônios para o córtex cerebral como um todo (nos dois hemisférios: todos os números obtidos para a metade direita do encéfalo foram duplicados, a fim de gerar números para o encéfalo inteiro comparáveis com os de outras espécies). Apesar do tamanho do córtex cerebral do elefante africano (impressionantes 2,8 quilos), os 5,6 bilhões de neurônios ali localizados eram bem poucos, se comparados à média de 16 bilhões de neurônios concentrados no córtex cerebral humano, de tamanho muito menor (1,2 quilo), e mesmo em comparação com os 9 bilhões de neurônios que estimamos para o córtex cerebral do gorila e do orangotango.[17]

Curiosamente, o córtex cerebral do elefante tinha a massa esperada para seu número de neurônios se comparado tanto a outros afrotérios como aos roedores, eulipotiflos e artiodáctilos. Como se vê na figura 6.3, o córtex cerebral do elefante obedece às mesmas regras neuronais de proporcionalidade que se aplicam a outras espécies não primatas. Nada de especial nisso, portanto: assim como o córtex cerebral humano é um córtex de primata aumentado, o córtex do elefante é apenas um córtex aumentado segundo o modo característico do grupo de mamíferos ao qual ele pertence.

Por outro lado, o cerebelo do elefante africano era especial não apenas em um, mas dois aspectos. Primeiro, possuía mais de dez vezes o número de neurônios que se esperaria para um cerebelo de mamífero genérico dado o número de neurônios no

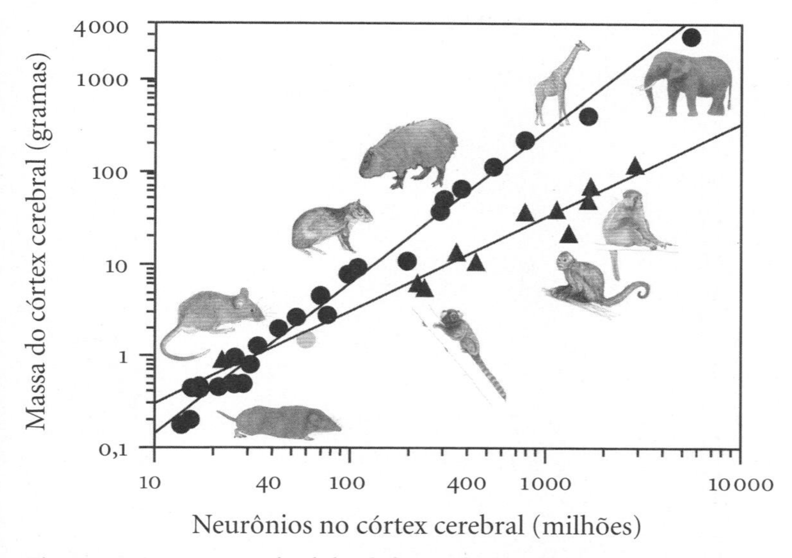

Figura 6.3 O córtex cerebral do elefante africano obedece às regras neuronais de proporcionalidade que se aplicam a não primatas: seus 5,6 bilhões de neurônios são bem próximos do número predito para um córtex com sua massa.

respectivo córtex cerebral. A taxa média para os mamíferos é 4,2 neurônios no cerebelo para cada neurônio no córtex, e no elefante essa taxa é de 44,8. Segundo, esse número excessivo de neurônios no cerebelo do elefante não obedecia às regras neuronais de proporcionalidade para os afrotérios e mamíferos não primatas e não eulipotiflos (figura 6.4). Para seus 251 bilhões de neurônios, o cerebelo do elefante deveria pesar mais de sete quilos se fosse construído como um cerebelo de afrotério ou não primata genérico — ou seja, teria 6,1 vezes mais massa do que realmente possui. O fato de que o cerebelo do elefante é uma anomalia em ambas as relações significa que ele possui um número extremamente grande de neurônios que são extraordinariamente pequenos em tamanho, sugerindo que o cerebelo do elefante passou por seleção positiva tanto para um número excepcionalmente grande de neurônios quanto para um tamanho médio relativamente menor de célula neuronal. Mas isso não quer dizer que o tamanho médio da célula neuronal no cerebelo do elefante seja excepcionalmente pequeno; dada a densidade nada excepcional de 214 mil neurônios por miligrama encontrada no cerebelo do elefante, o tamanho médio estimado da célula neuronal nessa estrutura é comparável ao encontrado no porco. O excepcional é o fato de a densidade neuronal média ser muito maior do que a esperada, considerando o número muito grande de neurônios no cerebelo do elefante, o que significa que seus neurônios deixaram de crescer proporcionalmente. Isso explica por que o cerebelo do elefante, com 1,2 quilo, é relativamente grande (representa 25% da massa total do cérebro do elefante, em contraste com os típicos 10% a 15% em outros mamíferos), mas ainda assim não tão grande quanto os mais de sete quilos que deveria pesar se obedecesse às regras de proporcionalidade que se aplicam a outros afrotérios.

Por que tantos neurônios no cerebelo do elefante? A causa tem de ser algo que seja exclusivo dos elefantes e requeira grandes números de neurônios cerebelares. Há dois candidatos prováveis a essa altura: a comunicação por infrassons e o tratamento de informações oriundas da tromba, duas tarefas que requerem o processamento de informações propagadas através do nervo trigêmeo, o qual se liga ao cerebelo, entre outras estruturas cerebrais, e no elefante africano é enorme, quase tão grosso quanto sua medula espinhal. Também já se aventou que a comunicação especializada seria a causa do cerebelo reativamente grande encontrado em microquirópteros (morcegos pequenos) e cetáceos que se orientam por ecolocalização.[18] No entanto, recentemente descobrimos que o cerebelo dos microquirópteros não possui um número desproporcional de neurônios como vemos

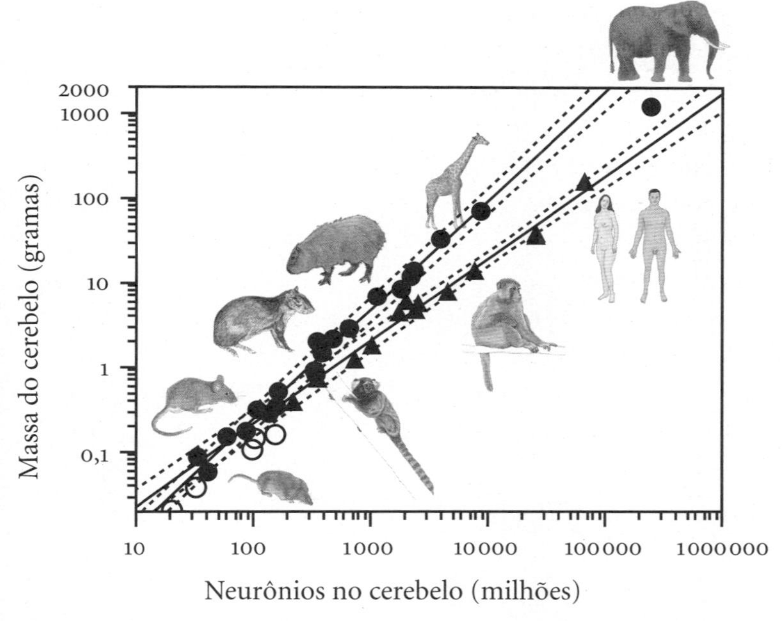

Figura 6.4 O cerebelo do elefante africano tem muito mais neurônios do que o esperado para sua massa segundo as regras de proporcionalidade que se aplicam a outros afrotérios e também a roedores e artiodáctilos (círculos cheios), aproximando-se das regras de proporcionalidade que se aplicam ao cerebelo dos primatas (mas sem alcançá-las).

no cerebelo do elefante: seu cerebelo é relativamente grande em massa em comparação com a massa do encéfalo só porque o córtex cerebral dos micromorcegos é relativamente pequeno para seu número de neurônios.[19] Essa descoberta, embora em um grupo de animais não aparentados, sugere que a comunicação especializada, por si mesma, não requer um número relativamente maior de neurônios no cerebelo. Resta, então, a tromba do elefante, um órgão musculoso e altamente sensitivo de cem quilos, capaz de movimentos precisos e delicados, como a fonte mais provável de pressão seletiva para um número muito maior de neurônios no cerebelo desse animal do que se poderia esperar em outras circunstâncias.

Essa função diretamente sensório-motora do cerebelo, sem envolver o córtex cerebral, também explicaria a ruptura com a estreita relação linear entre números de neurônios no córtex cerebral e cerebelo em outras espécies. De fato, poderíamos esperar que no elefante o número de neurônios cerebelares fosse mesmo maior, para lidar com o processamento paralelo de informações do córtex cerebral e do nervo trigêmeo ligado à tromba.

Estava ali, então, a nossa resposta. Não, o encéfalo humano não possui mais neurônios do que o encéfalo do elefante, que é muito maior — mas o *córtex cerebral* humano tem quase três vezes mais neurônios do que o córtex cerebral do elefante, que tem o dobro do tamanho do humano. A menos que estivéssemos dispostos a supor que o elefante, com três vezes mais neurônios em seu cerebelo (e, portanto, em seu encéfalo), deve ser cognitivamente mais capaz do que nós, humanos, poderíamos excluir a hipótese de que o número total de neurônios no *cerebelo* era de algum modo limitador ou suficiente para determinar as capacidades cognitivas de um encéfalo.

Assim, restava apenas o córtex cerebral. A natureza tinha feito o experimento de que precisávamos, dissociando os números de neurônios no córtex cerebral do número de neurônios no cerebelo. As capacidades cognitivas superiores do encéfalo humano em comparação com o do elefante podem ser atribuídas apenas ao número notavelmente grande de neurônios em seu córtex cerebral.

Apesar de não possuirmos as medidas de capacidades cognitivas requeridas para comparar todas as espécies de mamíferos, ou pelo menos aquelas para as quais conhecemos os números de neurônios corticais, já podemos fazer uma predição testável baseada nesses números. Se o número absoluto de neurônios no córtex cerebral fosse a principal limitação às capacidades cognitivas de uma espécie, minha previsão de classificação hierárquica das espécies segundo habilidades cognitivas baseada no número de neurônios no córtex cerebral seria esta:

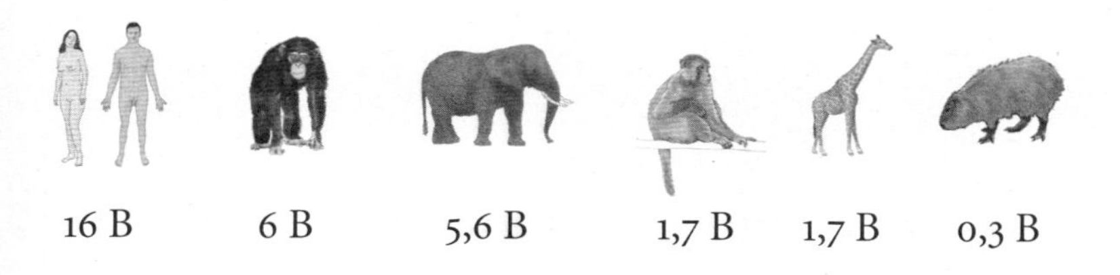

o que, intuitivamente, é mais razoável do que a classificação corrente baseada na massa encefálica, que situa os artiodáctilos (notavelmente a girafa) acima de muitas espécies primatas, assim:

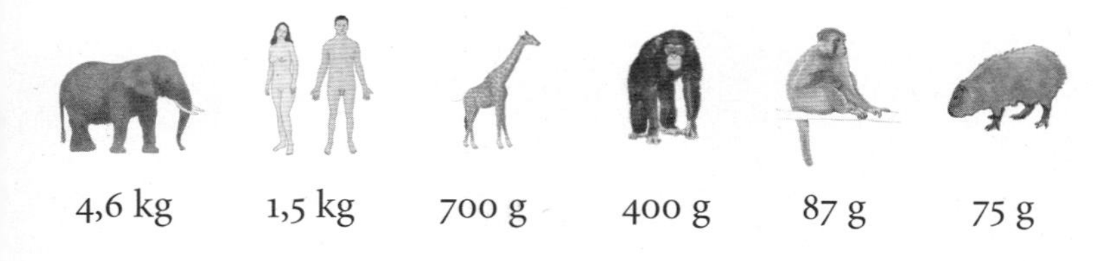

E OS CETÁCEOS?

Os cetáceos são louvados como animais dotados de tamanha capacidade cognitiva que até existe quem proponha garantir-lhes a condição de pessoas não humanas e, com isso, proibir que sejam mantidos em cativeiro.[20] São animais que encantam o público a tal ponto que é comum se deixar a cautela de lado ao interpretar seu comportamento. Assisti a documentários nos quais aspirantes a "interlocutor de golfinhos" se admiram com o interesse desses animais por humanos, quando o que vejo na tela é um golfinho sendo perseguido pelas pessoas. Meu colega e colaborador Paul Manger[21] é um dos pesquisadores que mais veementemente nos adverte sobre o perigo de interpretar com exagero as ações dos golfinhos em particular. Por exemplo, embora o ato de empurrar humanos que estão se afogando para a superfície tenha sido apontado como evidência de empatia e até de um sentimento de parentesco com a nossa espécie, esse é um comportamento que os golfinhos apresentam não só com seus filhotes recém-nascidos (que, como seus pais, precisam subir à superfície para respirar, porque são mamíferos), mas também com objetos inanimados que afundem na água; portanto, esse comportamento pode ser estendido à nossa espécie simplesmente devido à semelhança com filhotes ou objetos que estejam afundando. Manger e o psicólogo Onur Güntürkün ressaltam que os golfinhos, como os humanos, não são únicos em suas capacidades cognitivas, algumas das quais podemos ver até em aves e cães — por exemplo, compreensão de linguagem e de indicações feitas apontando o dedo. Se for para usar um determinado conjunto de comportamentos complexos para conceder um status cognitivo superior aos golfinhos, então os mesmos privilégios devem ser concedidos a outras espécies pelas mesmas razões.

Ainda assim, vários relatos sobre o golfinho-nariz-de-garrafa (*Tursiops truncatus*), o mais estudado de todos os cetáceos, mostram que, apesar de os golfinhos aparentemente não fazerem uso de objetos como ferramentas, como fazem os primatas e até aves, eles se reconhecem no espelho,[22] como os humanos e outros grandes primatas,* e até tomam decisões baseadas em uma distin-

* No entanto, a habilidade de autorreconhecimento dos golfinhos foi questionada por Paul Manger (2013) e Onur Güntürkün (2014).

ção entre "poucos" e "muitos" elementos em um padrão que eles aprendem a categorizar por experiência.[23] Além disso, os golfinhos parecem ter algo como um "nome próprio" para indivíduos; cada golfinho tem um assobio característico e, quando ouve esse som produzido por outro golfinho ou por um alto-falante, ele responde.[24] E, assim como os humanos podem lembrar o nome de outros humanos mesmo depois de décadas sem vê-los, os golfinhos também podem reconhecer os assobios característicos dos indivíduos de sua espécie depois de uma separação de no mínimo vinte anos.[25]

Algumas espécies de cetáceo possuem encéfalos ainda maiores que o do elefante africano. Examinar a composição neuronal de seus encéfalos será o teste final da hipótese de que os 16 bilhões de neurônios do córtex cerebral humano, mais do que em qualquer outro córtex, independentemente do tamanho, são a base mais simples das nossas habilidades cognitivas notáveis. Estamos trabalhando nisso agora. E, embora os números ainda não estejam disponíveis, já é possível fazer algumas predições bem fundamentadas.

Os cetáceos são, na verdade, parentes próximos dos artiodáctilos, agrupados juntos na ordem Cetartiodactyla; assim, as regras neuronais de proporcionalidade que encontramos para o córtex cerebral de artiodáctilos (e roedores, eulipotiflos e afrotérios) também devem aplicar-se às baleias e aos golfinhos. Portanto, podemos predizer que o grande córtex cerebral de várias espécies de cetáceo, por exemplo, a baleia-piloto (*Globicephala macrorhyncha*), cujo córtex tem aproximadamente o dobro do tamanho do córtex cerebral humano, possuiria apenas cerca de 3 bilhões de neurônios. Até mesmo o maior córtex de baleia, que pesa entre seis quilos e sete quilos, pelas predições teria menos de 10 bilhões de neurônios (figura 6.5).

O número não tão grande de neurônios que predizemos para

o córtex de baleias grandes com base nas regras de proporcionalidade de seus primos artiodáctilos não condiz com a estimativa estereológica prévia, muito maior, de 13 bilhões de neurônios no córtex cerebral da baleia Minke[26] (*Balaenoptera acutorostrata*), e com a estimativa ainda mais elevada de 15 bilhões de neurônios no córtex menor da toninha-comum[27] (ainda assim, ambos os números seriam um pouco menores que o de neurônios no córtex humano). Contudo esses dois estudos encerram o mesmo problema, infelizmente comum em estereologia: a subamostragem. Em um caso, as estimativas foram feitas com base em apenas doze seções dentre mais de 3 mil seções do córtex cerebral da Minke, com amostragem de apenas duzentas células do córtex inteiro, quando se recomenda que sejam contadas em torno de setecentas a mil células por estrutura cerebral individual.[28] Com uma subamostragem tão extrema, é fácil fazer extrapolações não válidas — é como tentar predizer o resultado de uma eleição nacional consultando apenas um punhado de pessoas.

Portanto, é muito provável, considerando a subamostragem desses estudos e as regras neuronais de proporcionalidade que se aplicam aos cetartiodáctilos, que até o córtex cerebral das maiores baleias possua apenas uma fração dos 16 bilhões de neurônios encontrados em média no córtex cerebral humano. A vantagem humana, eu diria, é possuir o maior número de neurônios no córtex cerebral do que qualquer espécie animal jamais conseguiu ter — e começa pela posse de um córtex que é construído à imagem de outros córtices de primatas: notável em seu número de neurônios, mas não uma exceção às regras que governam o modo como ele é construído. Por ser um cérebro de primata — e não por ser especial — o cérebro humano é capaz de reunir um número de neurônios em um córtex cerebral ainda comparativamente pequeno que nenhum outro mamífero com um encéfalo viável, isto é, ainda menor do que dez quilos, seria capaz de reunir. A figura 6.6, em

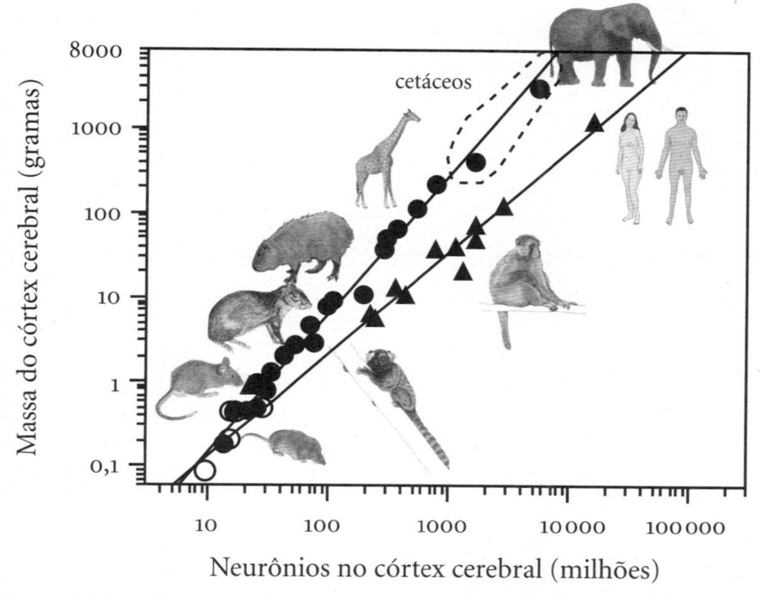

Figura 6.5 O córtex cerebral dos cetáceos (valores dentro da área oval tracejada) muito provavelmente obedece às mesmas regras neuronais de proporcionalidade que se aplicam aos artiodáctilos, seus parentes próximos, e aos roedores, afrotérios e eulipotiflos (círculos), que são parentes mais distantes, portanto provavelmente possui um número de neurônios menor que o de um córtex de primata menor, como o dos humanos.

uma escala semilogarítmica, ilustra essa distância entre os humanos e a fileira seguinte em números de neurônios no córtex cerebral: grandes primatas não humanos, elefante africano e, como predizemos, cetáceos grandes.

Parece coerente que os grandes primatas não humanos, os elefantes e provavelmente os cetáceos possuam números semelhantes de neurônios no córtex cerebral, entre 3 bilhões e 9 bilhões: menos do que os humanos, porém muito mais do que todos os outros mamíferos. Para muitos cientistas, esses são os três

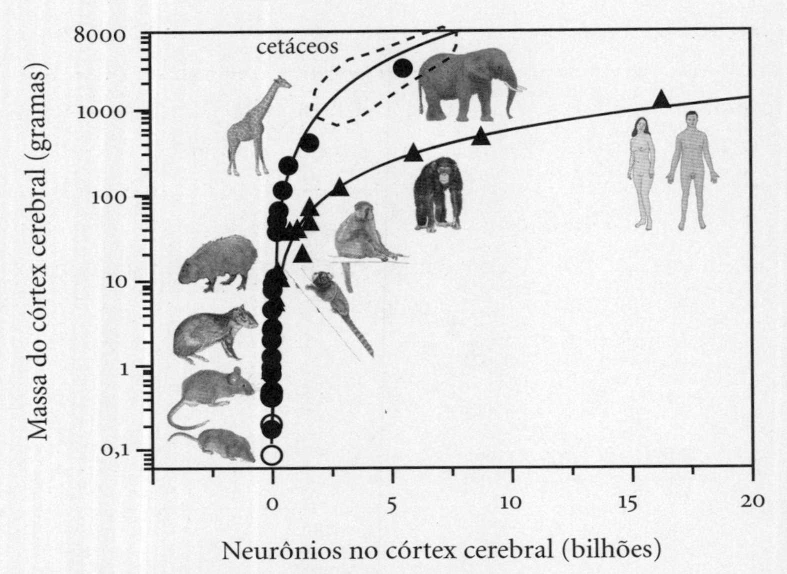

Figura 6.6 Os mesmos dados da figura 6.5 representados em uma escala semilogarítmica para facilitar a noção da distância entre o número de neurônios no córtex cerebral de humanos e outros mamíferos. As estimativas são de que os cetáceos (valores dentro da área oval tracejada), o elefante africano e os grandes primatas não humanos inserem-se em uma mesma faixa de números de neurônios no córtex cerebral — entre 3 bilhões e 9 bilhões — valores muito superiores aos encontrados para o córtex de outras espécies mamíferas menores, mas ainda bem inferiores aos encontrados no córtex cerebral humano.

grupos de espécies mamíferas que têm em comum várias capacidades cognitivas, por exemplo, o autorreconhecimento no espelho, a comunicação vocal e a cooperação social para um objetivo comum.

Ainda se poderia dizer que o córtex cerebral humano é especial, sim, pois concentra um número de neurônios tão grande que é inalcançável para outras espécies. Como chegamos a ter esse número maior e sem precedentes de neurônios no córtex cerebral sem jamais nos afastarmos do modo primata de construir um córtex será o tema dos capítulos finais deste livro. Enquanto isso, precisamos examinar uma questão específica ligada à vantagem humana: não apenas possuímos o maior número absoluto de neurônios no córtex cerebral como um todo, mas também talvez sejamos dotados de um córtex particularmente aumentado em relação ao resto do encéfalo e, nesse córtex, de uma porção pré-frontal particularmente aumentada.

Será mesmo?

7. Que expansão cortical?

Quando começamos a estudar a diversidade de números de neurônios no cérebro, fazia tempo que evolução dos mamíferos era sinônimo de expansão do córtex cerebral porque, até então, se dera ênfase aos volumes encefálicos, os únicos dados que estiveram disponíveis durante décadas. Supunha-se que a evolução humana, em especial, devia-se sobretudo à expansão cortical: embora o encéfalo humano não seja o maior em massa ou volume absolutos, ele possui o maior córtex cerebral em relação à massa encefálica total. Mas não por uma grande margem. Incluindo a substância branca subcortical, com as fibras que conectam as diversas áreas corticais e permitem que todas funcionem em conjunto, o córtex cerebral, segundo um estudo, representa cerca de 75% da massa ou volume do cérebro nos humanos, em comparação com 74% no cavalo, 71% a 73% no chimpanzé e 73% na baleia-piloto-de-aleta-curta.[1]

Nosso conjunto de dados confirmou a tendência do córtex cerebral dos mamíferos a ganhar massa mais depressa do que todas as outras estruturas cerebrais, conforme aumenta o tamanho do encéfalo — e, o mais importante, mais depressa do que o resto do encéfalo, como se vê na figura 7.1, em que as funções representadas no gráfico têm expoentes alométricos maiores do que 1. Isso significa que, conforme as estruturas do resto do encéfalo que processam informações do corpo se tornam maiores, o córtex cerebral cresce proporcionalmente mais. Como já não deveria ser surpresa a essa altura, constatamos que os primatas diferiam dos outros grupos de mamíferos também nesse aspecto: o córtex cerebral tornou-se maior em relação ao resto do encéfalo mais depressa do que em outras espécies. Adicionalmente, para uma massa do resto do encéfalo semelhante, o córtex cerebral era maior em espécies primatas do que não primatas, como visto na separação entre as duas retas do gráfico da figura 7.1. Mais importante, e confirmando nossa conclusão de que o encéfalo humano era simplesmente um encéfalo de primata aumentado, a massa do córtex cerebral humano era justamente o que se poderia prever para um encéfalo de primata genérico dotado de um resto do encéfalo de massa igual.

Considerando que as regras que se aplicam aos não primatas como um todo conservaram-se na evolução, e que, portanto, essas regras também se aplicavam ao mamífero que foi o ancestral comum de todos esses grupos, podemos inferir que o córtex cerebral vem ganhando massa mais depressa do que o resto do encéfalo desde que surgiram os primeiros mamíferos — e que os primatas divergiram desse padrão com um aumento mais acelerado na massa do córtex cerebral e um aumento ainda mais acelerado na massa do córtex cerebral relativamente ao resto do encéfalo. Isso significa que tanto a expansão absoluta do córtex cerebral como seu aumento em relação ao resto do encéfalo foram particularmente rápidos na evolução dos primatas.

Assim, com os expoentes de suas funções de potência significativamente maiores do que a unidade, a expansão cortical na

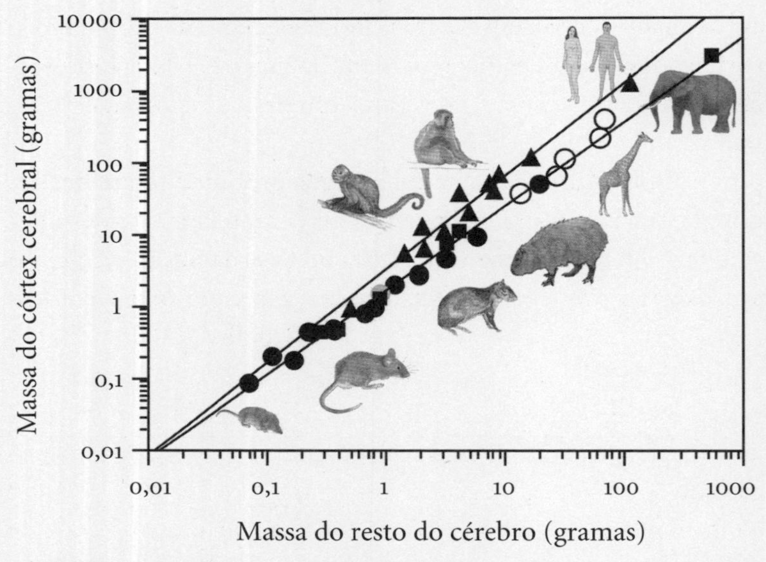

Figura 7.1 A massa do córtex cerebral cresce mais depressa do que o resto do encéfalo em todos os mamíferos, porém especialmente mais depressa nos primatas (expoente 1,3; triângulos) do que nas outras espécies (expoente 1,2). Adicionalmente, para uma massa semelhante no resto do encéfalo, os primatas (triângulos) possuem um córtex cerebral maior do que os não primatas (roedores e eulipotiflos, círculos cheios; artiodáctilos, círculos vazios; afrotérios, quadrados). O córtex cerebral humano possui a massa predita para acompanhar a massa do resto do encéfalo em um primata.

evolução dos mamíferos foi absoluta e relativa em comparação com o resto do encéfalo. Como vemos na figura 7.2, a massa relativa do córtex cerebral, isto é, a porcentagem de massa encefálica contida no córtex cerebral, aumenta junto com a massa encefálica para as várias espécies de cada grupo de mamíferos — mas de modo diferente para os primatas e os não primatas; por exemplo, o antílope tem 72% de sua massa encefálica no córtex cerebral, em comparação com 80% no babuíno. O elefante africano, com seu cerebelo enorme, destoa: embora seu encéfalo seja aproximadamente três vezes maior do que o encéfalo humano, o córtex cerebral do elefante representa apenas 62% da massa encefálica, em comparação com o córtex cerebral humano, que representa 82%.

Como os primeiros mamíferos que evoluíram eram pequenos, o aumento da massa do córtex cerebral relativamente superior ao aumento da massa encefálica é a base da noção de que, ao longo de sua evolução, o córtex teve uma expansão em termos não

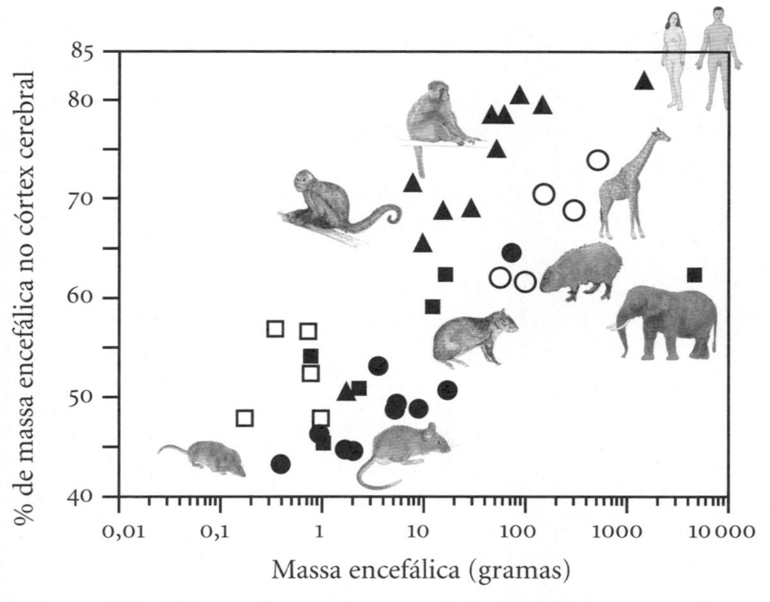

Figura 7.2 Encéfalos maiores possuem córtices relativamente maiores, mas a massa relativa do córtex cerebral é diferente entre os grupos de mamíferos. O córtex é relativamente maior nos eulipotiflos (quadrados vazios) do que nos afrotérios (quadrados cheios) e roedores (círculos cheios) de massa encefálica semelhante, e maior nos primatas (triângulos) do que nos artiodáctilos (círculos vazios) e roedores de massa encefálica semelhante. A massa relativa do córtex cerebral é maior nos humanos do que em todas as outras espécies do nosso conjunto de dados.

só absolutos como também relativos, lentamente se apoderando de massa encefálica — e, supostamente, também de função cerebral,[2] em primatas e não primatas. Esse é um conceito importante: como o córtex cerebral recebe informações do resto do encéfalo e trabalha com elas, adicionando-lhes outro nível de complexidade, uma expansão do córtex cerebral em relação a todas as outras partes do encéfalo significa, em princípio, que, quanto maiores os encéfalos se tornam, mais capazes são de apresentar funções e comportamentos complexos e flexíveis além de simplesmente operar o corpo.

E no ápice, supostamente, está o córtex cerebral humano, com seu tamanho relativo maior comparado ao encéfalo. No entanto, isso nada mais é do que o esperado, tanto porque somos primatas como porque, entre os primatas, possuímos o maior encéfalo e dentro dele o maior córtex cerebral, e não porque somos especiais. Assim, novamente, os humanos são apenas a continuação de uma tendência evolutiva.

Seja como for, esse "apoderamento" de funções pelo córtex cerebral cada vez maior pressupõe que um córtex cerebral relativamente maior possui um número de neurônios relativamente maior comparado ao encéfalo como um todo. Essa tem sido a hipótese básica por trás da importância atribuída à expansão cortical na evolução — só que, por falta de dados sobre números de neurônios, ainda não havia sido testada.

Agora que tínhamos os dados, podíamos testar se encéfalos maiores com córtices desproporcionalmente maiores de fato possuíam números de neurônios desproporcionalmente maiores no córtex cerebral, condizentes com o apoderamento de funções do encéfalo pelo córtex no decorrer da evolução — e, em particular, se o córtex cerebral humano não só possuía o maior número absoluto de neurônios, mas também o maior número de neurônios em relação ao cérebro inteiro.

E então tivemos uma grande surpresa: em ambos os casos, a resposta era *não*. Se córtices relativamente maiores também possuíam relativamente mais neurônios, deveria haver uma correlação positiva entre a porcentagem de massa encefálica e a porcentagem de neurônios cerebrais no córtex cerebral. Mas não existe: como se vê na figura 7.3, ocorre uma boa quantidade de variação, mas, na maioria dos encéfalos de mamíferos, independentemente de seu tamanho relativo, o córtex cerebral contém os mesmos 15% a 25% do total de neurônios do encéfalo. O córtex cerebral humano, em especial, contém apenas 19% de todos os neurônios encefálicos, embora corresponda a 82% do total da massa encefálica em nosso conjunto de dados. É o mesmo que os córtices cerebrais do porquinho-da-índia e da capivara, que também contêm 19% dos neurônios encefálicos, embora componham apenas 53% e 64% da massa encefálica respectivamente, em comparação com nossos 82%. Portanto, a expansão cortical na evolução dos mamíferos ocorreu em termos de massa relativa e total, mas *não* em números relativos de neurônios. Embora um córtex cerebral maior possua mais neurônios dentro de cada grupo de mamíferos, um córtex cerebral *relativamente* maior não possui relativamente mais neurônios dentro do encéfalo como um todo.

Como explicar isso? Como o córtex cerebral pôde tornar-se relativamente maior mas *não* possuir relativamente mais neurônios à medida que se expandia no encéfalo? Matematicamente, alguma outra parte do encéfalo tinha de estar ganhando neurônios junto com o córtex cerebral, porém com um ganho de massa em um ritmo mais lento que o do córtex. Essa estrutura, descobrimos, era o cerebelo. Como se vê na figura 7.4, o cerebelo dos mamíferos contém 80% de todos os neurônios do cérebro — exceto para o elefante africano, cujo cerebelo concentra 98% de todos os neurônios do encéfalo.

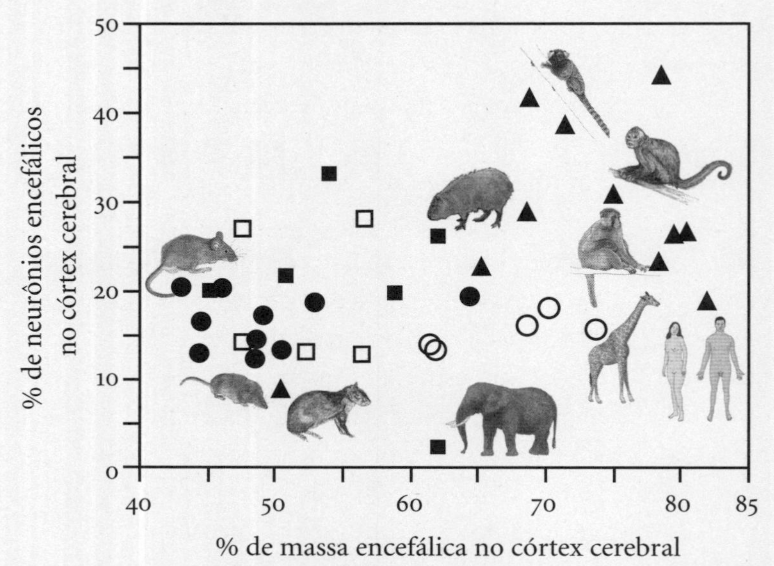

Figura 7.3 Córtices relativamente maiores não concentram relativamente mais do total de neurônios cerebrais. Existe uma boa variação, mas na maioria das espécies o córtex cerebral contém entre 15% e 25% do total de neurônios encefálicos, independentemente de sua massa relativa, nos eulipotiflos (quadrados vazios), afrotérios (quadrados cheios), roedores (círculos cheios), artiodáctilos (círculos vazios) e primatas (triângulos). A principal exceção é o elefante africano, cujo córtex cerebral contém apenas 2% do total de neurônios do encéfalo.

Quando traçamos o gráfico das variações no número de neurônios no cerebelo em relação ao número de neurônios no córtex cerebral, o que vimos não foi que a preponderância numérica dos neurônios corticais sobre os cerebelares aumentava conforme os cérebros eram maiores entre as espécies, e sim que as duas estruturas cerebrais ganhavam neurônios proporcionalmente, em uma relação linear, de modo que, em média, o cerebelo ganhava quatro neurônios para cada neurônio adicionado ao córtex cerebral (ou seja, a função linear que representa a relação entre cerebelo e córtex cerebral na figura 7.5 tem uma inclinação de aproximadamente 4).

Devido às regras neuronais de proporcionalidade diferentes que regem o córtex cerebral e o cerebelo (lembre-se de que a massa média de neurônios no córtex cerebral aumenta mais depressa do que no cerebelo nas espécies não primatas), o córtex ganha massa (e volume) muito mais depressa que o cerebelo, e assim se torna relativamente maior do que ele (e o resto do encéfalo), apesar de a razão entre neurônios cerebelares e neurônios corticais

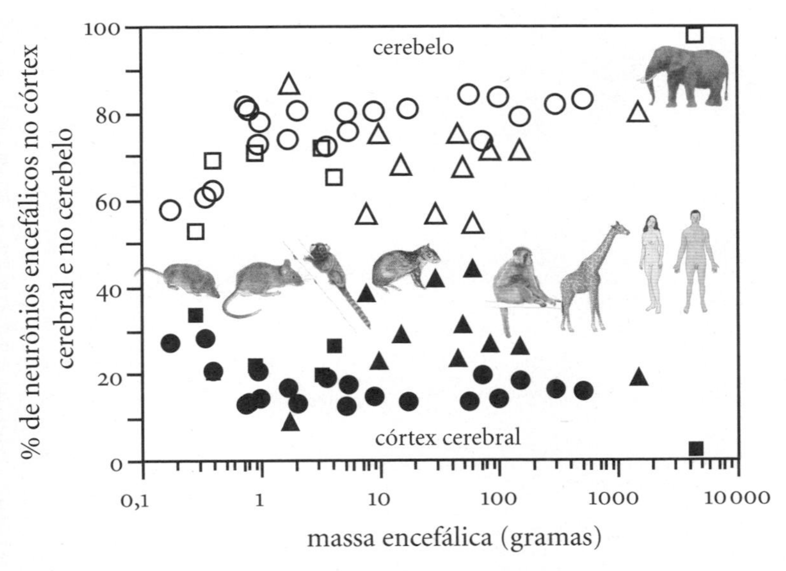

Figura 7.4 O cerebelo (símbolos vazios) contém cerca de 80% do total de neurônios do encéfalo na maioria das espécies mamíferas, enquanto o córtex cerebral (símbolos cheios) contém entre 15% e 20% do total de neurônios do encéfalo nos eulipotiflos, roedores e artiodáctilos (círculos), afrotérios (quadrados; exceto o elefante) e primatas (triângulos). A principal anomalia é o elefante, cujo córtex cerebral contém apenas 2,2% do total de neurônios cerebrais, com 97,5% do total de neurônios no cerebelo e apenas 0,3% no resto do cérebro.

permanecer constante, com o cerebelo ganhando quatro neurônios para cada neurônio adicionado ao córtex cerebral. Até nos primatas, a diferença muito pequena nos expoentes das regras neuronais de proporcionalidade que se aplicam ao córtex cerebral e cerebelo já é suficiente para levar, ao longo de várias ordens de grandeza de variação nos números de neurônios nessas estruturas, ao aumento na massa cortical relativa em encéfalos maiores. Essa adição de neurônios coordenada, linear e proporcional que ocorre no córtex cerebral e no cerebelo de diferentes espécies, combinada às diferentes regras de proporcionalidade para cada estrutura, explica por que o córtex cerebral se torna cada vez maior em massa relativamente ao encéfalo e, ainda assim, mantém uma porcentagem razoavelmente constante de 15% a 25% do total dos neurônios encefálicos.

O aumento linear coordenado dos números de neurônios no córtex cerebral e cerebelo da maioria das espécies mamíferas tem uma implicação funcional fundamental: a evolução dos mamíferos *não* ocorreu principalmente graças a um apoderamento das funções cerebrais pelo córtex cerebral isoladamente. Em vez disso, em todas as espécies, com exceção do elefante, o córtex cerebral e o cerebelo trabalham em conjunto, de modo que qualquer incremento nas capacidades de processamento do córtex cerebral é acompanhado por um incremento proporcional nas capacidades de processamento do cerebelo.* Isso é ainda mais óbvio no encéfalo humano: seu córtex cerebral concentra o maior número absoluto de neurônios em todos os encéfalos de mamífero — mas

* A adição coordenada de números de neurônios ao córtex cerebral e cerebelo corrobora evidências, encontradas em estudos de ressonância magnética funcional, de que o cerebelo participa de todos os aspectos da função cognitiva que envolvem o córtex cerebral (ver Ramnani, 2006).

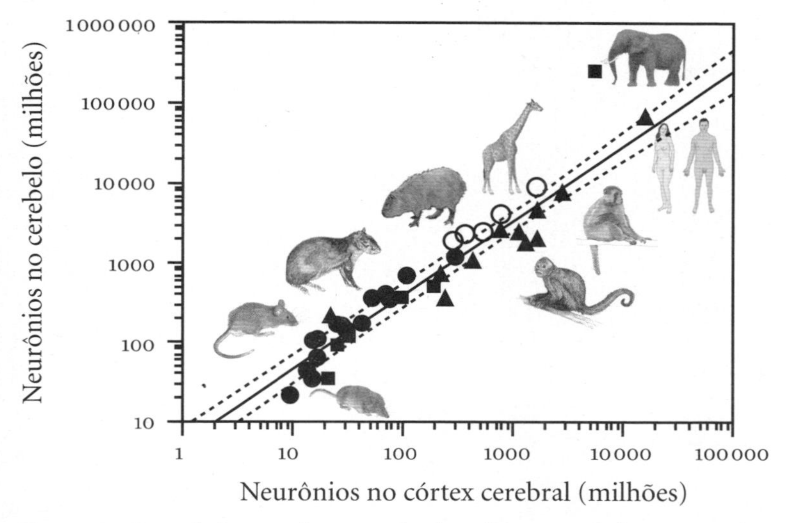

Figura 7.5 O cerebelo e o córtex cerebral ganham neurônios proporcionalmente, com, em média, quatro neurônios sendo adicionados ao cerebelo para cada neurônio adicionado ao córtex cerebral nas espécies mamíferas. A exceção óbvia é o elefante africano, que tem mais de dez vezes o número de neurônios no cerebelo do que o predito para o número de neurônios em seu córtex cerebral.

ainda assim apresenta a mesma porcentagem relativa de neurônios encefálicos que a de outros mamíferos, exceto o elefante.

EXPANSÃO CORTICAL EM COMPARAÇÃO COM O RESTO DO ENCÉFALO

Descobrimos, portanto, que a expansão relativa da massa cortical na evolução dos mamíferos não refletia uma expansão relativa no número de neurônios no córtex cerebral; em vez disso, o córtex cerebral e o cerebelo ganharam neurônios proporcionalmente, de modo que a porcentagem de neurônios encefálicos em cada uma dessas estruturas — 15% a 25% e 75% a 80%, respectivamente — permaneceu razoavelmente constante entre as várias espécies. Mas ainda era possível que o córtex cerebral e o cerebelo ganhassem neurônios mais depressa que o resto do encéfalo, e com isso, supostamente, adicionassem complexidade ao processamento das informações sensório-motoras enviadas ao corpo e dele recebidas. Conhecendo o número de neurônios das duas estruturas, essa era uma hipótese fácil de testar.

Entre os não primatas e os não artiodáctilos, constatamos que, ao contrário do que sugeria o aumento relativo na massa cortical, o córtex cerebral ganhava neurônios linearmente com o resto do encéfalo, como se vê na figura 7.6. Essas espécies mantiveram uma razão constante de dois neurônios no córtex cerebral (e oito no cerebelo) para cada neurônio no resto do cérebro (figura 7.7), e propusemos que esse foi o modo ancestral de distribuir neurônios pelas principais estruturas do cérebro.[3]

Os primatas, em contraste, apresentaram uma adição muito mais rápida de números de neurônios ao córtex cerebral em comparação com o resto do encéfalo; aqui o expoente da função de potência na figura 7.6 é 1,4, significativamente maior do que a unidade. Isso significa que, conforme os encéfalos de primatas adicionaram neurônios ao resto do encéfalo, adicionaram ainda mais neurônios ao córtex cerebral, de modo que a razão de neurônios no córtex cerebral para neurônios no resto do encéfalo aumenta (figura 7.7), alcançando 27 para 1 (ou, mais simplesmente, uma razão de 27), supostamente aumentando a complexidade e a flexibilidade das informações processadas pelo córtex.

No entanto, surpreendentemente, os primatas não estavam sozinhos: os artiodáctilos também apresentavam maior alocação proporcional de neurônios no córtex cerebral em relação ao resto do encéfalo, e com um expoente ainda mais elevado de 1,9 (figura 7.6). Isso se traduz em razões de neurônios no córtex cerebral

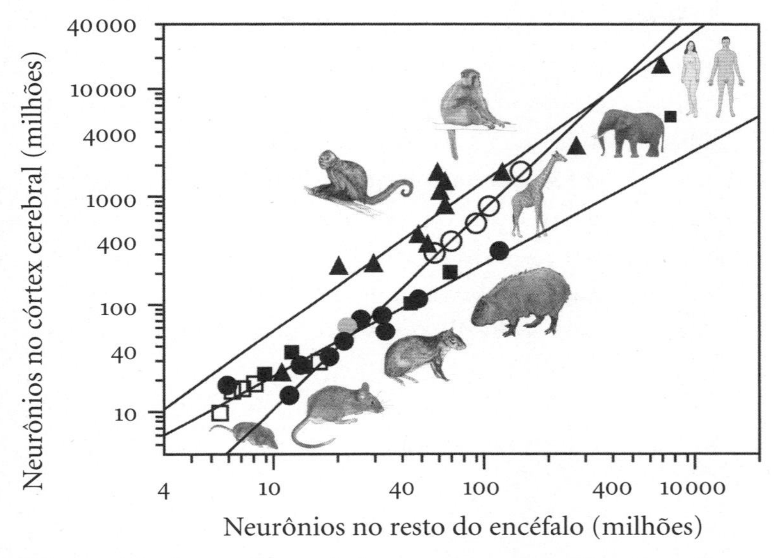

Figura 7.6 O número de neurônios no córtex cerebral aumenta linearmente com o número de neurônios no resto do encéfalo entre os eulipotiflos (quadrados vazios), afrotérios (quadrados cheios, excluindo o elefante africano) e roedores (círculos cheios), mas aumenta com o número de neurônios no resto do encéfalo elevado à potência 1,9 nos artiodáctilos (círculos vazios) e com a potência 1,4 nos primatas (triângulos). Portanto, primatas e artiodáctilos ganham capacidade cortical de processar informações mais depressa do que ganham neurônios no resto do encéfalo para transmitir as informações a serem processadas.

para neurônios no resto do cérebro entre cinco (no porco) e onze (na girafa), razões que são intermediárias entre as dos primatas e as das outras espécies não primatas (figura 7.7). O elefante também parece ser uma anomalia, com cerca de três vezes o número de neurônios no córtex cerebral esperado para um afrotério com seu número de neurônios no resto do encéfalo.

Portanto, à medida que primatas e artiodáctilos ganharam cérebros maiores, seus córtices cerebrais ganharam neurônios desproporcionalmente em relação ao resto do encéfalo, o que supostamente elevou o grau do processamento complexo de informações transmitidas ao corpo e dele recebidas. Isso teria dado aos primatas e artiodáctilos uma bela vantagem sobre os outros mamíferos, como roedores e afrotérios, no processamento flexível e complexo de informações relacionadas ao corpo. Mas como, ao mesmo tempo, o cerebelo dos primatas e artiodáctilos ganhou neurônios proporcionalmente ao córtex cerebral e, portanto, desproporcionalmente em relação ao resto do encéfalo, o aumento desproporcional nos neurônios corticais em relação aos neurônios no resto do encéfalo ocorreu *sem* um aumento desproporcional correspondente dos neurônios corticais em relação aos neurônios no encéfalo *como um todo.*

Curiosamente, nos humanos a razão entre neurônios no córtex cerebral e neurônios no resto do encéfalo é alta, mas não máxima: existem 24 neurônios no córtex cerebral humano para cada neurônio no resto do encéfalo, mas na *Macaca radiata* essa razão é 27. Portanto, a menos que estejamos dispostos a aceitar que essa razão ligeiramente maior deu uma capacidade de processamento cerebral ligeiramente maior ao córtex da *Macaca radiata* e, assim, uma vantagem cognitiva ligeiramente maior para essa espécie do que para os humanos, a explicação mais provável para a vantagem cognitiva dos humanos em relação às demais espécies continua a ser o número absoluto de neurônios notavelmente maior em nosso córtex cerebral — dez vezes o número encontrado no córtex da *Macaca radiata.*

UM CÓRTEX PRÉ-FRONTAL EXPANDIDO?

Uma das ideias muito difundidas sobre a evolução do cérebro humano não é simplesmente que o nosso córtex cerebral

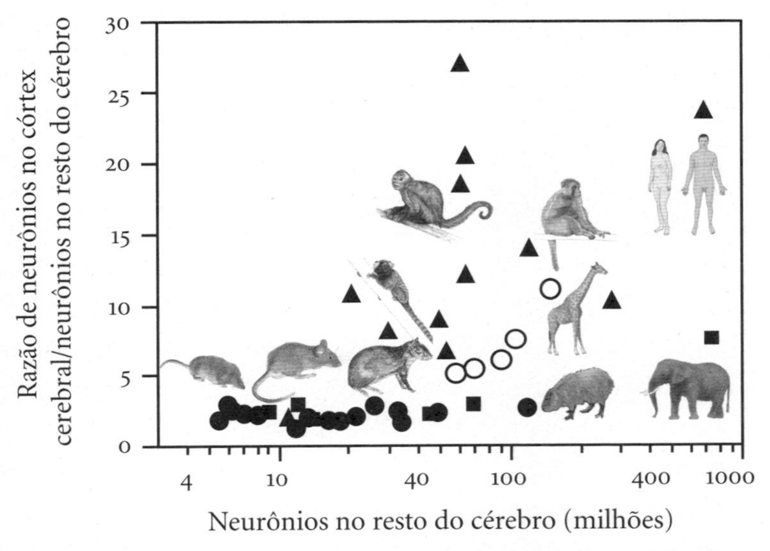

Figura 7.7 Existem em média dois neurônios no córtex cerebral para cada neurônio no resto do encéfalo dos eulipotiflos (círculos cheios), afrotérios (quadrados, exceto o elefante-africano) e roedores (círculos cheios), mas entre cinco e onze neurônios corticais para cada neurônio no resto do encéfalo dos artiodáctilos (círculos vazios) e entre dois e 27 nos primatas (triângulos). O encéfalo humano possui 24 neurônios em seu córtex cerebral para cada neurônio no resto do encéfalo, embora a razão máxima seja a encontrada no cérebro da *Macaca radiata.*

como um todo é maior em relação aos de outras espécies, mas que, nesse córtex cerebral aumentado, nossas áreas pré-frontais — aquelas localizadas na parte dianteira do nosso córtex, necessárias para o planejamento e raciocínio lógico[4] — também são relativamente maiores. Essa noção originou-se com o neurologista alemão Korbinian Brodmann, que no começo do século XX mapeou áreas corticais nos cérebros de humanos, chimpanzés e símios do gênero *Macaca.* Brodmann estimou que o córtex pré-frontal, a parte do cérebro que contém as áreas pré-frontais associativas,* ocupa 29% do córtex cerebral nos humanos, mas 17% no chimpanzé e apenas 11% no macaco reso.[5]

Foi preciso quase um século e o advento de técnicas neuroanatômicas modernas que permitiram medir o cérebro em animais ainda vivos para que esses números fossem refutados. Mas em 2002 Katerina Semendeferi e colegas[6] mostraram que o córtex frontal de humanos, bonobos, chimpanzés, gorilas e orangotangos ocupa cerca de 35% a 37% de todo o volume cortical. Embora seja maior do que os 30% do volume cortical ocupado pelas áreas frontais nos símios do gênero *Macaca* e em outros primatas menores, ele não torna o córtex pré-frontal humano especial. A superioridade cognitiva dos cérebros humanos não pôde mais ser atribuída a um córtex frontal relativamente maior. Talvez a causa fosse uma conectividade mais complexa, cogitaram os autores.

De fato, um dos estudos seguintes, por Thomas Schoenemann e colegas,[7] concluiu que, embora nos humanos a substância cinzenta cortical pré-frontal** tenha justamente o volume relativo esperado para um córtex primata com sua massa total, a substância branca pré-frontal, que contém todas as fibras que conectam as áreas pré-frontais entre si e a outras localizações no córtex, parecia relativamente maior nos humanos do que se esperaria para o volume relativo da substância cinzenta correspondente. Outro es-

* Existe uma distinção pequena, mas importante: o córtex pré-frontal é a parte associativa (isto é, não motora) do córtex frontal. Distinguir o córtex *frontal* nos primatas é fácil: é todo o córtex anterior ao sulco central, a principal depressão na superfície cerebral. Mas distinguir ali o córtex pré-frontal é uma tarefa muito mais complexa, que requer meticulosas análises anatômicas e funcionais. Por isso, embora o córtex pré-frontal, não motor, seja a parte rigorosamente associada à cognição superior, é muito mais viável medir e comparar o córtex frontal entre as espécies primatas.

** Esses autores definiram "pré-frontal" como todo o córtex anterior ao corpo caloso, um atalho prático importante que também usaríamos depois.

tudo, por Jeroen Smaers e colegas,[8] corroborou uma expansão relativa da substância branca pré-frontal nos humanos — e somente no hemisfério esquerdo, que gerencia a produção da fala. Lá estava novamente: a substância branca do córtex pré-frontal humano era extraordinária.

O problema era que, quando Robert Barton e Chris Venditti,[9] independentemente, submeteram os dados de Schoenemann e os de Smaers a uma forma ligeiramente diferente de análise matemática, levando em consideração a proximidade filogenética e também tomando cuidado para não confundir variação entre indivíduos com variação entre espécies, não foi encontrada nenhuma diferença significativa no volume relativo da substância branca pré-frontal dos humanos em comparação com o que se esperaria de um primata com a nossa massa encefálica. Independentemente da controvérsia que grassava enquanto os especialistas tomavam partido no debate, parecia que qualquer possível excepcionalidade do volume da substância branca do córtex pré-frontal humano tinha de ser pequena, já que dependia de análise estatística aplicada.

Como em todos os estudos anteriores, havia o problema adicional de que Semendeferi, Schoenemann, Smaers e Barton limitaram-se a usar o único parâmetro então disponível: o volume cortical — e este, já sabíamos, não era um reflexo simples, direto, dos números de neurônios nas várias áreas corticais. Em um córtex individual, a densidade de neurônios pode variar por um fator 5, dependendo da localização cortical.[10] Para determinar se o córtex pré-frontal humano era aumentado em comparação com outras áreas corticais, o que realmente precisávamos saber era se ele possuía mais neurônios do que o esperado para o número de neurônios em outras áreas corticais — e se a substância branca subjacente era maior do que se esperaria para o número de neurônios corticais pré-frontais que ela conectava.

Essa veio a ser a tese de doutorado de Mariana Gabi no laboratório, mais uma vez em colaboração com Jon Kaas. Como não existiam critérios anatômicos confiáveis para definir o córtex pré-frontal para os humanos e as várias espécies de primata não humanos que queríamos comparar, recorremos ao mesmo critério simples adotado por Schoenemann: definir o córtex pré-frontal como todas as regiões de substância cinzenta e branca anteriores ao corpo caloso, o grosso feixe de fibras que conecta os dois hemisférios. Não era um critério perfeito, mas era adequado o suficiente, pois tinha sido o escolhido por Schoenemann e colegas para determinar que a substância branca pré-frontal nos humanos era aumentada em comparação com outros primatas.

No entanto, o que descobrimos quando levamos em conta os números de neurônios pré-frontais foi que, novamente, o córtex cerebral humano não era diferente do que se esperaria. Em comparação com outras sete espécies primatas, a região pré-frontal humana possuía (1) o número de neurônios esperado para seu volume de substância cinzenta e para o número total de neurônios no resto do córtex cerebral; (2) o volume de substância branca esperado para o número de neurônios pré-frontais; e (3) o volume e número de neurônios na substância branca esperados para o volume e número de neurônios na substância branca subcortical pré-frontal. Nossas conclusões corroboraram as de Barton e Venditti: o córtex pré-frontal humano não é maior do que "deveria" ser.[11]

E também não possui mais neurônios, proporcionalmente, do que outros córtices pré-frontais de primatas: encontramos os mesmos 8% de todos os neurônios corticais localizados em regiões pré-frontais, anteriores ao corpo caloso, em humanos e outras espécies primatas. Na verdade, tínhamos descoberto anteriormente que o camundongo também possui 8% de todos os seus neurônios corticais situados em estruturas associativas semelhantes à pré-frontal.[12] A semelhança sugere a possibilidade de que exista uma distribuição uniforme de neurônios corticais em funções sensitivas, motoras e associativas para as várias espécies mamíferas — um tema que estamos estudando agora.

Assim, permanecia a questão: se o córtex pré-frontal possui o mesmo tamanho relativo e a mesma proporção de todos os neurônios corticais nos humanos e primatas não humanos, o que explica a nossa vantagem cognitiva? A "conectividade", já haviam sugerido Katerina Semendeferi, Robert Barton e Chris Venditti.

Existem essencialmente dois modos como uma "conectividade diferente" no córtex pré-frontal humano poderia alicerçar nossa vantagem cognitiva. Um seria a possibilidade de as áreas conectadas ao córtex pré-frontal diferirem entre os humanos e as outras espécies, resultando no surgimento de características mais elaboradas no córtex pré-frontal humano. Notavelmente, porém, o padrão das conexões entre as várias áreas corticais, isto é, o "conectoma" cortical ou "diagrama de conexões" em grande escala para a conectividade neuronal no córtex, parecia espantosamente semelhante em espécies tão distantes quanto humanos, símios do gênero *Macaca*, gatos e até pombos, com estruturas semelhantes concentrando a conectividade: o hipocampo e estruturas equivalentes ao córtex pré-frontal.[13] O conectoma humano, portanto, não difere fundamentalmente do de outras espécies.

Uma "conectividade diferente" do córtex pré-frontal humano também poderia significar mais sinapses pré-frontais em comparação com outras espécies mamíferas. Embora ainda não haja dados que permitam uma comparação adequada, as poucas evidências existentes sugerem que a densidade de sinapses na substância cinzenta cortical é razoavelmente constante nas espécies mamíferas.[14] Se isso for verdade, quanto maior o córtex cerebral, mais sinapses ele terá — e, como o córtex cerebral humano está longe de ser o maior, o número de nossas sinapses, pré-frontais e outras, também não deve, nem de longe, ser o maior. Portanto, de volta ao ponto de partida.

Mas restava outra possibilidade: mesmo sem um córtex pré-frontal relativamente expandido, o número absoluto de neurônios pré-frontais no córtex cerebral humano poderia exceder muito o do córtex de outras espécies primatas. Os mesmos 8% de todos os neurônios corticais, de fato, correspondem a um número absoluto muito maior de neurônios pré-frontais no córtex cerebral humano do que no de outros primatas: 1,3 bilhão de neurônios pré-frontais no córtex humano e apenas 230 milhões no babuíno, 137 milhões nos símios do gênero *Macaca* e ínfimos 20 milhões no sagui. Considerando que os neurônios pré-frontais são aqueles que, devido à sua conectividade em grande escala com outras áreas cerebrais, são capazes de executar funções associativas, adicionar complexidade e flexibilidade a comportamentos e possibilitar o planejamento para o futuro, todas essas capacidades devem aumentar junto com o número de neurônios disponíveis para executá-las — do mesmo modo que adicionar processadores a um computador aumenta seu poder computacional.

A capacidade de planejar para o futuro, uma função característica das regiões pré-frontais do córtex, pode realmente ser a chave. Segundo a melhor definição que encontrei até agora, apresentada pelo físico do MIT Alex Wissner-Gross, inteligência é a capacidade de tomar decisões que maximizam a futura liberdade de ação — ou seja, decisões que mantêm o máximo de portas abertas para o futuro.[15] Se isso for verdade, a inteligência deve depender da capacidade de usar a experiência passada para representar estados futuros (uma função do hipocampo, que ganha neurônios junto com o resto do córtex), planejar a sequência apropriada de ações para chegar lá e orquestrar sua execução (funções do córtex pré-frontal). Ou seja, quanto maior o número de neurônios pré-frontais e hipocampais disponíveis, mais inteligente deve ser a espécie.

Não está claro que porcentagem do total de neurônios corticais tem funções associativas, semelhantes às pré-frontais, nos cérebros avantajados dos elefantes e cetáceos — mas há evidências de que as áreas pré-frontais são apenas uma minúscula fatia de seu volume cortical.[16] Devido ao nosso número total já grande de neurônios corticais em comparação com os de espécies dotadas de córtices ainda maiores, podemos prever, com segurança, que nosso 1,3 bilhão de neurônios dedicados a funções associativas pré-frontais não terão rivais em outras espécies. Mais uma vez, nossa vantagem cognitiva em relação às demais espécies parece estar no número de unidades de processamento disponíveis para executar a tarefa — independentemente do tamanho da massa do encéfalo que as abriga, como vimos em capítulos anteriores, ou da massa do corpo que elas controlam, como veremos no próximo capítulo.

8. O corpo em questão

Não é de surpreender que os maiores animais possuem os maiores cérebros. No mínimo, um cérebro muito grande não caberia em um animal pequeno. Existe um plano corporal básico que se aplica a todos os mamíferos, todos dotados de quatro membros e uma cabeça sempre razoavelmente proporcional ao resto do corpo. O cérebro, localizado no interior da cabeça, só pode ser tão grande quanto a cabeça for capaz de contê-lo. Mas será que a cabeça maior de um corpo maior sempre contém um cérebro proporcionalmente maior? Em outras palavras, qual é a relação entre o tamanho do cérebro e o tamanho do corpo?

Como vimos no capítulo 1, a alometria, a ciência das proporções das partes corporais para o tamanho dos animais, é no mínimo tão antiga quanto Galileu Galilei, que reconheceu que os animais maiores não são meras versões ampliadas de animais menores. A alometria descreve a variação frequentemente desproporcional no tamanho de algumas partes corporais conforme aumenta a massa do corpo. Por exemplo, os recém-nascidos de qualquer espécie mamífera são prontamente reconhecíveis como recém-nascidos (e não como adultos) devido à proporcionalidade diferente entre o tamanho da cabeça e do corpo.

Assim como existe uma alometria básica de partes do corpo, como cabeças e pernas, também existe uma alometria básica de órgãos do corpo. No caso do coração e do fígado, sua variação de tamanho é isométrica: espécies maiores possuem coração e fígado proporcionalmente maiores, cuja massa aumenta linearmente com o corpo. A lógica é que esses são órgãos cuja função está relacionada ao volume corporal. O coração bombeia um volume de sangue que é proporcional ao volume do corpo, e essa tarefa é executada por uma massa de músculo cardíaco que cresce em proporção linear ao volume do sangue bombeado.[1] Analogamente, o fígado, que filtra o volume de sangue bombeado pelo coração, também cresce em proporção linear ao volume do sangue no corpo e ao volume do próprio corpo.

Uma das primeiras descobertas da neuroanatomia comparativa dos mamíferos foi que os animais maiores tendem a possuir encéfalos maiores, porém não proporcionalmente.[2] A massa do encéfalo varia segundo um fator de quase 100 mil entre as espécies mamíferas, de 0,1 grama nos musaranhos menores a nove quilos no cachalote, mas a massa do corpo varia por um fator de 100 milhões entre as espécies mamíferas — uma variação mais de mil vezes maior —, de alguns gramas nos musaranhos até quase 100 mil quilos ou até mais (duzentas toneladas) nas baleias maiores. Como vimos no capítulo 1, animais maiores possuem encéfalo maiores, sim, mas a massa do corpo aumenta mais depressa que a do encéfalo. Isso significa que uma parte cada vez menor do volume da cabeça é ocupada pelo encéfalo conforme os animais são maiores. No elefante africano, por exemplo, a cabeça é tão enorme que até um encéfalo de cinco quilos parece desaparecer lá dentro, enterrado no crânio.

As poucas dezenas de espécies mamíferas em nosso conjunto

de dados ilustram essa tendência geral de os corpos maiores serem acompanhados de encéfalos apenas um pouco maiores (figura 8.1). Para todas as espécies da nossa amostra, a massa encefálica aumenta segundo a massa corporal elevada à potência +0,774, uma variação exponencial significativamente menor que a unidade, o que significa que o encéfalo ganha massa mais lentamente do que o corpo: um animal dez vezes maior possui um encéfalo apenas cerca de seis vezes maior, e um animal mil vezes maior tem um cérebro que é apenas 211 vezes maior. Em consequência, o tamanho relativo do encéfalo comparado ao corpo diminui conforme o animal é maior. No entanto, é uma diminuição lenta: enquanto o encéfalo de um camundongo representa 1% de sua massa corporal de aproximadamente quarenta gramas, o encéfalo do elefante, um animal cujo corpo é 125 mil vezes maior, representa 0,1% de sua massa corporal de 5 mil quilos — dez vezes menos massa encefálica relativa para um aumento de 125 mil vezes na massa corporal.

No entanto, a relação exata entre massa encefálica e massa corporal difere entre as ordens mamíferas. As variações exponenciais em nosso conjunto de dados vão de +0,548 nos artiodáctilos à quase linear +0,903 nos primatas (excetuando-se os grandes primatas não humanos): novamente, não há uma relação universal de proporcionalidade que se aplique igualmente a todos os mamíferos, embora a tendência geral sempre esteja presente. Em comparação com roedores de massa corporal semelhante, os primatas sempre possuem encéfalo maior. Vejamos, por exemplo, o porquinho-da-índia e o sagui: ambos pesam pouco mais de trezentos gramas, mas o encéfalo do porquinho-da-índia tem apenas 3,6 gramas, enquanto o do sagui pesa 7,8 gramas. A diferença é ainda mais notável em animais maiores: o coelho, de 4,6 quilos, possui encéfalo de 9,1 gramas; mas o macaco-capuchinho, que pesa 3,3 quilos, tem um encéfalo de 52,2 gramas, quase seis vezes mais.

O mesmo se aplica aos eulipotiflos e afrotérios, animais que antes eram agrupados como "insetívoros" e ainda compartilham as palavras "musaranho" e "toupeira" em muitos dos seus nomes comuns. Os eulipotiflos, como a toupeira *Parascalops breweri* e a toupeira-europeia, que pesam respectivamente 42,7 e 95,3 gramas, possuem cérebros pesando em torno de um grama, cerca de duas vezes o tamanho dos cérebros de afrotérios de massa semelhante — como o musaranho-elefante e a toupeira-dourada-de-hotentote, que pesam 45,1 e 79 gramas.

Mesmo assim, ainda é essencialmente fato que, em cada grupo mamífero, espécies de maior porte possuem encéfalos maiores.* Uma explicação, defendida por Harry Jerison entre outros, era que corpos maiores precisavam de mais neurônios para operá-los, do mesmo modo que mais sangue requereria um coração maior para bombeá-lo — embora diferentes autores argumentassem que o fator que impelia a necessidade de mais neurônios devia ser ou a massa corporal (devido à maior massa muscular a ser controlada), ou a superfície corporal (devido à maior superfície sensitiva a ser monitorada), ou a alguma outra coisa bem diferente. Por décadas, esse debate permaneceu na esfera hipotética, pois os números de neurônios no encéfalo ainda não estavam disponíveis para as comparações. Até então, o melhor palpite era que um aumento na massa encefálica era impelido por um aumento na massa muscular, porém limitado

* No entanto, *em uma mesma espécie*, os indivíduos maiores não possuem necessariamente encéfalos maiores — e o expoente alométrico que relaciona a massa encefálica à massa corporal entre os indivíduos da mesma espécie tende a ser muito menor do que nas comparações entre espécies, quando chega a ser significativamente diferente de zero. Esse fascinante enigma, que não examinaremos aqui, implica que as variações na massa encefálica e corporal entre as espécies na evolução não são simplesmente uma extensão das mesmas variações entre os indivíduos da mesma espécie. (Ver Armstrong, 1990; Herculano-Houzel et al., 2015b.)

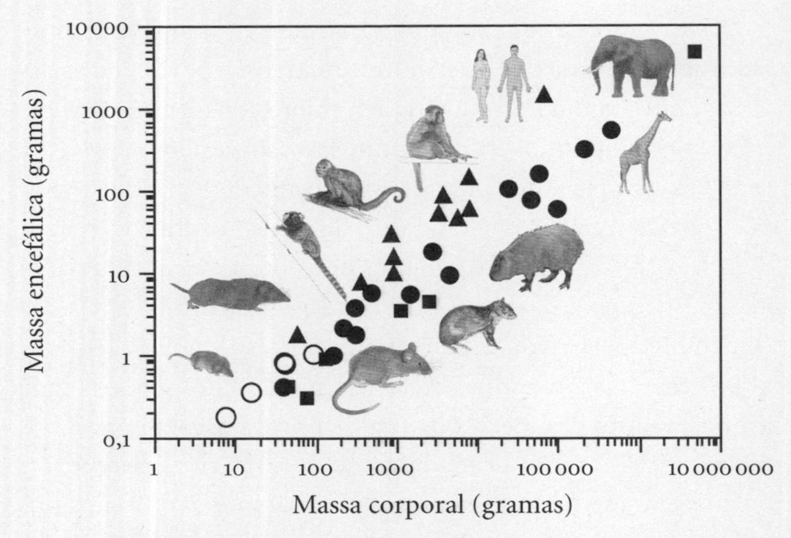

Figura 8.1 Há uma correlação generalizada entre massa corporal maior e massa encefálica maior para as espécies mamíferas, mas regras de proporcionalidade diferentes aplicam-se às diferentes ordens mamíferas. Para uma massa corporal semelhante, os eulipotiflos (círculos vazios) possuem encéfalos maiores que os dos afrotérios (quadrados), e os primatas (triângulos) têm encéfalos maiores que os dos roedores e artiodáctilos de massa corporal semelhante (círculos cheios). As respectivas funções de potência estão indicadas no apêndice.

pelo metabolismo: segundo estudos de Max Kleiber,[3] o custo da energia para operar um corpo maior aumenta segundo a massa corporal elevada à potência +0,75, um valor razoavelmente próximo da função potência que relaciona a massa encefálica à massa corporal entre todas as espécies mamíferas consideradas juntas (+0,774 em nosso conjunto de dados), como ressaltaram Harry Jerison[4] e Robert Martin. A lógica aqui era que o aumento na massa encefálica seria limitado pela quantidade de energia que o corpo poderia usar — novamente, supondo que houvesse uma única relação universal entre massa encefálica e custo energético.

Agora tínhamos os números e uma resposta, que àquela altura não deveria surpreender: *não* havia uma regra de proporcionalidade única, universal, entre massa corporal e número de neurônios encefálicos para todos os mamíferos. Mas tratarei disso em breve. Comecemos antes com o que pensamos ser o modo mais direto de lidar com a questão de se corpos maiores requeriam mais neurônios para fazê-los funcionar: examinar a medula espinhal, a parte do sistema nervoso central que é um intermediário obrigatório entre o encéfalo e a maior parte do corpo. Do pescoço para baixo, as informações sensoriais fisiológicas e quase todos os sinais efetores motores e viscerais são transmitidos por neurônios cujos corpos celulares e núcleos situam-se na medula espinhal. Se um corpo maior requeresse mais neurônios para fazê-lo funcionar, a variação no número de neurônios na medula espinhal deveria nos indicar o grau dessa demanda.

Até então, só tínhamos dados da composição neuronal da medula espinhal de primatas, mas eram dados muito interessantes. Descobrimos que, embora a massa da medula espinhal dos primatas variasse segundo a massa corporal elevada à potência +0,73 entre as espécies primatas (condizendo com a expectativa de que a massa encefálica era metabolicamente limitada e, portanto, variava segundo a massa corporal elevada à potência aproximada de +0,75), o número de neurônios na medula espinhal variava segundo a massa corporal elevada a uma potência muito menor, de +0,36: um primata mil vezes mais pesado possuía apenas cerca de dez vezes mais neurônios na medula espinhal. Estava longe da correlação esperada com a massa corporal (que geraria o expoente de variação +1), com a superfície corporal (para a qual o expoente seria +2/3 ou +0,67), ou com a taxa metabólica (na qual o expoente seria +0,75). Em vez disso, o expoente observado era próximo da variação da dimensão linear do corpo (comprimento do corpo) com a massa corporal elevada à potência +1/3 ou +0,33 (figura 8.2).

O número de neurônios na medula espinhal dos primatas, portanto, parecia variar simplesmente segundo o comprimento do corpo,[5] e confirmamos que crescia proporcionalmente ao comprimento da medula espinhal nas várias espécies primatas, com uma média de 43 mil neurônios por milímetro — o que é uma quantidade muito pequena. Agora sabemos que a medula espinhal do camundongo tem aproximadamente 2 milhões de neurônios[6] e que a medula espinhal humana, grande como é, possui 20 milhões de neurônios, segundo nossa estimativa, apenas dez vezes o número existente na medula espinhal do camundongo e apenas um terço do número de neurônios em todo o cérebro de camundongo.[7] Visto dessa perspectiva, parece notável que tenhamos tanto controle sobre o nosso corpo com tão poucos neurônios na medula espinhal — e se torna compreensível que até mesmo lesões pequenas na medula espinhal possam causar um dano catastrófico a esse controle.

O que o lento aumento do número de neurônios na medula espinhal significa para a relação cérebro-corpo? O diminuto expoente da variação (+0,36) significa que é seguro descartarmos as hipóteses anteriores de que um aumento da massa corporal ou da superfície corporal gera uma forte necessidade de mais neurônios. Analogamente, podemos descartar a hipótese de que o número de neurônios na medula espinhal é limitado pelas variações na taxa metabólica do corpo, pois ele não aumenta suficientemente rápido para que a energia seja um problema. Em vez disso, parece que o número de neurônios na medula espinhal é relacionado simplesmente ao comprimento desta. Na verdade, considerando que o comprimento da medula espinhal tem de ser (da perspectiva do desenvolvimento) um *resultado* e não uma causa de seu número de neurônios, propusemos que (1) fatores ainda não determinados controlam quantos neurônios vão para a medula espinhal em desenvolvimento e então para a adulta; (2) com uma distribuição de 43 mil neurônios por milímetro, o número de neurônios

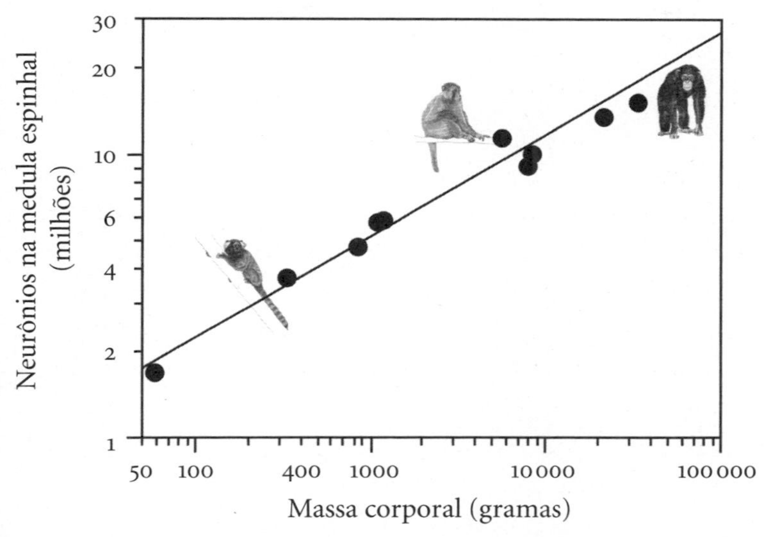

Figura 8.2 O número de neurônios na medula espinhal varia segundo a massa corporal elevada à potência +0,36 nas espécies primatas. O número de neurônios esperado para a medula espinhal do chimpanzé está indicado no mesmo gráfico. Enquanto a massa corporal das espécies examinadas varia por um fator de quase mil, o número de neurônios na medula espinhal varia por um fator de apenas dez.

determina, ainda no início do desenvolvimento, qual será o comprimento da medula espinhal no adulto; e (3) o corpo então cresce em volta dela, com massa relacionada ao comprimento da medula e seu número de neurônios, mas não restrita por eles.[8]

Como a medula espinhal contém neurônios sensoriais e motores, ainda seria possível que o número de neurônios motores, um pequeno subconjunto de todos os neurônios da medula espinhal, variasse, sim, linearmente com a massa muscular. Um modo de examinar essa possibilidade era contar diretamente os neurônios motores. Isso foi feito por meu colega Charles Watson, no núcleo motor facial de espécies marsupiais, e independentemente por Chet

Sherwood, no núcleo motor facial de primatas[9] (a propósito, o núcleo motor facial localiza-se no resto do encéfalo, e não na medula espinhal). Em ambos os casos, o número de neurônios motores que controlam os movimentos faciais variava apenas lentamente segundo a massa do corpo, que servia como estimativa aproximada para a massa muscular na cabeça. Os expoentes de variação aqui eram ainda menores do que os que encontramos para todos os neurônios na medula espinhal: +0,13 entre primatas e +0,18 entre marsupiais[10] (figura 8.3). Notavelmente, apenas uns poucos milhares de neurônios motores pareciam ser suficientes para controlar a totalidade dos movimentos faciais em marsupiais grandes e pequenos e em primatas — mesmo quando a massa corporal e, com ela, a massa dos músculos faciais, variava segundo um fator acima de 10 mil.

Com um expoente alométrico de +0,18, uma duplicação da massa do corpo é acompanhada por um modesto aumento de apenas 14% no número de neurônios motores faciais, e uma redução à metade da massa do corpo é acompanhada por um decréscimo de apenas 12%. Curiosamente, esses números são bem semelhantes às conclusões pioneiras de Viktor Hamburger e outros nos anos 1970[11] sobre como os números de neurônios motores na medula espinhal são ajustados durante o desenvolvimento, por meio de morte e sobrevivência diferenciais de neurônios, ao número de fibras musculares que eles inervam. Depois de duplicar experimentalmente o músculo-alvo em aves e anfíbios em desenvolvimento, transplantando um broto extra de membro para um embrião em desenvolvimento, ou de reduzir à metade o músculo-alvo, forçando dois nervos a inervar o mesmo músculo, esses pesquisadores descobriram que o número de neurônios motores na medula espinhal, em vez de dobrar, aumentou apenas entre 15% e 20% e, em vez de reduzir-se à metade, diminuiu apenas 8%. *Havia* algum tipo de correspondência quantitativa entre números de neurônios motores e a massa muscular a ser inervada, pois mais neurônios motores sobreviviam quando havia mais fibras musculares a serem inervadas e menos neurônios permaneciam quando o conjunto muscular era diminuído.[12] Mas ainda restava determinar por que a correspondência não era linear: por que a duplicação experimental do campo muscular estudado resultava não em uma duplicação do número de neurônios motores, mas apenas em um aumento de 15% a 20%? Nossas descobertas de uma variação semelhante entre números de neurônios motores faciais e a massa muscular entre espécies primatas adultas sugere que existe um mecanismo fundamental de competição pela sobrevivência que atrela os números de neurônios motores à massa das fibras musculares a serem inervadas, levando a uma correspondência numérica não linear governada por uma lei de potência com um expoente de variação pequeno, tanto no âmbito de cada espécie como entre as várias espécies. Além disso, se o mesmo mecanismo de competição operar tanto no nível do desenvolvimento como no da evolução, estabelecendo uma correspondência entre os números de neurônios motores com a massa muscular, então não é que um corpo maior *requer* um número maior de neurônios que o controle, e sim que ele *permite* que um número maior de neurônios sobreviva.* Surge assim um novo quadro, no qual o sistema nervoso central forma-se primeiro, com números de neurônios que são determinados geneticamente e proporcionais

* O lento aumento do número de neurônios motores conforme cresce a massa corporal sugere que, à medida que os animais se tornam maiores na evolução, o número de fibras musculares que são controladas por neurônios motores individuais (e, portanto, o tamanho da unidade motora média) aumenta. A consequência esperada desse aumento é que o controle motor se torne cada vez menos preciso e refinado em espécies maiores — porém, pelo menos nos primatas, isso pode ser contrabalançado por um aumento mais rápido nos números de neurônios motores corticais em relação aos neurônios motores espinhais (Herculano-Houzel, Kaas e Oliveira-Souza, 2015).

ao comprimento do corpo, mas que podem ser reduzidos ainda mais, dependendo da massa de músculos e alvos sensitivos disponíveis para inervação.

E quanto aos grupos mamíferos não primatas? Embora ainda não tenhamos dados sobre os números de neurônios na medula espinhal de espécies não primatas, sabemos que, nas espécies primatas, o número de neurônios no resto do encéfalo varia linearmente com o número de neurônios na medula espinhal.[13] Ou seja, para um número dez vezes maior de neurônios na medula espinhal, também existem aproximadamente dez vezes mais

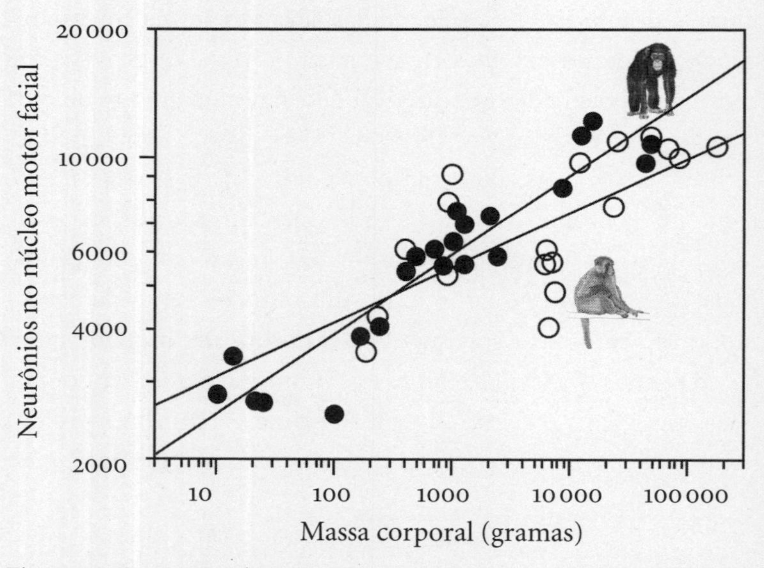

Figura 8.3 O número de neurônios motores no núcleo motor facial do cérebro, que controla os movimentos da face, varia segundo a massa corporal elevada à potência +0,18 nos marsupiais (círculos cheios) e à potência +0,13 nas espécies primatas (círculos vazios). Para uma massa corporal semelhante, os movimentos faciais de marsupiais e primatas são controlados por números semelhantes de neurônios motores — e bem poucos.

neurônios no resto do encéfalo dos primatas. Essa linearidade corrobora a noção (1) de que a medula espinhal e o resto do encéfalo contêm neurônios que são diretamente relacionados com o controle do corpo e (2) que existem mecanismos semelhantes que controlam a alocação de neurônios para essas estruturas, pelo menos nos primatas. Podemos examinar as variações no número de neurônios no resto do encéfalo em um grande número de espécies não primatas para ter uma ideia de sua relação com a massa corporal.

Novamente constatamos que as relações aplicadas às espécies primatas e não primatas são diferentes: como se vê na figura 8.4, o resto do encéfalo possui mais neurônios nos primatas do que nos mamíferos não primatas de massa corporal semelhante, e esse número aumenta mais depressa para os primatas (com a massa corporal elevada à potência +0,5) do que para os não primatas (com a massa corporal elevada à potência +0,3). E, mais uma vez, esses expoentes são muito menores do que o expoente +1, esperado se uma grande massa muscular requeresse um número proporcionalmente maior de neurônios e menores do que o expoente +0,75, esperado se o metabolismo impusesse uma limitação ao número de neurônios. Se corpos maiores realmente demandam mais neurônios para fazê-los funcionar, fazem isso a um ritmo muito lento.

Notavelmente, o resto do encéfalo humano contém mais ou menos o número de neurônios que se poderia esperar de um primata genérico de massa corporal igual à nossa. Não existe um número extraordinariamente grande de neurônios no resto do encéfalo humano para gerenciar o corpo: possuímos a massa e o número de neurônios no resto do encéfalo que se esperaria de um primata, exceto os grandes primatas não humanos, com a nossa massa corporal.

Os primatas também possuem mais neurônios no córtex

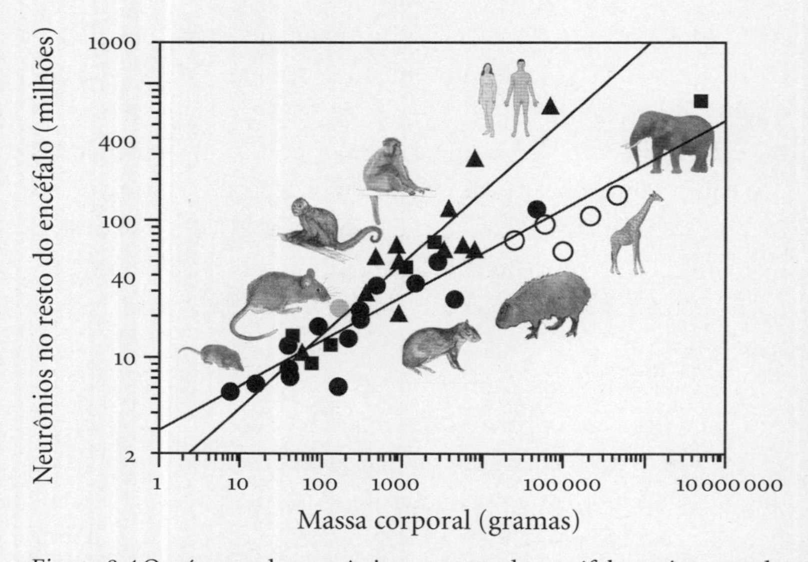

Figura 8.4 O número de neurônios no resto do encéfalo varia segundo a massa corporal elevada à potência +0,5 nas espécies primatas (triângulos), mas à potência de +0,3 em todas as outras espécies (afrotérios, quadrados; eulipotiflos e roedores, círculos cheios; artiodáctilos, círculos vazios). Para uma massa corporal semelhante, os primatas possuem mais neurônios no resto das estruturas encefálicas do que os não primatas. O número de neurônios no resto do encéfalo humano condiz com o número esperado para um primata genérico com sua massa corporal.

cerebral (figura 8.5) e no cerebelo do que os não primatas de massa corporal semelhante (figura 8.6). Portanto, não há um modo único de variação do número de neurônios em um encéfalo mamífero segundo a massa corporal correspondente — e até mesmo a variação geral da massa encefálica segundo a massa corporal esconde o fato de que os primatas possuem muito mais neurônios no encéfalo do que os mamíferos não primatas de massa corporal semelhante devido às regras neuronais de proporcionalidade diferentes que se aplicam aos seus cérebros. A implicação lógica é

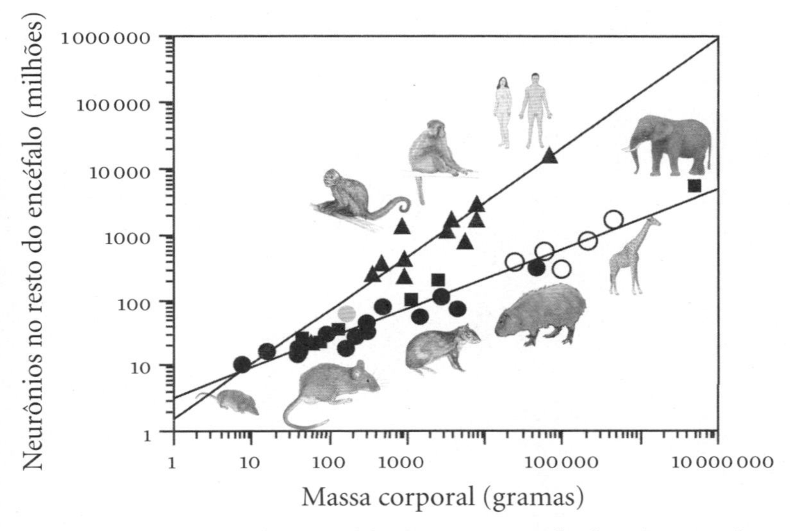

Figura 8.5 O número de neurônios no córtex cerebral varia segundo a massa corporal elevada à potência +0,8 nas espécies primatas (triângulos), mas à potência +0,5 em todas as outras espécies (afrotérios, quadrados; eulipotiflos e roedores, círculos cheios; artiodáctilos, círculos vazios). Para uma massa corporal semelhante, os primatas possuem mais neurônios no córtex cerebral do que os não primatas.

que o número de neurônios no encéfalo mamífero não é *determinado* pelo tamanho do corpo — mesmo se outros fatores ainda levarem a uma correlação. No entanto, devemos considerar a possibilidade contrária: o número crescente de neurônios no encéfalo talvez seja facilitado por uma massa corporal maior na evolução dos mamíferos, como propus recentemente.[14] Isso seria especialmente importante para animais de pequeno porte, como os primeiros mamíferos, pois um aumento da massa corporal lhes permitiria obter mais energia por hora gasta procurando e ingerindo alimentos. Mas essa é outra história.

Seja como for, os primatas têm mais uma vantagem em relação aos mamíferos não primatas: possuem muito mais

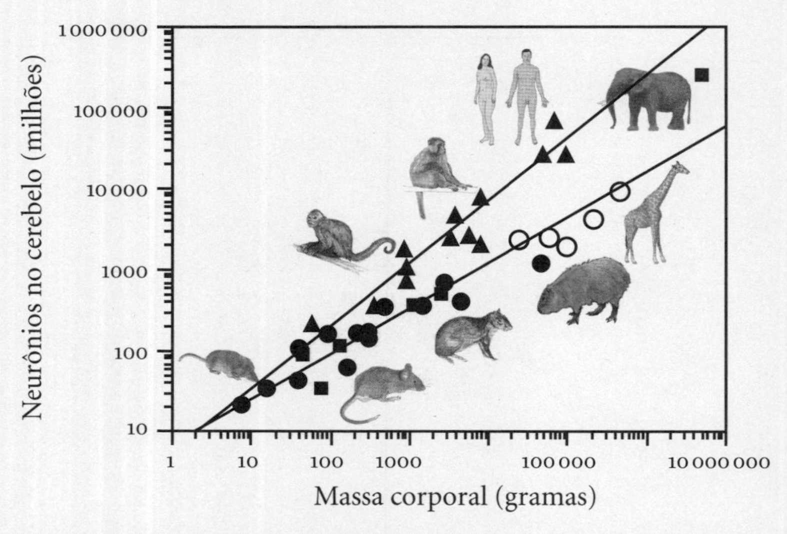

Figura 8.6 O número de neurônios no cerebelo varia segundo a massa corporal elevada à potência +0,8 nas espécies primatas (triângulos), mas à potência +0,5 em todas as outras espécies, exceto o elefante, que possui um número extraordinariamente grande de neurônios no cerebelo para sua massa corporal (afrotérios, quadrados; eulipotiflos e roedores, círculos cheios; artiodáctilos, círculos vazios). Para uma massa corporal semelhante, os primatas possuem mais neurônios no cerebelo do que os não primatas.

neurônios no córtex cerebral, cerebelo e resto do encéfalo do que os mamíferos não primatas de massa corporal semelhante. Considerando a ênfase que se deu por tanto tempo ao tamanho do corpo e ao modo como isso supostamente determinava o número de neurônios no encéfalo, os primatas foram subestimados durante muito tempo. De fato, esperar que a relação corpo-cérebro que se aplica aos mamíferos não primatas se estenda aos primatas é como esperar que as maçãs sejam laranjas por dentro: um encéfalo primata é diferente do encéfalo de qualquer outro animal nos aspectos do número de neurônios que ele comporta, do número de neurônios que operam o corpo que o contém e do número de funções que ele desempenha além de simplesmente mover o corpo.

Ainda outra vez, os humanos não são exceção quando comparados aos seus parentes, os outros primatas (os grandes primatas não humanos não estão incluídos, simplesmente por falta de dados). Como se vê nas figuras 8.5 e 8.6, nosso córtex cerebral e cerebelo são os maiores entre os primatas, com o maior número de neurônios — porém, novamente, essas estruturas contêm apenas o número de neurônios esperado para um primata genérico com a nossa massa encefálica e corporal. Onde quer que procuremos, confirma-se o padrão: os humanos não são especiais. Somos uma espécie primata de grande porte, com o número elevado de neurônios cerebrais condizente com essa condição. Portanto, não se deve falar de encefalização, já que nosso encéfalo não é grande demais para a nossa massa corporal. O encéfalo dos grandes primatas não humanos é que é pequeno demais para a massa corporal deles.

Isso se evidencia quando aplicamos as regras de proporcionalidade mostradas nas figuras 8.4 a 8.6, que predizem que orangotangos e gorilas — cujos machos pesam, em média, setenta quilos e 125 quilos — têm corpo grande demais para seu número de neurônios encefálicos: os primatas genéricos com o mesmo número de células no cerebelo que o gorila deveriam pesar apenas cerca de 24 quilos,[15] enquanto um gorila pode pesar até 275 quilos, quase doze vezes mais. Como os grandes primatas não humanos, dotados de corpos maiores que o nosso, podem ter um número de neurônios no encéfalo tão menor do que se esperaria?

Muito mais fundamental, no entanto, é o que finalmente significa a discrepância entre os grandes primatas não humanos e os demais primatas: a relação entre a massa corporal e o número de neurônios no encéfalo não é muito rigorosa. Apesar de existir, de modo geral, uma boa correlação entre a massa corporal e o número de neurônios encefálicos, evidentemente também existe bastante flexibilidade no grau em que um corpo grande pode crescer ao redor de um encéfalo com certo número de neurônios — e os grandes primatas não humanos atestam essa flexibilidade.

CORPOS MAIORES TÊM NEURÔNIOS MAIORES?

Parece intuitivo e provável que os animais de maior porte possuam mais células. Embora as estimativas populares do número de células no corpo humano sejam em torno de alguns trilhões, não são estimativas reais, do mesmo modo que as estimativas do número de neurônios no cérebro humano foram, por muito tempo, simplesmente extrapolações de ordem de grandeza e não estimativas verdadeiras. Na melhor das hipóteses, a densidade média das células medida em alguns tecidos e órgãos do corpo pode ser multiplicada, primeiro pelo volume total dos tecidos e órgãos, depois pela recíproca da fração do volume corporal que o tecido ou órgão representa para se obter, mais uma vez, uma extrapolação de ordem de grandeza para o número total de células no corpo.

No entanto, as estimativas de densidade celular em diferentes órgãos mostram um quadro interessante de um aspecto relacionado com o que acontece quando os corpos se tornam maiores — ou melhor, com o que faz um corpo tornar-se maior. As células em corpos maiores tornam-se mais numerosas, sim, mas também se tornam maiores. No mínimo, parece que isso vale para o fígado e a pele.[16]

Se o cérebro se comporta meramente como outra parte do corpo, então cérebros maiores — ou seja, com mais neurônios

— também deveriam possuir células maiores. Como vimos no capítulo 4, embora esse padrão se aplique aos encéfalos de não primatas, deixou de valer para o córtex cerebral e o cerebelo dos primatas, que ganham neurônios sem que o tamanho médio destes aumente.

O resto do encéfalo dos primatas também divergiu do padrão ancestral, com aumentos menores do que o esperado no tamanho médio da célula neuronal. Entre as espécies não primatas, a densidade neuronal no resto do encéfalo cai abruptamente conforme a estrutura ganha neurônios, indicando que o tamanho neuronal médio aumenta juntamente com os números de neurônios no resto do encéfalo. Nos primatas, porém — e novamente os humanos não são exceção —, não ocorre diminuição significativa na densidade neuronal conforme o resto do encéfalo ganha neurônios (figura 8.7). Ou seja, se o tamanho neuronal médio aumenta, isso acontece muito mais *devagar* do que nos mamíferos não primatas. Para números semelhantes de neurônios no resto do encéfalo, os neurônios nessas estruturas não corticais e não cerebelares são muito menores nos encéfalos dos primatas do que nos dos não primatas. Como o tamanho neuronal médio é inversamente proporcional à densidade neuronal,[17] podemos estimar em quantas vezes o tamanho neuronal médio varia entre espécies com números semelhantes de neurônios. O cudo (artiodáctilo) e o macaco reso (primata) possuem entre 105 milhões e 125 milhões de neurônios no resto do encéfalo — porém, como eles têm densidades neuronais diferentes, estimamos que o neurônio médio no resto do encéfalo do cudo é quase dez vezes maior que no do macaco reso. Em consequência, o resto do encéfalo do cudo (com 65 gramas) tem massa mais de sete vezes maior que o do macaco reso (com nove gramas).

A discrepância entre os mamíferos primatas e não primatas no modo como o tamanho médio dos neurônios no resto do

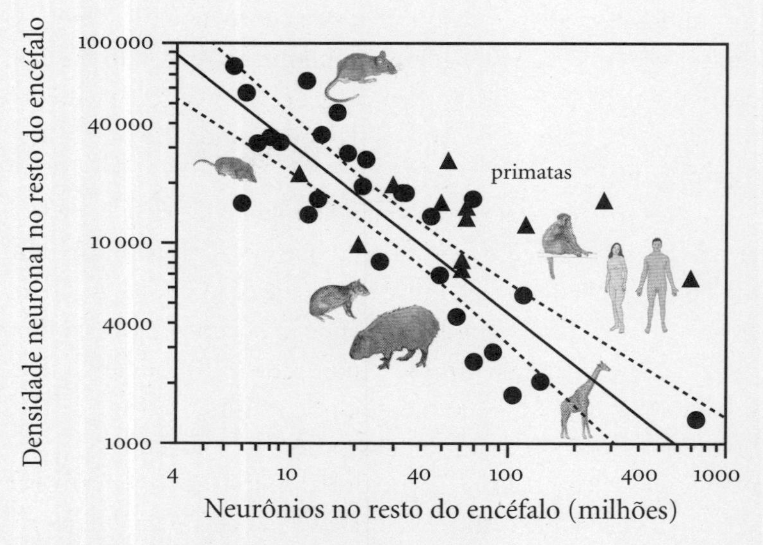

Figura 8.7 Há uma forte correlação negativa entre a densidade neuronal (em neurônios por miligrama do resto do encéfalo) e o número de neurônios no resto do encéfalo nas espécies não primatas (círculos); a densidade varia segundo o número de neurônios elevado à potência −0,9, o que implica que a massa média de neurônios no resto do encéfalo aumenta segundo o número de neurônios elevado à potência +0,9. Em contraste, para os primatas (triângulos) a densidade neuronal não diminui significativamente conforme o resto do encéfalo ganha neurônios. As diferenças marcantes entre as densidades neuronais de primatas e não primatas com números semelhantes de neurônios no resto do encéfalo significam que esses neurônios são muito menores nas espécies primatas do que nas não primatas.

encéfalo aumenta conforme ele ganha neurônios indica uma clara ruptura evolucionária da linhagem primata com o ancestral que ela tem em comum com as linhagens mamíferas não primatas. Mas qual a causa? Eis uma possibilidade interessante: como os primatas são muito menores do que outros mamíferos terrestres de massa encefálica semelhante, por exemplo, os artiodáctilos (vacas, antílopes, girafas) e os maiores roedores, será que o seu tamanho neuronal médio menor no resto do encéfalo tem relação com sua massa corporal menor, o que, por sua vez, impeliu as regras de escala do resto do encéfalo a mudar em direção a neurônios que se tornaram maiores mais devagar conforme se tornaram mais numerosos?

A análise mostrada na figura 8.8 indica que uma massa corporal menor comparada à dos mamíferos não primatas pode realmente explicar os tamanhos menores das células neuronais no resto do encéfalo dos primatas. A figura 8.8 mostra que a densidade dos neurônios no resto do encéfalo diminui em *todas* as espécies mamíferas examinadas — primatas, artiodáctilos e outros — como uma função da massa corporal, com o expoente −0,3. Portanto, podemos inferir que os neurônios no resto do encéfalo tornaram-se, em média, maiores conforme o corpo ganhou massa, e isso aconteceu com todas as espécies mamíferas examinadas, inclusive primatas. No resto do encéfalo, os primatas mantiveram a mesma proporcionalidade de variação do tamanho neuronal com a massa corporal crescente que a encontrada para os mamíferos não primatas, apesar de divergirem dos não primatas por terem um número maior de neurônios no resto do encéfalo para sua massa corporal. Essa diferença, a propósito, indica que, embora o tamanho médio dos neurônios no resto do encéfalo seja relacionado à massa corporal, o número de neurônios no resto do encéfalo não é.

Faz sentido que o tamanho médio da célula neuronal aumente no resto do encéfalo como uma função da massa corporal crescente. O "resto do encéfalo" inclui o bulbo e a ponte, cujos neurônios sensoriais coletam informações diretamente do corpo, e cujos neurônios efetores (motores e viscerais) controlam diretamente as funções corporais. Para que esses neurônios permaneçam conectados aos seus alvos no corpo, eles precisam que as fibras que os conectam se alonguem conforme o corpo se alonga. Calcula-se que o

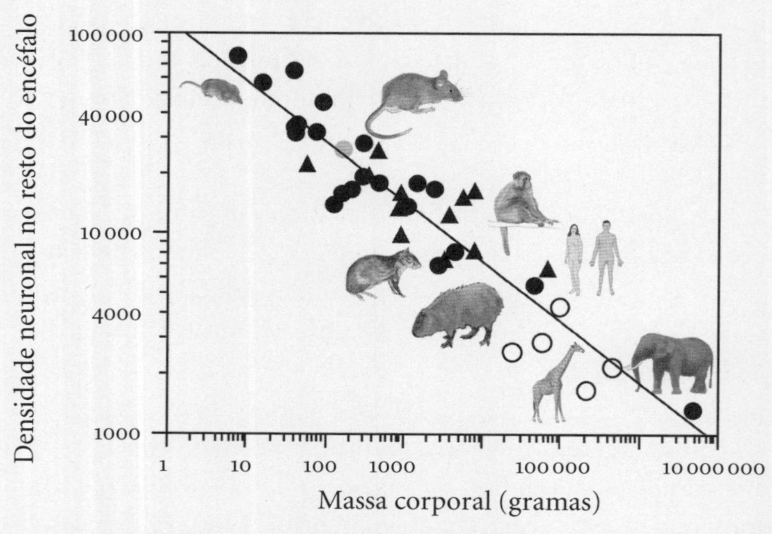

Figura 8.8 Espécies mamíferas muito diversas (artiodáctilos, círculos vazios; eulipotiflos, afrotérios e roedores, círculos cheios; primatas, triângulos) têm em comum uma única relação inversa entre massa corporal e densidade neuronal no resto do encéfalo (em neurônios por miligrama), o que indica que, no mesmo grau para todas as espécies, os neurônios no resto do encéfalo tornam-se maiores, em média, conforme aumenta a massa corporal. Essa função de potência tem o expoente –0,30.

comprimento das fibras varie segundo a dimensão linear do volume corporal, isto é, com o volume ou massa corporal elevado à potência +1/3 ou +0,33. Se todos os neurônios no resto do cérebro variarem de modo semelhante, tornando-se mais longos à mesma taxa em que aumenta o comprimento do corpo, sua massa neuronal média deverá variar segundo a massa corporal elevada à potência +0,33 — e a densidade neuronal deverá variar na direção oposta, com a massa corporal elevada à potência –0,33, muito próxima do expoente de variação –0,3 observado. Portanto, a massa neuronal média no resto do encéfalo varia com a dimensão linear do corpo, e o aumento no comprimento do corpo é um candidato muito provável a mecanismo que impele esse aumento na massa média da célula neuronal pelo alongamento de suas fibras que fazem contato com alvos no corpo que cresce.

Será que um mecanismo semelhante se aplica ao córtex cerebral e ao cerebelo? Será que as variações na densidade neuronal nessas estruturas — e, portanto, o tamanho médio da célula neuronal — também estão diretamente ligadas a variações na massa corporal? As figuras 8.9 e 8.10 mostram que isso não acontece. A densidade neuronal no córtex cerebral realmente varia segundo uma função de potência da massa corporal com um expoente de variação semelhante, –0,29, sugerindo que o tamanho médio da célula neuronal também varia com a dimensão linear do corpo, mas somente nas espécies não primatas; nos primatas, a densidade neuronal no córtex cerebral não varia significativamente como uma função da massa corporal. Portanto, a massa corporal não pode ser um determinante direto do tamanho médio da célula neuronal no córtex como é para o resto do encéfalo, ou a mesma função teria de aplicar-se igualmente para os primatas e não primatas.

No cerebelo, a densidade neuronal também varia segundo uma função de potência da massa corporal, porém com um expoente menor, –0,16, e apenas para as espécies não primatas e não eulipotiflos (figura 8.10). Para estas, não existe uma relação significativa entre massa corporal e densidade neuronal no cerebelo, assim como não havia relação entre densidade neuronal e número de neurônios cerebelares. A variação diferente na densidade neuronal cerebelar com a massa corporal para os grupos mamíferos sugere que a massa corporal também não é um determinante direto do tamanho médio da célula neuronal no cerebelo, ou a mesma função teria de aplicar-se igualmente a todas as espécies.

Assim, podemos concluir que, nas espécies mamíferas (inclusive humanos), corpos maiores parecem universalmente possuir neurônios maiores no resto do encéfalo — e isso provavelmente

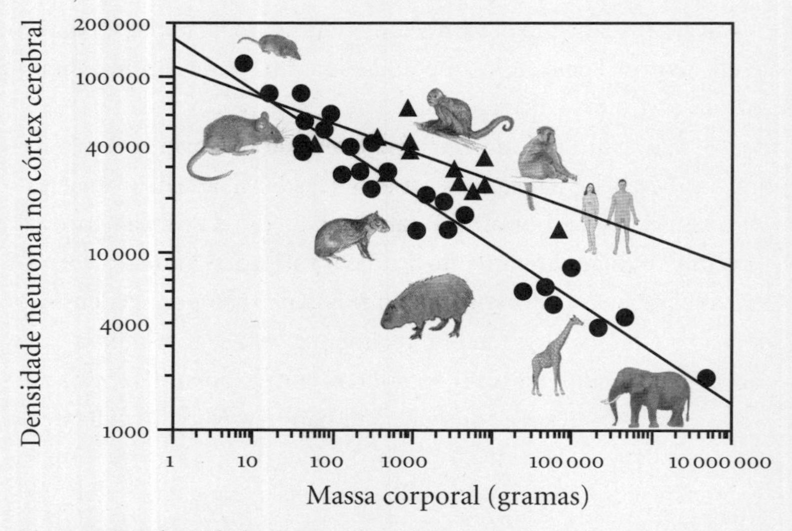

Figura 8.9 A densidade neuronal no córtex cerebral (em neurônios por miligrama) varia com a massa corporal nos não primatas (círculos), mas não nos primatas (triângulos). Os neurônios no córtex cerebral tornam-se maiores, em média, segundo uma função de potência da massa corporal crescente com o expoente −0,29 nos não primatas.

é uma consequência do próprio aumento da massa corporal, que necessariamente leva a neurônios mais compridos, portanto maiores, nas estruturas do resto do encéfalo que são diretamente conectadas ao corpo. Mas no córtex cerebral, que não tem conexões diretas com o corpo e, em vez disso, recebe informações do tálamo (no resto do encéfalo), os neurônios não se tornam uniformemente maiores em animais maiores — apesar de sua massa tender, em média, a aumentar junto com a massa corporal, inclusive nos primatas. No cerebelo, o tamanho neuronal médio pode aumentar ou não junto com a massa corporal nas várias espécies. E mesmo que a massa média dos neurônios no resto do encéfalo varie universalmente com o aumento da massa corporal, o número de neurônios no resto do encéfalo é livre para variar de modo

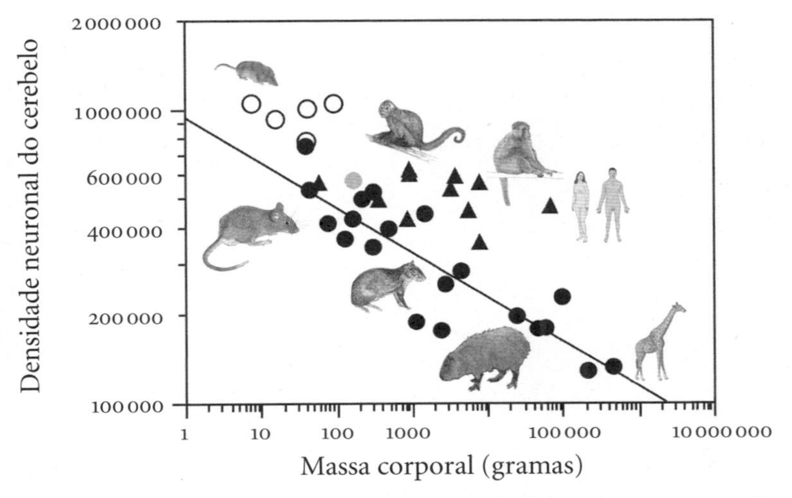

Figura 8.10 A densidade neuronal no cerebelo (em neurônios por miligrama) também varia em relação à massa corporal de modo diferente nos primatas (triângulos), eulipotiflos (círculos vazios) e outras espécies (círculos cheios). A densidade neuronal no cerebelo das espécies não eulipotiflos e não primatas varia segundo uma função de potência da massa corporal crescente com o expoente –0,16, mas o tamanho dos neurônios não varia significativamente para os eulipotiflos ou primatas conforme sua massa corporal cresce (como indicado pela ausência de correlação significativa entre a densidade neuronal e a massa corporal nessas espécies).

diferente entre primatas e não primatas. Não existe um modo único de adicionar neurônios a corpos maiores. A evolução ocorre, ao mesmo tempo, com mudanças combinadas em alguns aspectos de suas estruturas e com mudanças diferentes, independentes, em outras — e a segunda possibilidade constitui a base do conceito de evolução "em mosaico": as diferentes partes do cérebro são livres para mudar em direções distintas à medida que evoluem.

E se não existe um modo único de adicionar neurônios a corpos maiores, os cálculos de Jerison para o coeficiente de encefalização dos humanos em comparação com todos os mamíferos, primatas e não primatas, baseiam-se em uma suposição incorreta: a de que os humanos são comparáveis a *todos* os outros mamíferos. Como vimos, só é apropriado comparar os humanos com outros primatas, exceto os grandes primatas não humanos. Nos próximos dois capítulos, veremos como os grandes primatas não humanos tornaram-se claras exceções às relações corpo-cérebro e por que isso é importante.

9. Então, quanto custa?

Vimos, portanto, que o encéfalo humano não é especial em seu número de neurônios: possuímos a quantidade de neurônios que se poderia esperar no córtex cerebral, cerebelo e resto do encéfalo de um primata (exceto os grandes primatas não humanos) dotado de massa encefálica e corporal igual à nossa. O nosso córtex cerebral tem massa relativamente grande em comparação com o resto do cérebro, mas possui os mesmos 15% a 25% do total de neurônios encefálicos que os córtices dos outros mamíferos (exceto o elefante africano, com seu enorme cerebelo rico em neurônios), e nosso córtex pré-frontal contém 8% do total de neurônios corticais, como nos outros primatas. Nossa maior vantagem em relação aos outros animais é mais facilmente atribuível ao número de neurônios disponíveis no córtex cerebral, e em especial no córtex pré-frontal, para processar informações de modos complexos e flexíveis que permitem predizer resultados futuros e agir como for necessário, particularmente de um modo que maximize inteligentemente as possibilidades futuras.

Por outro lado, o encéfalo humano realmente parece especial

na quantidade de energia que ele demanda. Vimos no capítulo 1 que, embora represente apenas cerca de 2% da massa corporal, o encéfalo humano custa em torno de quinhentas calorias diárias para funcionar, uma porcentagem desproporcional de 25% da energia diária requerida para o funcionamento de todo o corpo humano.[1] Em comparação, os encéfalos de outras espécies vertebradas custam no máximo 10% das necessidades diárias de energia do corpo.[2] O custo relativo de energia notavelmente maior faz o encéfalo humano parecer mesmo especial. Em geral, a fonte de toda essa energia é a glicose no sangue, que atravessa a barreira hematoencefálica, pode ser ou não primeiramente decomposta em lactato por células gliais e é transportada para os neurônios conforme as atividades neuronais requeiram.[3] Isso explica por que o fluxo de sangue para o encéfalo é rigorosamente controlado: manter o encéfalo humano funcionando movido a sangue da glicose requer uma média notavelmente constante de 750 mililitros de sangue fluindo pelo encéfalo por minuto, e mesmo uma queda de 1% nesse fluxo pode causar desmaio e perda de consciência.

Não surpreende que o encéfalo seja relativamente caro, pois ele é o segundo órgão que mais demanda energia no corpo, ficando atrás apenas do fígado no custo metabólico.[4] No entanto, embora as necessidades metabólicas da maioria dos órgãos do corpo sejam fortemente associadas ao tamanho corporal, de modo que o custo metabólico relativo de um órgão dependa de seu tamanho em relação ao tamanho total do corpo,[5] as necessidades metabólicas relativas dos encéfalos de mamíferos são variáveis. Um cérebro de símio do gênero *Macaca* usa 13% da energia necessária para o funcionamento do corpo; um cérebro de musaranho, apenas 1%.[6]

Por sua vez, o corpo humano usa em torno de 25% da energia necessária para o funcionamento do corpo inteiro. Isso é ainda mais intrigante porque seu custo metabólico específico — seu custo de energia por grama de tecido encefálico por minuto, de

0,31 micromol (μmol) de glicose — é apenas cerca de *um terço* do custo de energia por grama do tecido cerebral do camundongo por minuto, de 0,89 micromol.[7] Isso significa que é preciso gastar três vezes *menos* energia para fazer funcionar um grama do cérebro humano do que um grama do cérebro do camundongo, algo que vai contra a intuição, para dizer o mínimo: com sua capacidade fenomenal, o encéfalo humano não deveria consumir *mais* energia por grama de tecido do que um encéfalo de camundongo? Para aumentar o enigma, o baixo custo metabólico específico do encéfalo humano também parece contrariar evidências de aumento da expressão de genes envolvidos no metabolismo energético na evolução humana.[8]

Tantas contradições tinham para mim um significado claro: não entendíamos como o metabolismo do encéfalo varia conforme o tamanho do encéfalo na evolução. Se o encéfalo humano não é uma anomalia em seu número de neurônios, pesa apenas 2% da massa corporal e tem um baixo metabolismo específico, como pode requerer uma porcentagem tão maior da energia de que o corpo humano precisa para funcionar?

O CUSTO OPERACIONAL DE UM ENCÉFALO

Intuitivamente, encéfalos maiores deveriam custar mais energia, como acontece com corpos maiores, com um custo metabólico que varia segundo a massa do corpo elevada à potência +0,75, como sabemos graças aos estudos de Max Kleiber nos anos 1930.[9] O expoente +0,75 nos diz que um corpo dez vezes maior custa 5,6 vezes mais energia por dia; e um corpo cem vezes maior, 31,6 vezes mais. Faz sentido que corpos maiores tenham maior necessidade global de energia: conservar as células vivas e saudáveis custa energia, e quanto mais material celular existe a ser mantido organizado e longe do equilíbrio entrópico da morte, mais energia o corpo requer. Mas por que e como exatamente a quantidade de energia necessária varia não linearmente conforme o volume celular ou corporal, e sim de acordo com um expoente alométrico menor do que a unidade, +0,75, continua a ser um dos maiores mistérios da biologia.

Em fins do século XX, muitos acreditavam que encéfalos maiores eram universalmente feitos de neurônios maiores, e que neurônios maiores custavam mais energia.[10] Se as células gliais eram as provedoras de energia para os neurônios, então neurônios maiores deviam requerer uma proporção maior de células gliais por neurônio para mantê-los funcionando, como propuseram Andrew Hawkins e Jerzy Olszewski em 1957.[11] No entanto, curiosamente, a noção de que as células gliais existem em proporção numérica com os neurônios relacionada à manutenção do metabolismo neuronal precedeu quaisquer evidências experimentais sobre o custo energético dos neurônios e sobre se as células gliais realmente forneciam o suporte metabólico a eles. Mas, durante muito tempo, as noções de que neurônios maiores requeriam mais energia e de que uma proporção maior de células gliais por neurônios forneceria essa energia pareceu fazer sentido — até que números reais apareceram.

CÉLULAS GLIAIS PARA MANTER OS NEURÔNIOS FUNCIONANDO

Chamadas frequentemente de "o outro" tipo de células do cérebro e consideradas inferiores aos neurônios, as células gliais, ou glia, foram batizadas primeiro em alemão como "Nervenkitt" (cola nervosa) pelo neuroanatomista Rudolf Virchow em 1856, e depois em inglês com o termo grego que significa "cola", uma alusão ao papel que antes se supunha ser o delas: preencher o espaço entre os neurônios. Durante décadas no século XX, e praticamente sem base em dados, muitos acreditaram que as células gliais eram as células mais comuns no cérebro e que elas existiam em números que aumentavam com a massa encefálica mais rapidamente do que os números de neurônios — a ponto de suporem que elas superavam numericamente os neurônios por um fator de 10 no encéfalo humano. Assim, essa proporção emprestou credibilidade à ideia popular de que usávamos apenas 10% das células do nosso encéfalo, os neurônios. Os jornalistas que escreviam sobre ciência adoravam esses números redondos e usavam introduções chamativas como "O tipo mais numeroso de célula no encéfalo humano — supera em dez a um o número de neurônios"[12] ou "Conheça os 90% restantes do seu encéfalo: as células gliais, dez vezes mais numerosas do que os seus neurônios".[13] Mas os jornalistas não tinham culpa: afinal de contas, isso estava escrito nos *Princípios de neurociências*, de Eric Kandel,[14] e em *Neurociência: Desvendando o sistema nervoso*, de Mark Bear.[15] Alguns dos maiores especialistas em biologia da célula glial também endossaram afirmações desse tipo em artigos científicos,[16] apesar de apresentarem evidências do papel crucial que, como sabemos hoje, as células gliais desempenham no tecido cerebral. Um número de células gliais maior que o de células neuronais parecia tornar seu papel no cérebro ainda mais importante.

As células gliais foram promovidas de seu papel de coadjuvantes para o de protagonistas na fisiologia, metabolismo, desenvolvimento e até doenças do cérebro:[17] elas controlam a formação e o funcionamento das sinapses, regulam a transmissão sináptica, respondem à atividade neuronal e são, na verdade, metabolicamente acopladas aos neurônios, fornecendo a eles e aos seus axônios o lactato como fonte de energia conforme a necessidade.[18] Funções importantes assim pareciam mais condizentes com um tipo de célula que constituísse uma proporção enorme do tecido cerebral. Mas isso não era verdade.

UM POUCO DE HISTÓRIA

Mitos não surgem do nada; nos primórdios da neurociência havia, de fato, certas evidências de que existia alguma coisa interessante ligada à proporção entre as células gliais e neuronais. Tudo começou com o neuropatologista alemão Franz Nissl que, já em 1898, examinou seções de cérebros de toupeira, cão e humano ao microscópio e concluiu que a densidade neuronal (neurônios por volume) diminui conforme aumenta o volume do córtex cerebral, e que o córtex humano apresenta a mais baixa densidade neuronal. Nissl atribuiu o decréscimo da densidade neuronal nas várias espécies não a um aumento no tamanho da célula neuronal, mas a um aumento da "porção de tecido não neuronal" — o que, a seu ver, evidenciava o desenvolvimento superior das "funções psíquicas" nos humanos.[19]

Meio século depois, em 1954, o neuroanatomista alemão Reinhard Friede comparou o córtex cerebral de várias espécies e observou que a razão entre o número de células gliais e o número de células neuronais (que mais tarde se tornou conhecida na literatura especializada como "razão glia/neurônio") aumentava da rã (0,25) até o homem (1,48 em média, entre as várias camadas corticais), passando em ordem crescente de tamanho do encéfalo pelo camundongo (0,36), coelho (0,43), porco (1,20), vaca (1,22) e cavalo (1,23).[20] Friede endossou a conclusão de Nissl, condizentemente com a noção de Edinger de evolução progressiva do cérebro: o "desenvolvimento progressivo" do córtex era associado a um aumento relativo na razão glia/neurônio — sendo os humanos os "mais desenvolvidos", obviamente. Esse aumento relativo nos números de células gliais era um indicador de sua "importância trófica", dada a suposta participação das células gliais no metabolismo do cérebro, que permitiria a ocorrência do presumido "desenvolvimento progressivo". Possuir mais células gliais por neurônio do que as outras espécies poderia explicar por que o encéfalo humano era capaz de realizar mais com seus neurônios.

Mas isso era só porque, até então, o encéfalo humano tinha sido o maior dentre os analisados. Em 1957, usando tecido de cérebros de baleia comum (cada um pesando cerca de sete quilos) que haviam sido examinados por Donald Tower e Allan Elliott,[21] Hawkins e Olszewski[22] encontraram uma razão glia/neurônio muito maior no córtex cerebral das baleias: 4,54, em comparação com 1,78 no córtex de um cérebro humano pesando apenas 1,5 quilo. Acabou-se o "desenvolvimento progressivo": a razão glia/neurônio poderia simplesmente refletir o tamanho do cérebro, como foi confirmado por Herbert Haug em uma metanálise aparentemente ampla de dezenas de espécies,[23] ilustrada na figura 9.1. Hawkins e Olszewski propuseram que o aumento na razão glia/neurônio estava relacionado a um aumento no tamanho dos neurônios, os quais, com processos mais longos, "requeriam mais assistência do tecido de suporte para suprir todas as suas necessidades metabólicas". Tudo parecia se encaixar: Donald Tower,[24] analisando várias espécies mamíferas juntas, mostrara que encéfalos maiores tinham densidades neuronais menores, o que sugeria neurônios maiores;* intuitivamente, neurônios maiores deveriam ter maiores necessidades metabólicas, requerendo o suporte de mais células gliais; portanto, encéfalos maiores deveriam ter razões glia/neurônio mais elevadas.

Havia evidências razoáveis de que encéfalos maiores tinham

* Mas, como vimos no capítulo 4, apenas as espécies não primatas possuem neurônios encefálicos maiores.

uma razão crescente entre células gliais e neurônios, como se vê na figura 9.1. No entanto, todos esses dados eram apenas para o córtex cerebral — e o córtex humano não parecia especial em nenhum aspecto: não havia evidências de nada parecido com uma razão de dez para um entre células gliais e neuronais no córtex cerebral humano, muito menos no encéfalo humano inteiro. Essa razão específica parece ter sido passada de cientista para cientista na literatura especializada em uma versão neurocientífica da brincadeira do telefone sem fio, como revelou meu colega Christopher von Bartheld.[25]

DE VOLTA PARA O FUTURO

Agora que tínhamos dados reais sobre os números de células que compunham partes do encéfalo de diversas espécies, podíamos investigar o que realmente acontecia com a razão glia/neurônio conforme aumentava a massa do encéfalo nessas espécies. Primeiro, porém, um esclarecimento. Embora tenhamos um marcador universal confiável para os neurônios (a proteína nuclear neuronal, NeuN, expressa apenas nos núcleos de células neuronais), ainda não dispomos de marcador para nenhum dos dois grupos restantes de células cerebrais: as gliais e as endoteliais. Por isso, contamos ambos os tipos juntos como células não neuronais. O que chamo de "células gliais" ou "glia" no contexto dos nossos dados inclui o que prevemos ser uma pequena minoria de células endoteliais, as quais constituem os capilares do cérebro e representam não mais do que 4% do total do tecido cerebral. Assim, o número de "glia" em nossos gráficos denota um teto, um valor máximo para o número total de células gliais propriamente ditas no tecido encefálico. Dado o esclarecimento, podemos tratar do

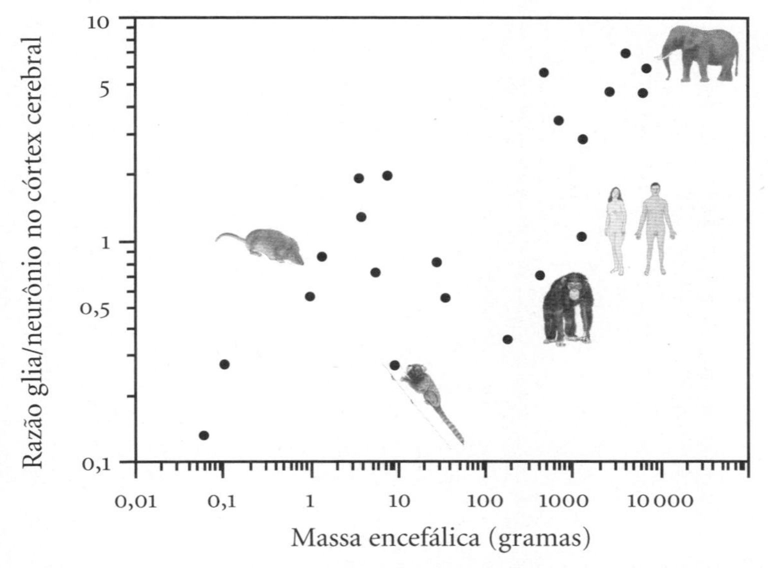

Figura 9.1 A razão entre número de células gliais e neuronais no córtex cerebral parece aumentar junto com o tamanho do encéfalo em comparações de espécies tão diversas quanto sagui, toupeira, gato, humano, elefante africano e várias espécies de baleia. Dados de: Haug, 1987; Stolzenburg, Reichenbach e Neumann, 1989; Hawkins e Olszewski, 1957.

que aconteceu com a razão glia/neurônio conforme aumentou a massa do encéfalo.

E o que aconteceu foi... nada que pudesse ser identificado como uma tendência sistemática universal, segundo mostra a figura 9.2. Não houve o esperado aumento universal na razão glia/neurônio conforme aumenta a massa encefálica, nem uma predominância numérica geral de células gliais sobre neurônios. Para começar, a maioria das 41 espécies do nosso conjunto de dados possuía mais neurônios do que células gliais no encéfalo: todos os eulipotiflos, a maioria dos roedores e primatas e até o elefante, dono do maior cérebro no nosso conjunto de dados. Os artiodáctilos, com encéfalo mais ou menos do tamanho do encontrado nos primatas de médio porte, mas muito menor que do elefante, foram os únicos animais que consistentemente apresentaram mais células gliais do que neurônios no encéfalo. Até a capivara, com massa encefálica de apenas 75 gramas, tinha uma razão glia/neurônio maior no encéfalo do que o elefante. Não havia tendência de encéfalos maiores possuírem proporções cada vez maiores de células gliais para neurônios. E o encéfalo humano não tinha dez vezes mais células gliais do que neurônios: com média de 86 bilhões de neurônios e 85 bilhões de células gliais, a proporção entre células gliais e neurônios era quase exatamente um para um — bem parecida com a que encontramos em outros primatas.[26]

Também não encontramos nenhuma tendência sistemática de aumento na razão glia/neurônio em cada estrutura encefálica conforme a massa aumentava (figura 9.3). A razão glia/neurônio é extremamente baixa no cerebelo, onde para cada célula glial havia entre dois até dez neurônios. Em contraste, as células gliais tipicamente predominam no córtex cerebral e no resto do encéfalo — e não apenas porque os dados para o córtex cerebral mostrados na figura 9.3 incluíam a substância branca, pois as células gliais predominam inclusive nas análises restritas à substância cinzenta cortical.[27]

A razão de não haver uma relação universal entre a massa de uma estrutura e sua razão glia/neurônio é que, como vimos no capítulo 4, não há uma relação única, universal entre a massa de uma estrutura encefálica e seu número de neurônios para todas as espécies mamíferas que examinamos. E posso afirmar isso porque, para minha grande surpresa, *havia* uma relação universal entre a massa de uma estrutura encefálica — *qualquer* estrutura encefálica — e seu número de células não neuronais ("gliais").

Essa foi uma descoberta inusitada que fiz por acaso enquanto plotava dados para um dos meus primeiros artigos comparando

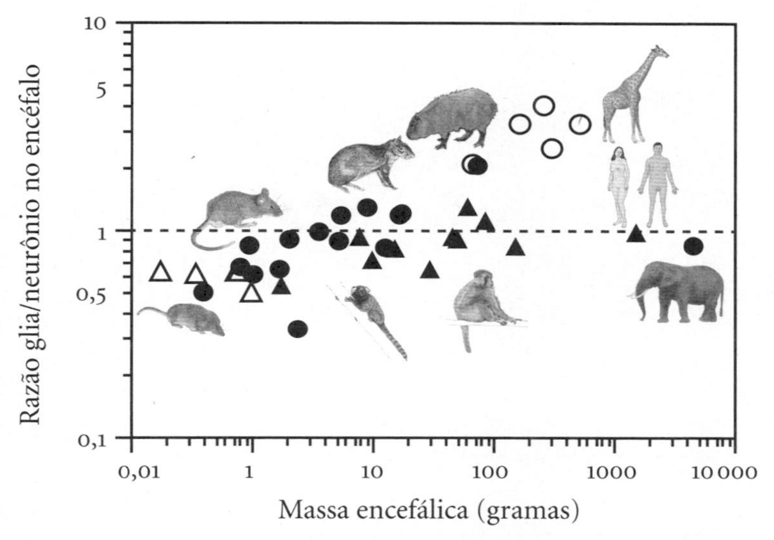

Figura 9.2 A razão entre os números de células gliais e neuronais no encéfalo todo não tem correlação geral óbvia com o tamanho do encéfalo nas espécies: ela aumenta junto com a massa encefálica nos roedores (círculos cheios), mas não nos eulipotiflos (triângulos vazios) ou primatas (triângulos cheios). A linha tracejada indica a razão 1, abaixo da qual os neurônios são mais numerosos do que as células gliais. Só os artiodáctilos (círculos vazios) possuem encéfalos consistentemente dotados de mais células gliais do que neurônios. Notavelmente, o encéfalo do elefante africano, o maior no nosso conjunto de dados, tem uma razão glia/neurônio de apenas 0,84 — ou seja, possui mais neurônios do que células gliais — como a maioria das espécies do nosso conjunto de dados.

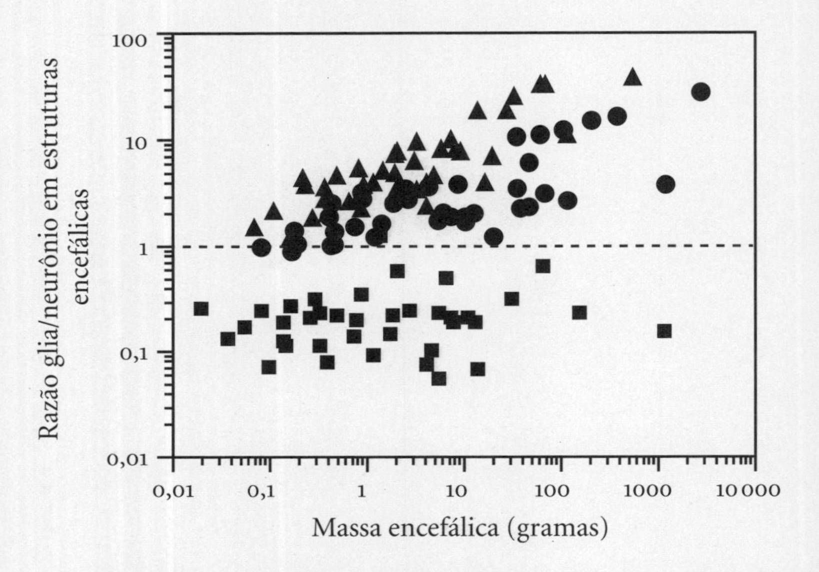

Figura 9.3 Não existe correlação universal entre a razão glia/neurônio em uma estrutura encefálica e a massa dessa estrutura nas várias espécies: ela aumenta no córtex cerebral (círculos) e no resto do encéfalo (triângulos) em algumas ordens mamíferas, mas não em todas, junto com a massa da estrutura, mas não no cerebelo (quadrados). A linha tracejada indica a razão 1, abaixo da qual os neurônios são mais numerosos do que as células gliais. No cerebelo, sempre há mais neurônios do que células gliais, frequentemente no mínimo cinco vezes mais neurônios do que células gliais. Em contraste, no córtex cerebral e resto do encéfalo as razões glia/neurônio quase sempre são maiores do que 1, indicando predominância de células gliais.

estruturas encefálicas de roedores e primatas, quando decidi sobrepor em uma única figura todos os gráficos separados que eu tinha feito para cada estrutura e ordem mamífera. Para minha surpresa, todos se sobrepunham. Era uma sobreposição tão notável, quase perfeita, que voltei às tabelas de dados, conferi e tornei a conferir tudo, para ter certeza de que não havia registros duplicados, erros bobos cometidos na hora de digitar ou copiar e colar os números das tabelas de dados originais. Era verdade: embora a massa das estruturas encefálicas possa variar segundo qualquer uma de várias funções potência do seu número de neurônios, dependendo de qual estrutura encefálica e de qual o grupo mamífero é examinado, como vemos na figura 9.4, ela variava como uma única função previsível do número de *células não neuronais* em qualquer estrutura encefálica, qualquer espécie, qualquer ordem — e isso incluía o encéfalo humano e suas estruturas, que condiziam com todos os encéfalos e estruturas encefálicas de todas as outras espécies mamíferas. Se me derem o tamanho de uma estrutura encefálica de mamífero — *qualquer* estrutura de *qualquer* espécie — posso predizer, com alto grau de acerto, quantas células gliais ela possui; além disso, dois encéfalos do mesmo tamanho terão números semelhantes de células gliais. Ficou claro que todos os encéfalos de mamíferos *eram* feitos do mesmo modo — no que respeita à quantidade de células gliais que constroem o tecido encefálico.

A universalidade da variação na massa das estruturas encefálicas de mamíferos segundo o número de células gliais implica que existe uma única regra biológica que determina como números de células gliais são adicionados ao tecido encefálico, independentemente da parte do encéfalo ou da espécie mamífera em questão. A regra glial de proporcionalidade é uma função potência com expoente +1,05, quase linear, o que significa que não há mudança sistemática (ou apenas mudanças irrisórias) no tamanho médio das células gliais conforme elas são adicionadas às diferentes estruturas encefálicas, como indicado pela ausência de uma tendência na densidade das células gliais na figura 9.5: a maioria das estruturas encefálicas apresentava uma variação por um fator inferior a 3 nas densidades das células gliais, mesmo quando a massa encefálica variava por um fator de 12500 do camundongo até o elefante.

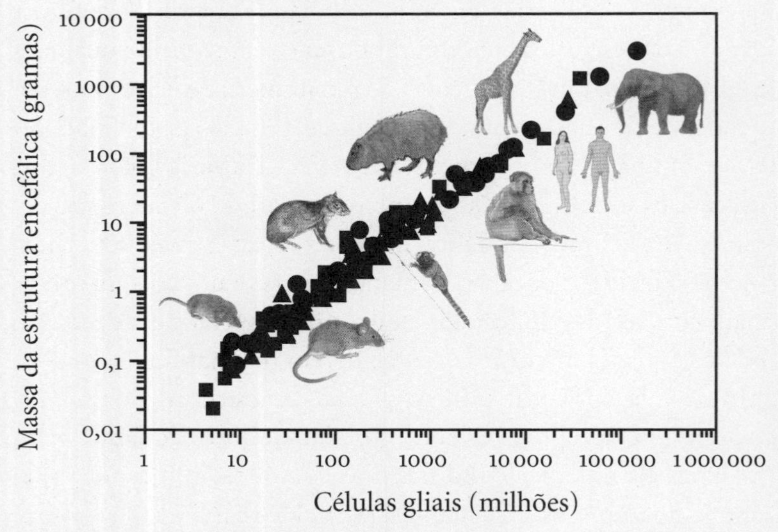

Figura 9.4 Existe uma correlação universal entre a massa de uma estrutura encefálica e seu número de células gliais, e ela se aplica igualmente a todas as estruturas do encéfalo, espécies e ordens de mamíferos: é uma função potência com expoente +1,05, apenas ligeiramente acima da linearidade (não plotada).

Se existe uma única regra biológica que governa como números de células gliais são adicionados às estruturas do encéfalo mamífero, uma regra que é comum a ordens mamíferas tão diversas e divergentes na evolução quanto afrotérios, roedores, primatas, eulipotiflos e artiodáctilos, podemos inferir com segurança que essa regra única e hoje compartilhada por todos já se aplicava ao ancestral comum a todos eles — o qual, estima-se, viveu há 105 milhões de anos, como ilustrado na figura 9.6. De fato, os números de células gliais são adicionados da mesma maneira também ao tecido encefálico das aves,[28] que tiveram um ancestral em comum com os mamíferos há mais de 300 milhões de anos. As células gliais devem fazer algo tão sensível, tão importante no encéfalo, que o modo como seus números são regulados durante a construção do tecido encefálico tem permanecido praticamente o mesmo ao longo de no mínimo 300 milhões de anos de evolução.

NEURÔNIOS MAIORES, RAZÕES GLIA/NEURÔNIO MAIORES

Hawkins e Olszewski haviam proposto que maiores razões glia/neurônio acompanhavam um tamanho neuronal maior que,

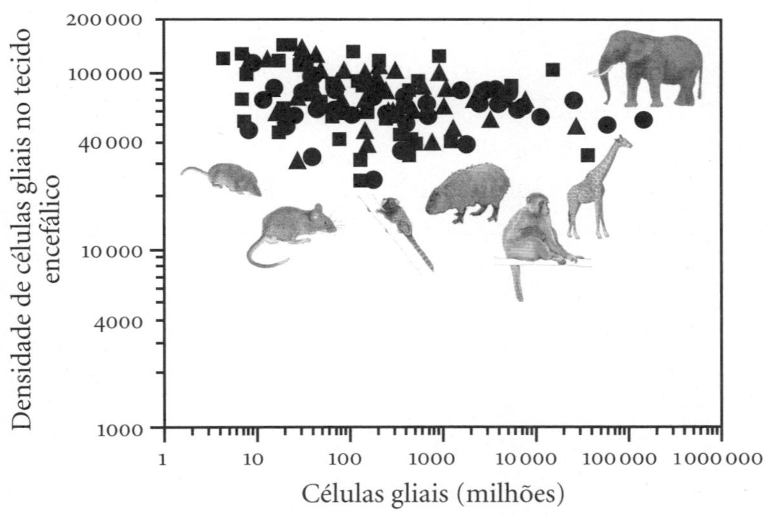

Figura 9.5 A densidade de células gliais varia por um fator de 3 entre a maioria das estruturas encefálicas e entre espécies, e não há variação sistemática na densidade das células gliais entre as estruturas encefálicas conforme elas ganham células gliais. Isso contrasta marcantemente com a grande variação na densidade neuronal e sua diminuição sistemática na maioria das ordens de mamíferos conforme as estruturas encefálicas ganham neurônios. Para fins de comparação, os dados representados neste gráfico (córtex cerebral, círculos; cerebelo, quadrados; resto do encéfalo, triângulos) são mostrados na mesma escala que a dos dados sobre densidade neuronal plotados no capítulo 4.

baseados no estudo de Tower sobre densidades neuronais, eles supunham que existisse nos encéfalos maiores — bem, na verdade, em córtices cerebrais maiores, as únicas estruturas até então estudadas. Agora sabemos que não existe correlação *universal* entre maior massa cortical e menor densidade neuronal, que oferece uma estimativa aproximada de um tamanho maior das células neuronais. Mas será que a variação na razão glia/neurônio ainda estava relacionada ao tamanho médio da célula neuronal? Em caso afirmativo, a razão glia/neurônio no córtex cerebral deveria aumentar conforme diminuísse a densidade neuronal, isto é, conforme aumentasse o tamanho médio da célula neuronal.

De fato, era isso mesmo que acontecia — e não só no córtex cerebral: novamente, encontramos uma relação única, universal entre diminuição de densidade neuronal e aumento da razão glia/neurônio não só entre ordens e espécies de mamíferos, mas até entre diferentes estruturas encefálicas — e, mais uma vez, isso valia também para os humanos. Como se vê na figura 9.7, a razão glia/neurônio em uma estrutura encefálica — *qualquer* estrutura encefálica — é uma função universal previsível da densidade neuronal nessa estrutura: quanto menor a densidade neuronal, maior o tamanho médio dos neurônios e maior a razão glia/neurônio no tecido.

Poucas coisas seriam mais extraordinárias do que encontrar algo que quase não muda durante a evolução, já que a própria palavra "evolução" significa mudança no decorrer do tempo biológico. Se alguma coisa não muda em animais à medida que eles evoluem, é porque ou existe uma restrição física fundamental — por exemplo, na relação universal entre área da superfície e volume quando a forma de um corpo não muda, ou entre a área de um corte transversal das pernas e a massa do corpo que elas sustentam nos quadrúpedes, ambas apontadas por Galileu — ou é porque

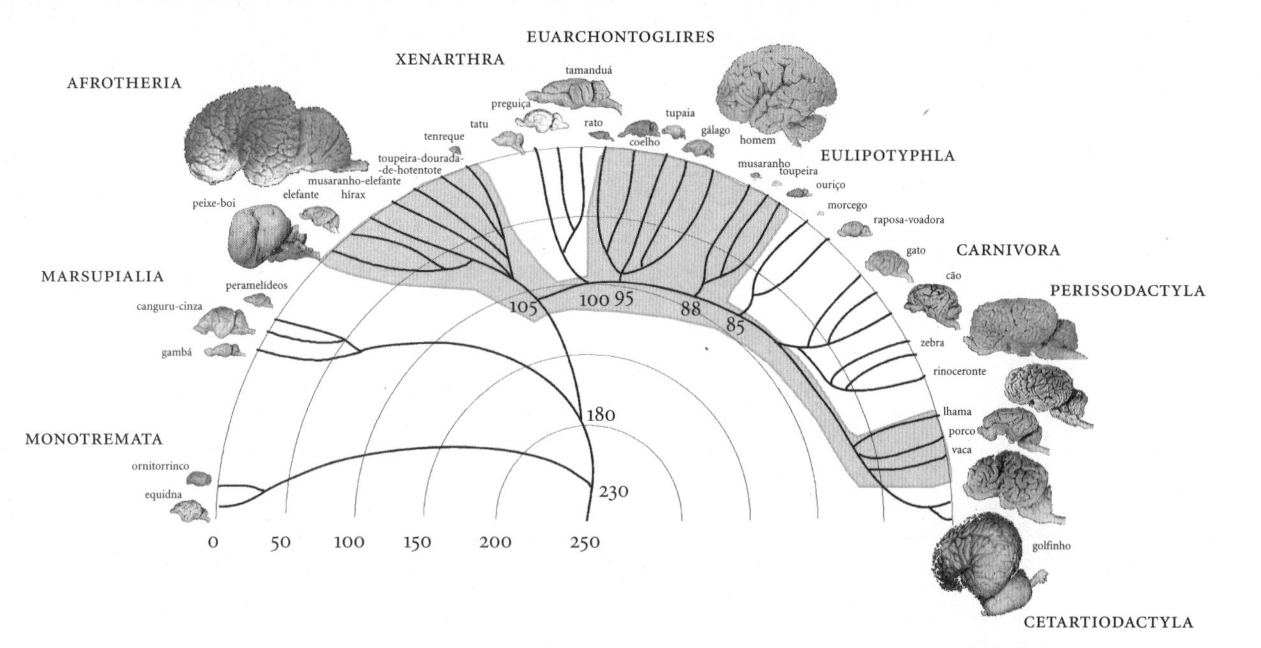

Figura 9.6 As mesmas regras gliais de proporcionalidade aplicam-se a grupos tão evolutivamente distintos e tão distantes quanto afrotérios, roedores, primatas, eulipotiflos e artiodáctilos. Considerando que seu mais recente ancestral comum a todos esses clados viveu há cerca de 105 milhões de anos, é provável que as mesmas regras gliais de proporcionalidade que valem hoje também se aplicassem naquela época — e que tenham sido conservadas até o momento.

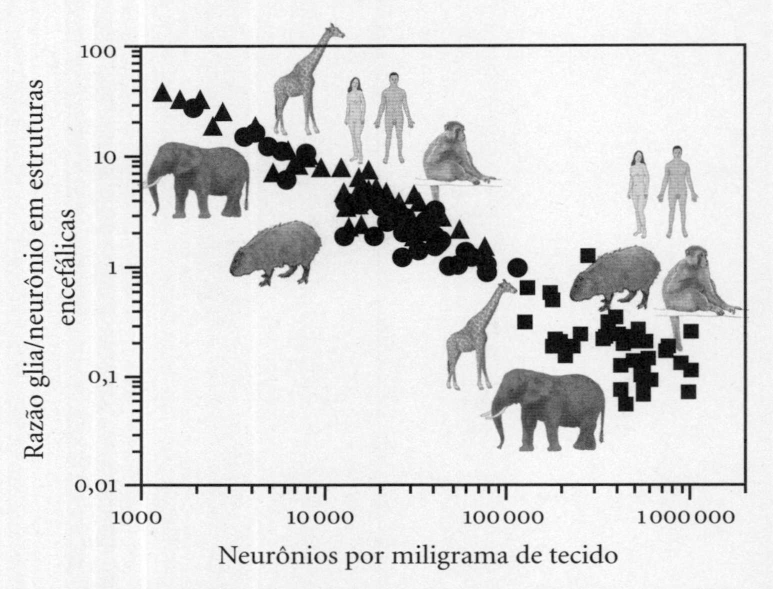

Figura 9.7 A razão glia/neurônio varia como uma função universal única da densidade neuronal (em neurônios por miligrama de tecido) em todas as estruturas do encéfalo, todas as espécies e todas as ordens de mamíferos no nosso conjunto de dados. Para cada espécie, há três pontos de dados no gráfico (córtex cerebral, círculos; cerebelo, quadrados; resto do encéfalo, triângulos).

existe uma restrição biológica, como o fato de que toda forma de vida se baseia em gradientes eletroquímicos e tem o mesmo código genético (ou seja, a mesma correspondência entre bases de DNA e aminoácidos).

No caso da composição celular do cérebro, descobríramos não uma, mas *duas* características universais, propriedades que permaneceram inalteradas ao longo do tempo evolutivo: o número de células gliais por unidade de massa do tecido (isto é, a densidade de células gliais) e a relação entre a razão glia/neurônio e o tamanho médio dos neurônios, independentemente do quanto os neurônios variavam em número e massa (e calculamos que variavam no mínimo duzentas vezes entre as várias espécies e estruturas do encéfalo). Considerando o que sabíamos até então sobre a formação do tecido encefálico no desenvolvimento, procuramos mostrar que ambas as características podiam ser previstas por um cenário no qual células gliais eram adicionadas em números autorregulados e variavam apenas ligeiramente em tamanho.

O modelo torna-se intuitivo quando consideramos que, no desenvolvimento de cada encéfalo, só são adicionadas células gliais ao encéfalo em grandes números depois que neurônios já estabeleceram o parênquima, o tecido cerebral propriamente dito.[29] Portanto, os neurônios vêm primeiro — e, a julgar pela grande variação nas densidades neuronais, há neurônios de tamanhos os mais variados, tanto em um único cérebro como em uma comparação de cérebros de várias espécies, como ilustrado na figura 9.8,

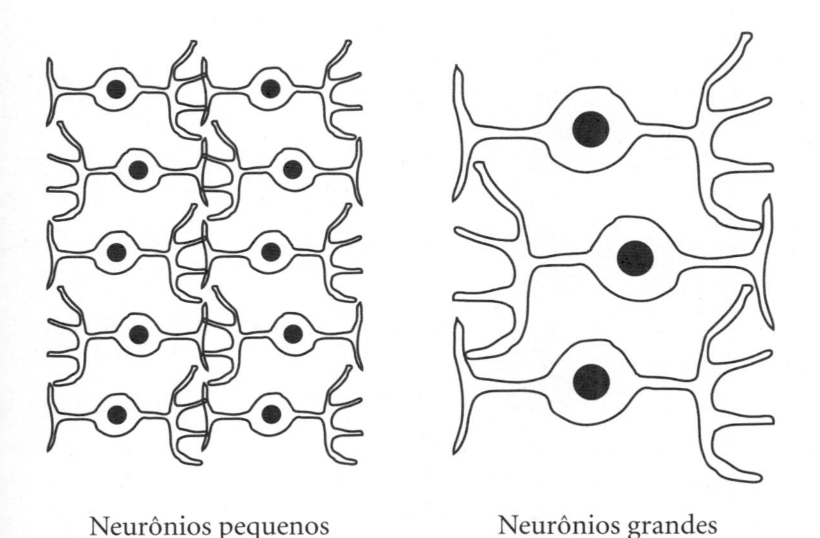

Figura 9.8 Um mesmo volume de tecido cerebral pode ser constituído por um grande número de neurônios pequenos (*à esq.*) ou um pequeno número de neurônios grandes (*à dir.*).

na qual o mesmo volume de tecido poderia ser composto por um número muito grande de neurônios minúsculos (à esquerda), por um número muito pequeno de neurônios muito grandes (como à direita), ou por qualquer combinação intermediária. O primeiro cenário é encontrado, por exemplo, no cerebelo, com sua imensa população de minúsculas células neuronais granulares; o segundo é visto no córtex cerebral de artiodáctilos grandes; o terceiro, no córtex de roedores.

Uma vez estabelecido, esse volume neuronal é invadido por células precursoras que se dividem e dão origem aos números de células gliais que preencherão o tecido. O que nossos dados indicam é que o tamanho médio dessas células gliais não varia muito entre as estruturas;[30] seus números são simplesmente proporcionais ao volume (ou massa) do tecido — como o saco elástico no capítulo 4, que aumentava em volume na proporção em que ganhava mais bolinhas de isopor. O fato extra essencial aqui é que a divisão das células gliais precursoras é *autorregulada*: assim que células precursoras e células filhas se tocam, a divisão adicional das células progenitoras é inibida. Esse é um modo auto-organizado de determinação de quantas células gliais cabem em um dado volume de tecido cerebral, que funciona exatamente como encher um elevador até sua capacidade máxima.

É verdade que o número de pessoas que entrarão no elevador pode ser predeterminado por um aviso que diz "capacidade máxima: 8 pessoas" e imposto por um ascensorista. Mas as células gliais e suas precursoras não precisam de sinais nem de vigias, e as pessoas também não. Ninguém precisa "saber" nada: com aviso ou não, assim que entram passageiros em número suficiente no elevador, os cotovelos se encostam, e esse é o sinal de que não há mais espaço disponível para entrarem outros. Portanto, o número de passageiros no elevador é uma característica autorregulada dos elevadores que depende do tamanho médio dos passageiros (e do tamanho do elevador). O mesmo se dá com as células gliais e suas precursoras: quando elas se "acotovelam", o que indica que preencheram totalmente o volume que antes fora só neuronal, elas automaticamente param de se dividir. Não é preciso um "ascensorista" externo.

E quantas células gliais cabem naquele tecido cerebral onde antes só havia neurônios? Se as células gliais forem todas aproximadamente do mesmo tamanho médio, seu número final sempre será igual em um dado volume de tecido cerebral — como acontece com passageiros que tenham um mesmo tamanho médio em um elevador do mesmo tamanho ocupado até sua capacidade máxima. Obviamente ocorre alguma pequena variação, dependendo do tamanho real das células gliais individuais que entram no tecido cerebral ou dos passageiros individuais que entram no elevador. Porém, contanto que não haja variação sistemática em todo o tecido cerebral e células gliais, ou em todos os elevadores e passageiros, o número de células gliais ou passageiros nesse cenário sempre será proporcional ao volume do tecido cerebral ou ao tamanho do elevador.*

Assim, a relação universal entre a massa da estrutura encefálica e seu número de células gliais pode ser explicada por um mecanismo autorregulador que determina quantas células gliais cabem em um parênquima antes apenas neuronal, contanto que o tamanho médio de células gliais varie pouco em relação à massa do tecido (a qual, por sua vez, é uma função dos números de neurônios e seu tamanho médio). Essa relação universal resulta, portanto, de mecanismos simples que atuam sobre o que deve ser

* As células gliais são de tipos e tamanhos diferentes (astrócitos, oligodendrócitos, microglia), mas como em princípio essa autorregulação deve aplicar-se a todos os subtipos, o resultado é o mesmo.

uma restrição biológica: a variação muito pequena dos tamanhos médios das células gliais. Então, essa parte está explicada. Mas e quanto à razão glia/neurônio?

Essa razão também é explicada pelo mesmo modelo. Como mostrado na figura 9.9, se o número final de células gliais em um dado tecido cerebral é determinado simplesmente pelo volume do tecido, o qual, por sua vez, depende do produto do número de neurônios pelo tamanho médio dos neurônios no tecido, então um dado volume de tecido composto de um grande número de neurônios pequenos (à esquerda) será preenchido pelo mesmo número de células gliais que o mesmo volume de tecido composto de um número pequeno de neurônios grandes (à direita). No primeiro caso, a razão glia/neurônio necessariamente é baixa, enquanto no segundo é alta. O fator principal que determina a razão glia/neurônio em um tecido cerebral é o tamanho médio de seus neurônios. Quanta energia custa o neurônio médio no tecido pode ser ou não relevante — e muito provavelmente *não* é relevante, como veremos a seguir.

QUANTO CUSTA UM NEURÔNIO?

Àquela altura, sabíamos que a razão glia/neurônio variava conforme o tamanho médio dos neurônios no tecido: neurônios maiores realmente eram acompanhados por proporções maiores de células gliais para cada neurônio, como Hawkins e Olszewski haviam suposto em 1957. Mas será que isso tinha alguma relação com um custo metabólico crescente de neurônios maiores que requeriam mais células gliais por neurônio para provê-los de energia, como Hawkins e Olszewski também haviam suposto?

Parecia uma suposição razoável. Como, por definição, neurônios são células excitáveis, capazes de despolarizar e repolarizar

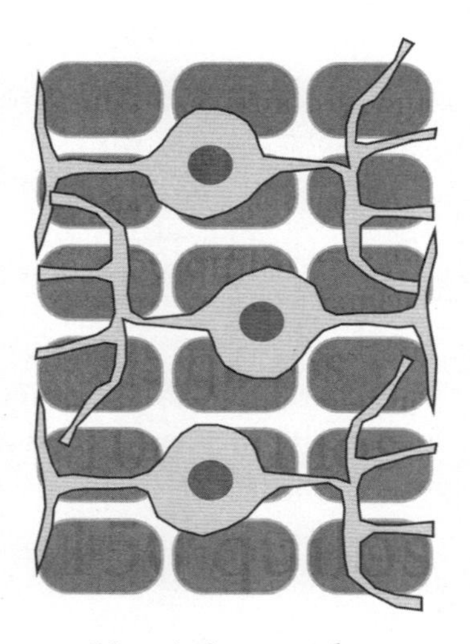

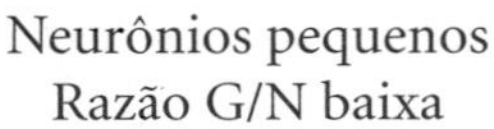

Neurônios grandes
Razão G/N alta

Figura 9.9 Quando o tamanho médio das células gliais (os retângulos arredondados nos esquemas) é quase invariante, o número de células gliais em um dado volume de tecido cerebral é constante. No entanto, como um mesmo volume de tecido pode ser composto por um grande número de neurônios pequenos (*à esq.*), um número pequeno de neurônios grandes (*à dir.*) ou qualquer combinação intermediária, a razão glia/neurônio em cada tecido depende simplesmente do tamanho médio dos neurônios no tecido: quanto maior o tamanho médio dos neurônios, maior a razão glia/neurônio no tecido.

seu potencial de membrana, prevê-se que neurônios maiores custem mais energia, no mínimo devido à maior área de superfície excitável da membrana celular que precisa ser repolarizada em seguida à despolarização que caracteriza a atividade neuronal. Embora a despolarização não tenha custo, como abrir as comportas de uma represa, a repolarização requer energia — do mesmo modo que uma bomba requer energia para levar água morro acima, de volta à represa.

Adicionalmente, presume-se que neurônios maiores possuem mais sinapses, e as sinapses excitatórias que usam glutamato como neurotransmissor têm alto custo de energia para reciclar o glutamato e reabastecer as vesículas sinápticas.[31] De fato, um estudo pioneiro por David Attwell e Simon Laughlin[32] estimou que quase 80% do balanço de energia de um neurônio é usado para a neurotransmissão relacionada ao glutamato e 13% é usado simplesmente para manter o potencial de repouso de sua membrana celular. Embora o enorme custo da transmissão sináptica excitatória pudesse, em princípio, ser mantido baixo pela regulação da atividade neuronal e pelo número de sinapses, não há jeito de contornar a necessidade de mais energia para repolarizar a membrana celular de uma célula maior assim que ela é ativada, isto é, despolarizada. Um neurônio grande tem de usar mais energia para manter polarizada a área maior de sua membrana celular — porque o custo de *não* repolarizar, devido à grande quantidade de cálcio liberado de depósitos internos quando uma célula é despolarizada, é nada menos do que a morte.

Mas será que neurônios maiores custam mesmo mais energia? Para testar essa hipótese, seria preciso determinar quanta energia custam os diferentes neurônios e o tamanho médio deles. Por mais que eu quisesse saber a resposta, não tinha como me lançar em uma nova empreitada para medir o custo de energia de diferentes neurônios em diferentes cérebros.

Por sorte, fui socorrida pela literatura especializada: vários pesquisadores, com objetivos distintos, tinham conseguido examinar animais adultos não anestesiados de seis espécies de roedores e primatas em aparelhos de tomografia por emissão de pósitrons (PET) e medir a taxa à qual seus cérebros consumiam glicose e oxigênio. Melhor ainda, os dados haviam sido meticulosamente organizados pelo físico polonês Jan Karbowski, que examinou como o metabolismo cerebral varia segundo a massa encefálica (mas não segundo o número de neurônios). Karbowski[33] confirmou que o metabolismo específico do encéfalo (seu uso de glicose por grama de tecido encefálico por minuto) declina conforme aumenta a massa encefálica nas espécies mamíferas, segundo uma função potência da massa encefálica com expoente −0,15. Com essa escala de variação, um encéfalo dez vezes maior custa apenas 70% da energia por grama de tecido encefálico que um encéfalo menor, o que poderia ser devido a um número menor de neurônios maiores no tecido, mas também talvez indicasse menores taxas de disparo em média no encéfalo maior, segundo Karbowski. Ao todo, esse encéfalo maior ainda custaria mais energia: um total de sete vezes mais energia do que o cérebro dez vezes menor, o produto de dez vezes mais tecido usando apenas 70% da energia por grama de tecido do que o menor. Portanto, Karbowski descobriu que encéfalos maiores custam uma quantidade total de energia que aumenta proporcionalmente com a massa encefálica elevada à potência +0,85 nas comparações das espécies disponíveis. Isso significa que o custo metabólico total do encéfalo aumenta a uma taxa maior do que o custo metabólico do corpo como um todo, o qual, conforme mostrou Max Kleiber, aumenta segundo a massa corporal elevada a uma potência menor: +0,75. Parecia que ter um encéfalo maior era ainda mais caro do que ter um corpo maior, o que talvez ajudasse a explicar por que os encéfalos variam em massa mais lentamente do que o corpo quando comparamos espécies, como vimos no capítulo 8.

O único problema era que o estudo de Karbowski fazia o que estávamos justamente descobrindo que não mais se justificava: misturar espécies de primatas e roedores como se elas seguissem as mesmas regras neuronais de proporcionalidade, ou seja, as mesmas relações entre número de neurônios, tamanho do cérebro e densidade neuronal — o que, como estávamos descobrindo, não era verdade. Além disso, agora sabíamos quantos neurônios compunham cada um dos encéfalos na análise de Karbowski, para os quais também estavam disponíveis dados sobre uso de glicose e oxigênio, e conhecíamos as densidades neuronais médias nas diferentes estruturas cerebrais, a partir das quais poderíamos inferir o tamanho médio da célula neuronal. Assim, pela primeira vez, eu estava em condições de descobrir como o custo metabólico médio por neurônio variava segundo o tamanho neuronal médio: será que ele realmente aumentava, como predito por Hawkins e Olszewski?

Usei os mesmos dados que Karbowski havia compilado sobre o custo de energia do encéfalo de três roedores (camundongo, rato e esquilo) e três primatas (macaco reso, babuíno e humano), todos despertos, não anestesiados. Em 2010, conhecendo o número de neurônios que compunham o encéfalo de cada uma dessas espécies, eu podia fazer um cálculo muito simples e descobrir o custo metabólico médio por neurônio em cada uma das seis espécies, para o córtex cerebral e cerebelo separadamente e para o encéfalo como um todo.

O que constatei foi surpreendente: o uso médio estimado de glicose e oxigênio por neurônio em cada estrutura era notavelmente constante para todas as seis espécies. Embora o número de neurônios variasse segundo um fator de 1200 entre os diferentes encéfalos, e o tamanho médio de suas células variasse por um fator aproximado de 3, o uso médio estimado de glicose por neurônio variava segundo um fator de apenas 1,4: de $4,93 \times 10^{-9}$ micromols de glicose por neurônio por minuto no macaco reso até $7,05 \times 10^{-9}$ micromols no esquilo.[34] O custo metabólico médio do encéfalo humano ficou em uma faixa intermediária: $5,44 \times 10^{-9}$ micromols de glicose por neurônio por minuto. Isso se traduz em 3,3 bilhões de moléculas de glicose consumidas em média por neurônio humano por minuto,* um número que parece impressionante. Visto em perspectiva, porém, ele não é tão grande assim. À taxa de 3,3 bilhões de moléculas de glicose por neurônio por minuto, um grama de glicose — um quarto de colher de chá — contém moléculas de glicose o suficiente para alimentar todos os 86 bilhões de neurônios do encéfalo humano por doze minutos, e cinco gramas, ou 1 ¼ colher de chá de glicose, contêm moléculas o suficiente para abastecer o encéfalo humano por uma hora inteira!

Não só não havia muita variação no custo médio de energia por neurônio entre as várias espécies — sendo o custo médio do neurônio humano apenas ligeiramente maior que o do neurônio do macaco reso, embora ainda um pouco menor que o do neurônio do esquilo —, mas também não havia correlação significativa entre a densidade neuronal (uma aproximação do inverso do tamanho neuronal) e o custo médio de energia por neurônio nas estruturas encefálicas (figura 9.10). Neurônios maiores *não* custavam mais energia.

Esse era um golpe colossal na teoria de que neurônios maiores seriam acompanhados por mais células gliais *porque* requeriam mais energia: a razão glia/neurônio mais alta que acompanhava neurônios maiores em qualquer estrutura cerebral, em qualquer espécie, não podia ser relacionada a nenhum aumento de necessidade de suporte metabólico.

Mais importante foi a constatação de que, como o custo médio de energia por neurônio variava pouco entre as espécies, o custo total de energia de cada encéfalo variava segundo uma função simples, quase perfeitamente linear, do número total de neurônios

* A matemática aqui é direta: como por definição existem $6{,}022 \times 10^{23}$ (número de Avogadro) de moléculas em um mol de qualquer substância, e como $5{,}44 \times 10^{-9}$ micromols = $5{,}44 \times 10^{-15}$ mols de glicose, esses muitos mols contêm $5{,}44 \times 10^{-15} \times 6{,}022 \times 10^{23} = 3275968 \times 10^{8}$ ou 3275968000 moléculas de glicose.

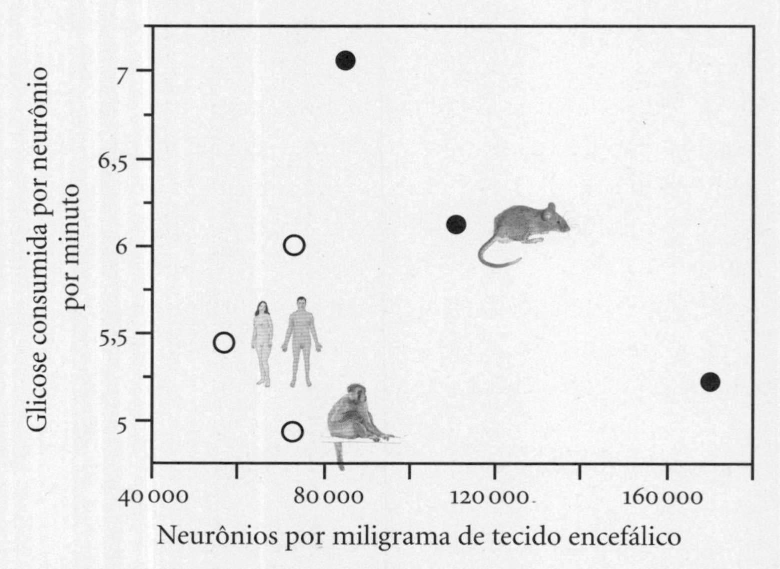

Figura 9.10 O custo médio de energia por neurônio no encéfalo (em micromols de glicose por neurônio por minuto) varia pouco entre camundongos, ratos, esquilos (círculos cheios), macacos reso, babuínos e humanos (círculos vazios) e, o mais importante, não tem correlação óbvia com a densidade neuronal média no cérebro: os neurônios maiores (em densidades neuronais menores) não usam mais glicose por minuto do que os menores (em densidades neuronais maiores).

no cérebro tanto para os primatas como para os roedores, como mostra a figura 9.11 — apesar das diferentes regras de proporcionalidade que relacionavam os números de neurônios com a massa encefálica nesses grupos. Quanto mais neurônios em um encéfalo, mais energia esse encéfalo custa, segundo uma proporcionalidade simples.

Essa proporcionalidade simples é ilustrada pelo fato de que um encéfalo de camundongo, com 71 milhões de neurônios, custa 0,37 micromol de glicose por minuto; um encéfalo de macaco reso, com quase cem vezes esse número de neurônios (6,4 bilhões),

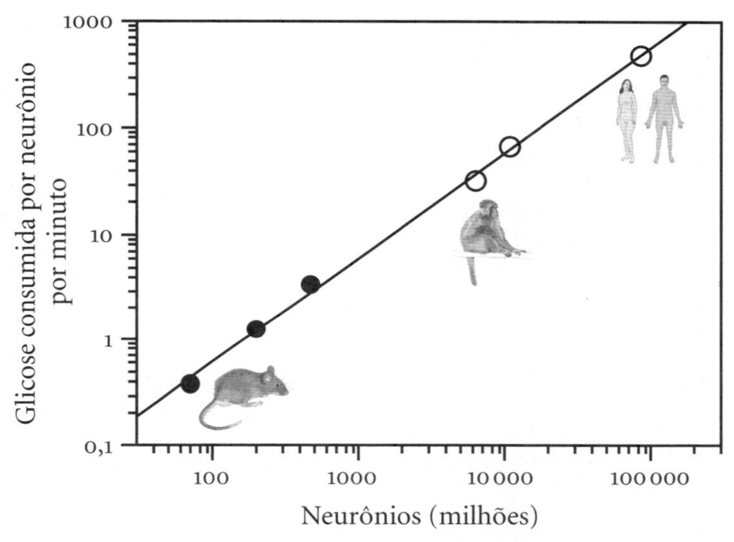

Figura 9.11 O custo energético total do encéfalo (em micromols de glicose por minuto) aumenta segundo uma função linear simples do número de neurônios entre camundongo, rato, esquilo (círculos cheios), macaco reso, babuíno e humano (círculos vazios). Ou seja: quanto mais neurônios em um encéfalo, mais energia ele demanda, em uma proporção simples.

custa quase cem vezes essa quantidade de glicose por minuto (31,4 micromols); e o encéfalo humano, com pouco mais de 1200 vezes mais neurônios que o encéfalo do camundongo, custa também pouco mais de 1200 vezes mais glicose do que o encéfalo do camundongo: 497,9 micromols por minuto. Em um dia inteiro, os 71 milhões de neurônios em um encéfalo de camundongo custam 0,11 grama de glicose, ou apenas 0,4 caloria por dia — quantidade que um camundongo urbano pode obter com uma mordida num biscoito (se ele conseguir encontrar um). Um encéfalo de macaco reso, com 6,4 bilhões de neurônios, custa 9,6 gramas de glicose por dia, ou uma quantidade ainda relativamente pequena de 38 calorias. E, segundo uma proporcionalidade simples, um encéfalo humano, com seus 86 bilhões de neurônios em média, requer 129 gramas de glicose por dia para funcionar, ou 516 calorias. Um copo de açúcar fornece essa quantidade de calorias.

O consumo médio de energia por neurônio por minuto no córtex cerebral, 15×10^{-9} micromols de glicose, é quase vinte vezes maior que no cerebelo, $0,9 \times 10^{-9}$ micromols de glicose, e essa proporção entre as duas estruturas é razoavelmente constante para todas as seis espécies examinadas. A diferença poderia ser devida puramente ao tamanho neuronal médio, que é muito maior no córtex cerebral do que no cerebelo de cada uma das seis espécies. À primeira vista, isso parece incompatível com a descoberta de que, *para todas as espécies*, neurônios maiores não custavam mais energia. No entanto, podemos prever que um tipo muito maior de célula neuronal, como um neurônio cortical, terá muito mais sinapses do que um tipo pequeno de célula neuronal, como os minúsculos neurônios granulares do cerebelo. E, como se espera que o custo energético de um neurônio dependa acentuadamente de seu número de sinapses glutamatérgicas excitatórias, os tipos neuronais grandes com muitas sinapses devem, de modo geral, custar mais energia do que os tipos neuronais pequenos com poucas sinapses. Entretanto, nossas descobertas indicam que, *em cada um* desses tipos neuronais, as variações no tamanho das células cerebelares ou corticais entre todas as espécies não são acompanhadas por aumento nem por declínio no custo da energia: neurônios de um mesmo tipo ainda custam o mesmo para todas as espécies, independentemente de seu porte, com um orçamento médio de energia fixo por neurônio para todas as espécies.

Alguns conhecimentos básicos sobre a variação no custo de energia de outros tipos de célula entre as espécies ajudam a ganhar perspectiva sobre o significado de um orçamento fixo de energia para os neurônios. Embora a intuição possa nos levar a pensar que faz sentido, biologicamente, um neurônio maior custar mais energia, isso é um exagero. Em outros órgãos do corpo, por exemplo, o fígado, a atividade metabólica intrínseca das células *diminui* conforme aumenta o tamanho do corpo.[35] Pela mesma lógica, então, neurônios maiores também deveriam usar *menos* energia, não tanto quanto os menores, e certamente não mais. Os valores relativamente constantes de uso de energia por neurônio entre espécies de mamíferos com densidades neuronais menores (e, portanto, neurônios maiores) sugerem que o orçamento energético por neurônio, ao contrário do orçamento energético para outros tipos de célula, foi levado para perto do limite, impondo uma restrição à atividade neuronal. Esse cenário concilia o baixo custo metabólico por grama de tecido cerebral nos mamíferos com as descobertas de análises genéticas comparativas: genes relacionados ao metabolismo celular estão entre os que apresentam as maiores mudanças na evolução humana,[36] o que sugere que a manutenção de um metabolismo constante em neurônios cerebrais tem raízes em mudanças genéticas evolutivas.

Adicionalmente, há evidências de que o orçamento energético de neurônios individuais não só é limitado nas várias espécies mamíferas, independentemente do tamanho neuronal, mas também é limitado no decorrer do tempo em um único cérebro, pois ele não comporta grandes variações ligadas à atividade neuronal. Embora aumentos na frequência de disparos neuronais impliquem aumentos diretamente proporcionais no uso de energia pelo cérebro humano,[37] estes são muito pequenos. A “ativação” de regiões do cérebro humano com estimulação somatossensorial, que aparece como manchas vermelhas vívidas nas imagens dos exames de ressonância magnética (MRI), sugere um uso acentuadamente maior de energia nas regiões cerebrais recrutadas, mas essa estimulação causa apenas um aumento de 5% na taxa metabólica do córtex somatossensorial humano,[38] e a estimulação visual causa no máximo apenas um aumento de 8% a 12% na taxa metabólica do córtex visual humano em vigília.[39] Tipicamente, a "ativação cerebral" indicada por essas manchas vermelhas em imagens de MRI não representa mais do que 2% a 5% de aumento no consumo local de energia. É espantoso o quanto somos capazes de fazer com essa variação tão pequena no uso de energia pelos neurônios do cérebro.

O orçamento energético neuronal também parece ser limitador e crítico para a manutenção do estado consciente do cérebro. Como a provisão de energia para os neurônios cerebrais depende diretamente do fluxo sanguíneo, até mesmo diminuições de 1% no fluxo sanguíneo global comprometem o funcionamento do cérebro, podendo causar desde embaçamento ou escurecimento da visão até perda de consciência. Quando nos levantamos depressa demais, para que o reflexo que eleva temporariamente nossa pressão arterial mantenha um fluxo constante de sangue no cérebro, os grandes números de neurônios no córtex visual são os primeiros a sofrer com a súbita falta de oxigênio para decompor a glicose, e a visão embaça ou escurece. Da mesma forma, a redução de aproximadamente 45% no consumo de glicose ou oxigênio com uma perda de consciência induzida por anestesia é compatível com a ideia de que manter a consciência depende acentuadamente da disponibilidade de energia.[40] O orçamento energético disponível para os neurônios parece ser apenas o suficiente para manter uma atividade cerebral sadia compatível com vigília, atenção e consciência: os neurônios estão constantemente próximos do limite. Não admira que o cérebro seja particularmente sensível a restrições no suprimento de sangue que comprometam a disponibilidade de glicose e oxigênio. Pela mesma razão, seria de esperar que comprometimentos crônicos do metabolismo neuronal prejudiquem o funcionamento do cérebro e contribuam para patologias cerebrais, como pode ser o caso na epilepsia (devido a atividade excitatória descontrolada ou a desequilíbrios no metabolismo neuronal), nos distúrbios mitocondriais (nos quais perturbações na transferência de energia afetam fortemente o cérebro), na doença de Alzheimer (na qual neurônios tornam-se insensíveis à insulina e sua capacidade de absorver glicose do cérebro é prejudicada) e até no envelhecimento normal (à medida que o metabolismo neuronal se torna cada vez mais prejudicado).[41] Manter os neurônios no limite de seu orçamento energético tem suas consequências — e ajudar os neurônios a permanecer nesse limite em contextos de enfermidades e envelhecimento é um caminho novo e promissor no tratamento de doenças do cérebro.

Viver no limite do orçamento energético também deve ter consequências para neurônios sadios. Se neurônios maiores têm necessariamente um custo de energia maior só porque a área superficial maior de sua membrana tem de ser mantida polarizada, mas ainda assim precisam funcionar com um orçamento energético limitado, que é relativamente invariante entre as espécies, isso significa que neurônios maiores têm de cortar outros custos. Por exemplo, é preciso haver mecanismos que diminuam a taxa de disparos conforme aumenta o tamanho neuronal e, assim, evitem a atividade sináptica excessiva e reduzam a frequência com que a membrana celular deve ser repolarizada. De fato, descobriu-se que neurônios maiores com mais sinapses apresentam conectividade mais esparsa e força reduzida de transmissão de sinais por sinapses individuais; com isso, a frequência total de disparo é preservada em grupos de neurônios de diferentes tamanhos celulares, e reduzida em neurônios individuais cultivados em laboratório.[42] A codificação esparsa, quando só uma pequena proporção de neurônios dispara em altas frequências em qualquer momento no tempo,[43] também pode ser consequência direta dessa disponibilidade limitada de energia, fixa e invariante por neurônio entre espécies.

É interessante pensar que várias propriedades neuronais fundamentais podem ser consequências diretas de restrições à atividade neuronal impostas por um orçamento energético limitado. Uma dessas propriedades, a "homeostase sináptica", que descreve o ajuste na sensibilidade de sinapses individuais em um neurônio ao longo do tempo, dependendo do nível de atividade dessas sinapses, evita aumentos descontrolados na atividade sináptica excitatória e, portanto, no custo de energia.[44] Outra propriedade, a plasticidade sináptica, o processo de remover sinapses não usadas ou não funcionais conforme outras são adicionadas ou fortalecidas, poderia ser um mecanismo obrigatório que mantém sob controle o número total de sinapses excitatórias e seu custo de energia. Novas sinapses são adicionadas ao cérebro ao longo da vida toda — mas necessariamente ao preço de abrir mão de sinapses em outras partes. Em consequência, o aprendizado continua a ser possível durante a vida inteira.

ENTÃO POR QUE O ENCÉFALO HUMANO É TÃO CARO?

Conhecer o número de neurônios em diferentes encéfalos possibilitou, pela primeira vez, encontrar uma explicação simples e direta para o fato de o encéfalo humano custar tanta energia: é porque ele tem muitos neurônios. Sendo de $5,79 \times 10^{-9}$ micromols de glicose por neurônio por minuto o custo médio para roedores e primatas, o encéfalo humano custa exatamente o que seria de esperar. Nosso encéfalo afinal não é especial nem extraordinário em suas necessidades de energia.

O custo médio de energia por neurônio que descobri aplicar-se igualmente a roedores e primatas permite inferir o custo metabólico global de outros encéfalos de mamíferos a partir de seus números de neurônios, usando o custo médio estimado de 5,79 × 10^{-9} micromols de glicose por minuto por neurônio — desde que eles obedeçam à regra geral de quatro neurônios no cerebelo para cada neurônio no córtex cerebral. Esse custo equivale a 5,79 micromols de glicose por minuto por bilhão de neurônios por dia, ou seis calorias por bilhão de neurônios por dia — um número redondo bem conveniente para lembrar e usar na hora de inferir o custo de energia de diferentes encéfalos, como visto na tabela 9.1.

TABELA 9.1

COMPARAÇÃO DO CUSTO DE ENERGIA DE ENCÉFALOS DE ESPÉCIES DE MAMÍFEROS

Número de neurônios	Uso total de glicose por dia (g/dia)	Custo calórico total por dia (Kcal/dia)
1 milhão	0,0015	0,006
10 milhões	0,015	0,060
Musaranho *Sorex fumeus*, 36 milhões	0,05	0,2
Camundongo, 71 milhões	0,11	0,4
100 milhões	0,15	0,6
Rato, 200 milhões	0,30	1,2
Sagui, 636 milhões	1	3,8
Cutia, 795 milhões	1,2	4,8

1 bilhão	1,5	6
Macaco-da-noite, 1,5	2,2	9
bilhão	2,2	9
Capivara, 1,5 bilhão		
Símio gênero	9,6	38
Macaca, 6,4 bilhões		
10 bilhões	15	60
Babuíno, 11 bilhões	16	66
Orangotango, 30	45,02	180
bilhões	129	516
Humano, 86 bilhões		
100 bilhões	150	600

No entanto, para espécies como o elefante africano, cujo cerebelo tem uma proporção extraordinariamente grande de neurônios encefálicos, o custo de energia tem de ser calculado separadamente para o córtex cerebral e o cerebelo, usando o consumo médio de glicose encontrado para cada estrutura. Embora o córtex cerebral seja responsável por cerca de 50% do custo de energia do encéfalo humano (como se presume que ocorra para quase todos os outros mamíferos), a predição é de que o número extraordinariamente grande de neurônios no cerebelo do elefante custe quase três vezes mais do que os neurônios do córtex desse animal. Com um custo metabólico tão elevado, todos esses neurônios no cerebelo do elefante devem servir a um propósito muito importante.

Portanto, o encéfalo humano não é especial no custo absoluto de energia de seus neurônios (ele custa justamente o que se esperaria para seu número de neurônios), nem no custo relativo de seu córtex cerebral (que contém uma proporção semelhante do total de neurônios encefálicos encontrada em outras espécies, exceto o elefante). Então por que o custo *relativo* de energia do encéfalo humano é tão alto, alcançando 25% da energia usada pelo corpo todo, enquanto em outras espécies chega no máximo a 10%?

A resposta é, mais uma vez, que os humanos são primatas — por isso, possuem um número de neurônios no encéfalo muito maior para sua massa corporal do que as espécies não primatas. A figura 9.12 mostra a relação entre número de neurônios e massa encefálica traduzida em custo estimado de energia do encéfalo

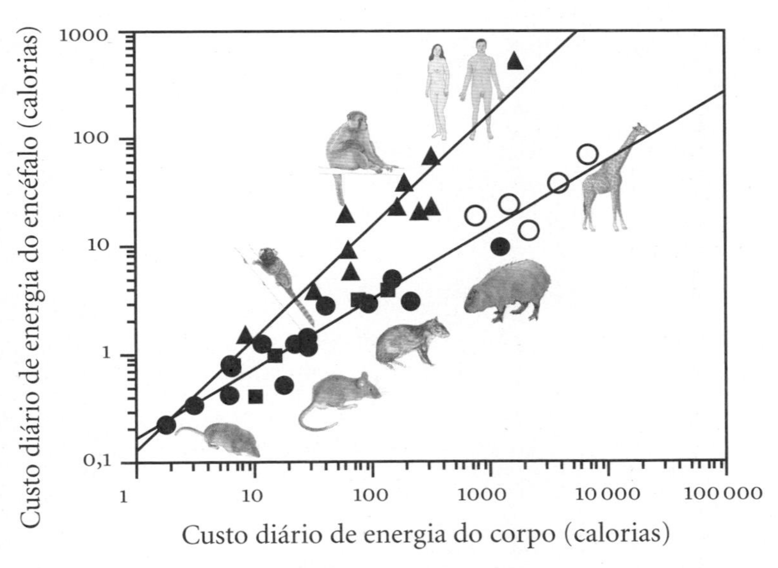

Figura 9.12 O custo total diário de energia do encéfalo (em calorias), que, segundo minha estimativa varia entre as espécies como uma função simples e linear do número total de neurônios no encéfalo (a um custo médio de seis calorias por bilhão de neurônios por dia), varia segundo funções diferentes do custo diário de energia do corpo (também em calorias) para os primatas (triângulos; com o expoente +1, ou seja, linearmente) e os não primatas (quadrados, círculos vazios e cheios), com expoente +0,6).

(usando o custo médio calculado de seis calorias por bilhão de neurônios por dia) e o custo estimado de energia do corpo (com base na lei de Kleiber).* Para uma massa corporal semelhante, que supostamente custa a mesma quantidade de energia para um roedor e um primata, o encéfalo de um primata é mais caro comparado com o de um não primata simplesmente porque possui mais neurônios.

E, entre os primatas, o encéfalo humano é o que tem o maior custo metabólico absoluto simplesmente porque é o que possui mais neurônios. Descobrimos que o custo absoluto de energia do encéfalo de fato cresce linearmente com o curso de energia do corpo nos primatas (segundo uma função de potência com expoente 1), mas sublinearmente com o custo de energia do corpo nos não primatas (segundo uma função potência com expoente +0,6; figura 9.12). Em consequência, o custo metabólico *relativo* do cérebro, embora varie consideravelmente, não varia sistematicamente com a massa do corpo entre as espécies primatas, mas entre as espécies não primatas torna-se progressivamente menor conforme aumenta a massa corporal (figura 9.13). E, como se evidenciou, o encéfalo humano *não* tem o maior custo *relativo* de energia: essa honra vai para o encéfalo do pequeno macaco-de-cheiro, que, com um número particularmente elevado de neurônios no córtex cerebral, consome, segundo estimativa, 31,2% da energia diária usada pelo corpo todo desse macaco, em comparação com o custo relativo estimado de energia do cérebro humano, de 30% para um corpo de setenta quilos que consome 1700 calorias por dia.

Está claro que o metabolismo do encéfalo não se relaciona

* Custo diário de energia do corpo em calorias = 70 × (massa corporal em quilogramas)$^{+0,75}$. Portanto, para o corpo humano de setenta quilos, o custo diário de energia seria 70 × (70)$^{+0,75}$ = 70 × 24,2 = 1694 calorias ≈ 1700 calorias. (Ver Kleiber, 1932.)

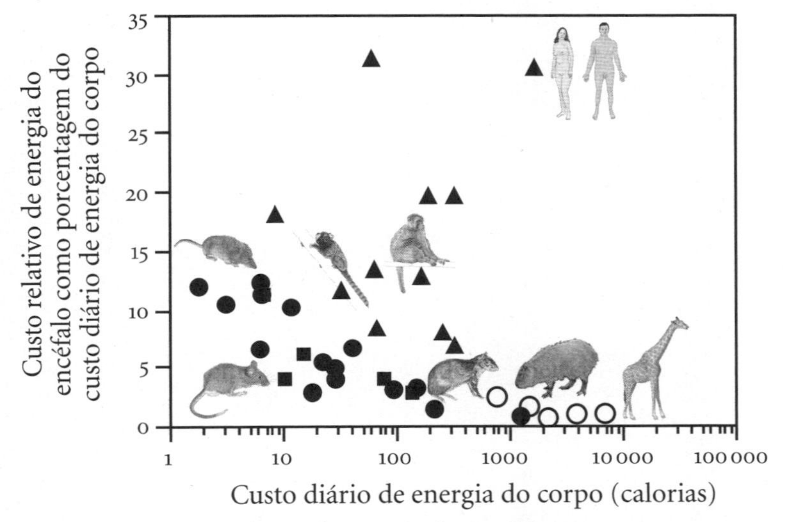

Figura 9.13 O custo relativo de energia do encéfalo, expresso como porcentagem do custo diário de energia do corpo (calorias), diminui com o aumento da massa corporal para os não primatas (quadrados, círculos vazios e cheios), mas varia de modo não sistemático para os primatas (triângulos) — e a estimativa é de que ele é maior no macaco-de-cheiro do que nos humanos.

com o metabolismo do corpo todo de um único modo determinante: qualquer aparente relação pode ser coincidência e depender da taxa à qual o tamanho do encéfalo varia segundo uma função de seu número de neurônios — que, como demonstramos, varia entre as ordens de mamíferos. Os primatas, cujo encéfalo evoluiu com regras neuronais de proporcionalidade econômicas, possuem um número grande de neurônios encefálicos para um dado tamanho corporal, e estima-se que, condizentemente, seus encéfalos tenham um custo metabólico relativo maior que o dos encéfalos de outros mamíferos, como, por exemplo, os roedores, os quais possuem um número menor de neurônios para o mesmo tamanho de corpo ou encéfalo.

Mais uma vez, descobrimos que existe uma explicação simples para algo que parecia extraordinário no encéfalo humano. Ele é relativamente caro em comparação com o resto do corpo simplesmente porque é um encéfalo de primata e, como tal, contém um número grande de neurônios para o seu corpo em comparação com não primatas. Mas, ainda assim, o encéfalo humano custa a quantidade de energia que se esperaria para seu número de neurônios e a mesma quantidade de energia em comparação com o corpo que se esperaria de um primata (mas não dos grandes primatas) com sua massa corporal. Embora seja notável em seu custo de energia devido ao seu número notável de neurônios, ele mais uma vez não é especial.

10. Ou mais cérebro, ou mais corpo

Achar que o custo de energia do encéfalo humano é alto ou baixo é uma questão de perspectiva. Por um lado, ele custa cerca de quinhentas calorias por dia, o que parece uma enormidade se comparado ao total das 2 mil calorias que o corpo humano como um todo consome aproximadamente por dia — mesmo quando ficamos sabendo que esse custo nada mais é do que o esperado para o número notável de neurônios contido no encéfalo humano, o qual, por sua vez, é apenas o número que se esperaria para um primata com um encéfalo desse tamanho. Por outro lado, quinhentas calorias por dia equivalem aproximadamente a 24 watts de energia: tudo o que realizamos mentalmente é feito enquanto usamos um pouquinho mais da metade da energia necessária para acender uma lâmpada de quarenta watts, e pouco mais de um terço dos sessenta watts usados para fazer funcionar um notebook. A taxa à qual o encéfalo humano consome energia, ou seja, sua potência, é fixa no valor aproximado de 24 watts. Em comparação, nossos músculos têm potência variável e podem trabalhar a uma taxa que é o triplo da do cérebro — 75 watts — e até mais em esforços grandes e breves, ou nos atletas. Levantar um peso grande requer mais energia, mas, surpreendentemente, pensar intensivamente não consome mais energia como um todo do que, digamos, a vadiagem mental. É verdade que algumas partes do encéfalo tornam-se ligeiramente mais ativas e outras menos, mas a redistribuição do fluxo sanguíneo das partes menos ativas para as mais ativas explica como o custo energético global do encéfalo é o mesmo independentemente de estar à toa ou na labuta concentrada. Visto dessa forma, o encéfalo humano é uma máquina notavelmente eficiente, ainda mais porque pode ser abastecido de energia durante uma hora com 1 ¼ colher de chá (aproximadamente cinco gramas) de glicose.

No entanto, quando consideramos a energia que todos os neurônios do encéfalo consomem nas 24 horas do dia, o número notável de neurônios no encéfalo humano — e em especial no seu córtex cerebral — sai tão caro que os outros primatas não têm como possuir nada que se aproxime dessa quantidade. Com seus 86 bilhões de neurônios em média, o encéfalo humano requer 129 gramas de glicose ou 516 calorias para funcionar por um dia. Um copo de açúcar tem essa quantidade de calorias, e consumi-las é um ato tão simples para os humanos, neste nosso mundo urbano de geladeiras e supermercados, que sofremos com o problema oposto ao de encontrar calorias: nós as consumimos em excesso.

Ah, se fosse tão simples encontrar calorias na natureza!

ENERGIA QUE ENTRA — ENERGIA QUE SAI

Por sermos animais, temos de viver todos os dias com as consequências da nossa limitação mais fundamental: não fazemos fotossíntese. Faltam-nos os genes necessários, e por isso não absorvemos carbono do ar à nossa volta e o convertemos em nova matéria para o corpo com a ajuda da luz do sol. Para sobreviver, nós, animais, precisamos comer outros organismos vivos, sejam eles animais, vegetais ou fungos, e converter a matéria deles em nossa matéria.

Assim como nossos carros são movidos a gasolina e não podem funcionar com o tanque vazio, também o nosso corpo é movido por compostos orgânicos curiosamente semelhantes, que são decompostos e têm a energia de suas ligações químicas colhida em nossas mitocôndrias e então redistribuídas pelo interior da célula. A diferença é que, embora nos preocupemos quando o tanque de gasolina do carro está quase vazio e o próximo posto está a quilômetros de distância, a maioria de nós, no mundo urbanizado, vive alegremente despreocupada com *quando* poderá encontrar combustível para o corpo e comer novamente. Só pensamos no que, exatamente, *gostaríamos* de comer, e talvez onde; mas a maioria de nós que habita em cidades modernas do mundo todo pressupõe que o alimento está disponível sempre que desejado.*

Acontece que, na natureza, de onde vieram nossos ancestrais, ter o que comer não é nada garantido, e procurar alimento requer muito tempo e esforço — tanto assim que essa tarefa tem um nome específico: "forragear". Embora na nossa casa "forragear" seja simplesmente ir até a cozinha e pegar um punhado de salgadinhos no saco ou três biscoitos no pacote para um "aporte" de 150 calorias em pouco mais de um minuto, obter essa quantidade de calorias na natureza poderia levar no mínimo uma hora — e consumir uma quantidade significativa de energia no processo.

* Como bem disse Douglas Adams em *O restaurante no fim do universo*, "a história de toda grande civilização galáctica costuma passar por três fases distintas e reconhecíveis: Sobrevivência, Indagação e Refinamento, também conhecidas como as fases Como, Por que e Onde. Por exemplo, a primeira fase é caracterizada pela pergunta 'Como vamos comer?', a segunda pela pergunta 'Por que comemos?' e a terceira pela pergunta 'Onde vamos almoçar?'".

Na verdade, dependendo do tamanho da boca do comedor, ingerir essas 150 calorias na natureza pode levar muito mais do que um minuto. Para uma boca do tamanho da do camundongo, só é possível comer um pedacinho do biscoito de cinquenta calorias, enquanto uma boca do tamanho da humana pode devorar até três biscoitos de cinquenta calorias nesse minuto.* Embora um gorila possa ser capaz de ingerir até trezentas calorias por hora gasta com forrageamento (o equivalente a seis biscoitos), um macaco pequeno ou um sagui não ingere muito mais do que dez calorias em uma hora.[1]

No mundo real, longe dos armários e pacotes de biscoito, geladeiras e supermercados, a ingestão de calorias é tão limitada que, quanto mais energia é preciso para alimentar um corpo, mais tempo ele terá de gastar forrageando.[2] O aporte calórico depende também da disponibilidade e da qualidade dos alimentos: os orangotangos, por exemplo, passam de sete a oito horas por dia comendo durante o ano todo, mas, nos meses em que há menos disponibilidade de frutas, nem mesmo todas essas horas são suficientes para fornecer o total de calorias necessárias, e os animais perdem peso.[3] Como vimos no capítulo 9, possuir mais neurônios implica um custo de energia proporcionalmente maior, o que, em princípio, requer gastar mais tempo procurando alimentos e comendo só para sustentar o cérebro.

* Porém não mais do que três biscoitos por minuto — e possivelmente nem mesmo essa quantidade. Embora possa parecer uma tarefa trivial devorar três biscoitos em sessenta segundos, engolir é um trabalho limitado pela taxa em que a saliva é produzida e, por mais que se tente, não é possível engolir sem saliva suficiente. Estou a par desse item de cultura inútil, porque comer três biscoitos em menos de um minuto era um desafio numa competição entre calouros e veteranos todo começo de ano letivo na minha faculdade, e ninguém jamais conseguiu cumprir a tarefa. Pelo menos não era um concurso para ver quem bebia mais!

Mas só em princípio. Mais neurônios levam a encéfalos maiores, os quais geralmente estão em corpos que são ainda maiores. E, embora corpos maiores também custem mais energia por dia, eles possuem boca maior, que pode significar uma ingestão mais elevada de calorias por hora, talvez até mais do que o necessário para satisfazer as maiores necessidades de energia de um corpo e um encéfalo maiores. Mas será que a ingestão de calorias aumenta com rapidez suficiente para atender às crescentes necessidades de energia de um corpo maior, ou as necessidades de um corpo maior acabam por torná-lo proibitivamente caro?

A razão do meu súbito interesse pela ingestão de alimentos, que parecia bem distante da questão de como os cérebros são feitos, foi eu ter descoberto a enormidade de energia que os neurônios demandam — e eu desconfiava que o alto custo energético dos cérebros primatas em particular, ricos em neurônios como eles são, poderia explicar por que os gorilas não chegam nem perto de possuir um encéfalo grande como poderíamos esperar para um corpanzil como o deles.

Eis, resumidamente, o que eu suspeitava na época e agora posso confirmar com evidências. A razão de os humanos terem sido por tanto tempo considerados especiais — anomalias em comparação com os outros animais e com os primatas em particular — é que os grandes primatas não humanos tradicionalmente foram considerados junto com os demais primatas, quando, na verdade, *eles* são anomalias, e não nós. Se comparados a todas as outras espécies primatas para as quais temos dados sobre massa corporal e número de neurônios cerebrais, os encéfalos dos grandes primatas não humanos e dos humanos são encéfalos de um primata genérico, que varia em tamanho de maneira apenas proporcional no que diz respeito ao número de neurônios e distribuição pelas estruturas cerebrais. Mas quando se trata do tamanho do corpo, são os grandes primatas não humanos, e não nós, que se destacam na comparação com outros primatas: enquanto os humanos, em sua relação entre massa *corporal* e número de neurônios encefálicos, encaixam-se no que se esperaria de primatas genéricos, os gorilas e orangotangos possuem encéfalos que são pequenos demais para seus corpos.

A questão passou a ser encontrar uma explicação para o que fez os grandes primatas não humanos divergirem do padrão de proporcionalidade entre corpo e cérebro que ainda temos em comum com os outros primatas. Agora que sabíamos que o custo de energia dos encéfalos de primatas era particularmente alto para seu volume em comparação com encéfalos de não primatas simplesmente devido aos números maiores de neurônios contidos no mesmo volume de tecido encefálico, eu tinha uma nítida suspeita da razão que tornava os grandes primatas não humanos as anomalias, desprovidos de encéfalos maiores que acompanhassem seus corpos maiores: eles não podiam bancar o custo energético de ter as duas coisas.

SEM ENERGIA NÃO DÁ

Para um animal ser energeticamente viável, ele precisa ter um aporte calórico que atenda, no mínimo, as necessidades de energia de seu corpo e encéfalo. O que eu tinha em mente para testar minha ideia de que um número limitador de calorias disponíveis forçou um *trade-off* entre massa corporal e massa encefálica nos grandes primatas não humanos era o seguinte: em um prato de uma balança matemática, eu poria o número de calorias que diferentes espécies animais — primatas, para começar — podiam obter com sua dieta em um dia, e no outro prato eu poria o número de calorias requeridas para sustentar diferentes combinações de massa corporal e número de neurônios. Eu queria descobrir se havia um limite ao número de neurônios e ao tamanho que um corpo de primata era capaz de sustentar, e qual era esse limite — porque, afinal de contas, se fossem um trilhão de neurônios e um corpo de várias toneladas, então não era um limite fisiologicamente significativo.

Corpos custam certa quantidade total de energia por dia, que pode ser medida ou pelo menos estimada em calorias, com base na lei de Kleiber, segundo a fórmula 70 (massa corporal em quilos)^{0,75}, já mencionada no capítulo 9. Como sabíamos a massa corporal de várias espécies primatas, podíamos facilmente estimar o custo total do energia de seus corpos. Para calcular o custo de energia de seus cérebros, tínhamos o custo médio global de energia de seis calorias por dia por bilhão de neurônios que se aplicava aos encéfalos do macaco reso, dos babuínos e dos humanos,[4] por isso podíamos supor que o mesmo custo de energia aplicava-se também aos cérebros de todos os outros primatas.

O que nos faltava eram estimativas do número de calorias que os primatas obtêm por hora quando procuram alimento na natureza. Mas esses dados existiam, coletados por primatologistas que haviam passado muitas horas observando outros primatas em suas tarefas de forrageio e alimentação. Só precisávamos encontrar e interpretar esses dados.

O "garimpo" dos dados necessários foi feito por Karina Fonseca-Azevedo, uma extraordinária aluna de graduação em meu laboratório, que já trabalhara conosco no estudo da variação da composição celular do cérebro entre camundongos diferentes. Ela já não estava mais no laboratório, mas, depois de assistir a uma palestra na qual sugeri que era preciso inverter o argumento de que os humanos eram anomalias se comparados aos grandes primatas não humanos — pois *eles* eram as anomalias, e não nós —, Karina voltou e pediu para trabalhar especificamente nessa questão.

E como trabalhou! Primeiro, procurou e compilou os dados sobre os números médios de horas que diferentes espécies de primata gastam com forrageio e alimentação na natureza. Nossa primeira questão era se e como o consumo médio de calorias variava segundo a massa corporal: os primatas maiores eram capazes de obter mais calorias por hora de alimentação, como cogitávamos intuitivamente? E sua capacidade de consumir calorias dos alimentos variava *mais depressa* do que as necessidades calóricas totais do corpo, nesse caso não havendo limitação energética para tornar-se maior, ou *mais devagar*, e nesse caso os primatas acabariam por atingir um limite para seu tamanho máximo?

Nosso raciocínio foi que o número de horas que diferentes primatas gastam em forrageio e alimentação deve ser, em média, apenas o suficiente para consumirem o que precisavam para suprir suas necessidades calóricas diárias. Se consumissem mais, os primatas adultos se tornariam cada vez mais gordos, o que não acontece; aliás, na natureza os primatas costumam ser razoavelmente magros. Se consumissem menos, eles perderiam peso e seriam cronicamente famintos, o que também não acontece com os primatas sadios na natureza. Baseados nesse raciocínio, podíamos supor que as calorias obtidas com um determinado número de horas de forrageio e alimentação eram, em média, apenas o suficiente para suprirem suas necessidades totais de energia. Pudemos então dividir o custo diário total estimado de energia de cada espécie pelo número de horas gastas por dia em forrageio e alimentação, e assim obter uma estimativa do número de calorias que cada espécie consumia por hora gasta em forrageio e alimentação.

Karina descobriu que essa quantidade, a taxa de consumo calórico, variava de apenas nove a dez calorias por hora em primatas pequenos, como o sagui e o macaco-da-noite, até 202 calorias por hora no orangotango e 335 calorias por hora no gorila. Como mostra a figura 10.1, havia uma correlação positiva entre massa corporal e aporte calórico por hora, como esperado: os primatas maiores podiam obter mais calorias por hora de forrageio e alimentação. Sem dúvida é vantajoso ter boca maior.

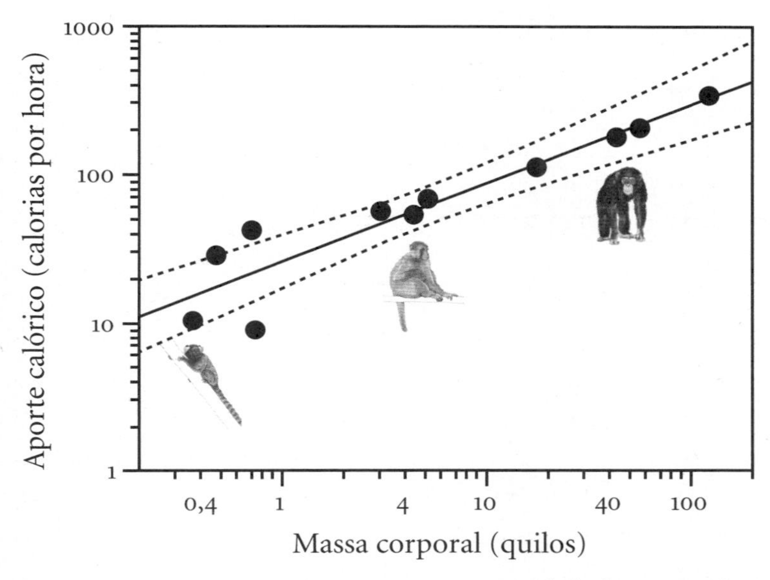

Figura 10.1 Os primatas maiores têm maior capacidade de aporte calórico (em calorias por hora gasta em forrageio e alimentação). No entanto, o aporte calórico varia com a massa corporal elevada à potência 0,53 (as linhas tracejadas indicam o intervalo de confiança de 95% para a função de escala), mais lentamente do que o custo de energia do corpo, que varia com a massa corporal elevada à potência 0,75.

Constatamos, porém, que, na natureza, o aporte calórico por hora em primatas variava segundo uma função potência de sua massa corporal com expoente 0,53 — menor que o expoente 0,75 da função de potência que rege a variação do custo metabólico total do corpo segundo o aumento da massa corporal. Isso significava que o custo de energia por hora para as espécies primatas maiores aumenta *mais depressa* com a massa corporal do que sua capacidade de obter calorias por hora, o que, por sua vez, significava que havia um limite para o tamanho que o corpo de uma espécie primata podia alcançar.

Mas isso se aplicava somente às taxas horárias, e, em teoria, sempre havia a possibilidade de gastar mais tempo em forrageio e alimentação, caso não se conseguisse ingerir calorias suficientes por hora. De fato, Karina constatou que os números totais de horas gastas em forrageio e alimentação por dia aumentava com a massa corporal: de duas horas diárias em média para os primatas menores até mais de sete horas diárias por dia para os orangotangos e quase oito horas por dia para os gorilas, como se vê na figura 10.2.

Acontece que, na prática, o dia tem 24 horas, e o número de horas que um primata pode gastar com forrageio e alimentação é limitado adicionalmente pela necessidade de dormir entre oito e nove horas diárias — mais um aspecto em que os humanos se assemelham aos seus parentes primatas. Os orangotangos parecem limitar-se a um máximo de 8,5 horas diárias de forrageio e alimentação, que é o número médio de horas que eles podem consistentemente dedicar a essas atividades quando há escassez de alimentos[5] — e ainda assim eles perdem peso durante a estação seca, o que indica que, nessas circunstâncias, eles precisariam gastar ainda mais horas na obtenção de calorias, mas não podem. Para os gorilas foi documentado um total de dez horas diárias de forrageio e alimentação,[6] porém isso parece decorrer de um esforço extremo e ocasional para encontrar calorias, e não de um esforço que eles possam fazer diariamente.

Usando oito horas como um limite prático para quantas horas um primata podia gastar com forrageio e alimentação, pusemos em um prato da nossa balança o aporte calórico diário calculado para primatas que forrageavam e comiam durante oito horas por dia, dependendo de sua massa corporal, e no outro prato o custo diário de energia dos primatas com a mesma massa corporal. A massa corporal máxima que um primata que forrageava e comia por oito horas diárias pode ter é encontrada igualando uma equação à outra para determinar quando a energia consumida se iguala à energia usada — e descobrimos que isso acontece por

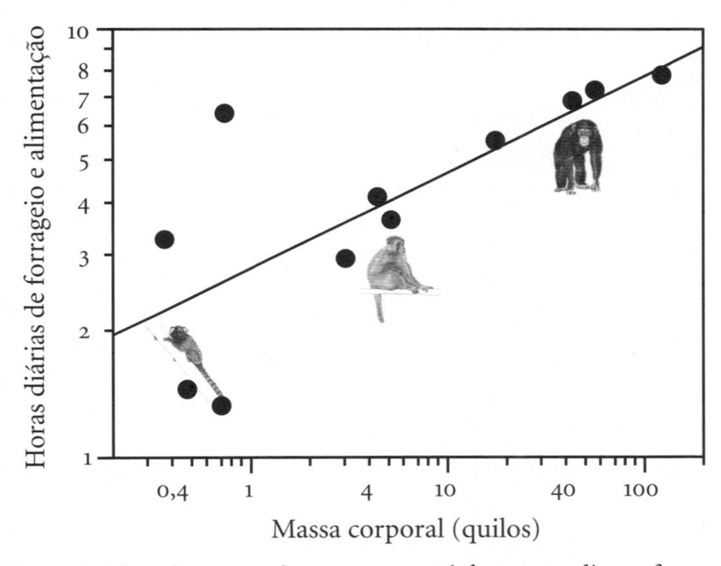

Figura 10.2 Os primatas maiores gastam mais horas por dia em forrageio e alimentação. Embora o número de horas diárias que eles usam nessas atividades aumente lentamente segundo a massa corporal elevada à potência 0,22, a grande variação nos tamanhos dos corpos dos primatas é suficiente para que o número necessário de horas gastas para obter calorias varie de menos de duas para quase oito horas por dia.

volta dos 120 quilos. É muito significativo que essa massa corporal não seja enorme, e sim razoavelmente próxima do peso típico de um gorila de dorso prateado não macho alfa na natureza: *existe* um limite para a massa corporal imposto pela disponibilidade calórica, e os gorilas não vivem muito longe desse limite. Tornar-se um macho alfa de dorso prateado requer um esforço extra para obter alimento — por outro lado, uma das vantagens de ser um alfa é conseguir comida de seus colegas subalternos; assim, no fim das contas, encorpar compensa.

Não tínhamos sequer considerado o custo específico de números maiores de neurônios, e já deparávamos com um limite de energia significativo para o tamanho que os corpos de primatas podiam alcançar. E se agora nos concentrássemos nesse custo específico? Já que conhecíamos a massa do encéfalo de cada espécie, podíamos subtraí-la da massa total do corpo para estimar o custo de energia de um corpo sem encéfalo (em grande medida uma formalidade, considerando o quanto o encéfalo é relativamente pequeno em comparação com o corpo). Como sabíamos ou podíamos estimar o número de neurônios em cada uma das espécies primatas, podíamos então adicionar de volta o número de calorias necessárias para o funcionamento de um encéfalo com aquele número de neurônios. Na verdade, podíamos estimar o número de calorias necessárias para o funcionamento de qualquer encéfalo primata, baseados simplesmente no número de neurônios predito para sua massa encefálica e supondo que o encéfalo usava as mesmas seis calorias diárias por bilhão de neurônios que havíamos descoberto para os encéfalos de humanos, roedores e duas outras espécies primatas.[7] Agora estávamos em condições de pôr em um prato da nossa balança a quantidade de energia que os primatas podiam obter com sua dieta (dependendo da massa corporal e do número de horas diárias gastas com forrageio e alimentação) e, no outro prato, o custo total de energia resultante de diferentes combinações de massa corporal "descerebrada" e número de neurônios. Saber que a taxa de aporte calórico já não era suficiente para sustentar nem mesmo corpos de primatas maiores sugeria que adicionar o custo de energia dos neurônios ao outro prato só faria a balança pender mais depressa. A questão, a essa altura, era em que momento os primatas com um dado número de neurônios encefálicos passariam a não dispor de mais horas para compensar a maior necessidade de energia gasta em forrageio e alimentação durante períodos diários mais longos.

Balanceando as equações para o aporte calórico e consumo de calorias para o encéfalo e o corpo, tudo dependendo da massa corporal, número de neurônios encefálicos e número de horas diárias gastas com forrageio e ingestão de alimentos, pudemos estabelecer "zonas de viabilidade": as combinações de massa corporal, número de neurônios encefálicos e de horas dedicadas a forrageio e alimentação que podiam ser sustentadas com o número estimado de calorias obtidas nessas circunstâncias, como mostrado na figura 10.3. O próprio fato de ter sido possível delinear essas zonas significava que o aporte calórico era realmente um fator limitador não só do tamanho do corpo, mas também do número de neurônios que um primata podia ter no encéfalo, dependendo de quantas horas ele forrageava e comia por dia.

O formato das zonas de viabilidade mostradas na figura 10.3 é ainda mais importante: até para primatas que pudessem gastar dez horas diárias com forrageio e alimentação, as zonas têm uma inclinação descendente à direita. Isso significa que não só havia um limite ao número de neurônios que um primata de uma dada massa corporal podia possuir (o máximo valor vertical de cada linha na figura 10.3), mas também que, passado um certo ponto, o aumento da massa corporal tinha um custo: ou forragear e se alimentar durante mais horas (ou seja, dar um salto nas linhas na figura 10.3), ou, se isso não fosse possível, abrir mão de neurônios no encéfalo.

E esse é um *trade-off* abrupto e fisiologicamente relevante, que fica ainda mais evidente quando consideramos o número máximo de neurônios que são sustentáveis com um dado número de horas diárias gastas para obter calorias e a massa corporal máxima que ainda permite ao animal possuir esse número de neurônios, como nas combinações mostradas a seguir. Por exemplo, comer durante oito horas permite que um primata possua no máximo 53

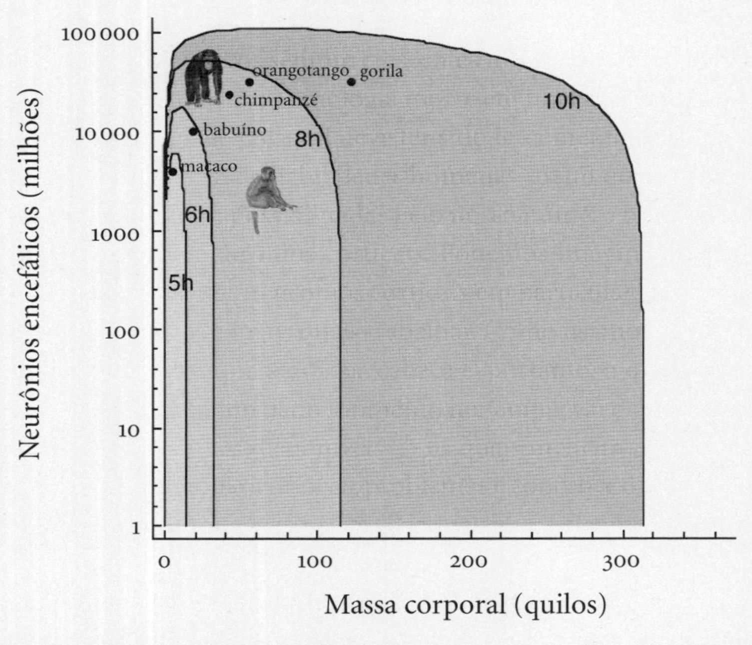

Figura 10.3 As zonas sombreadas para cada curva indicam as combinações viáveis de número de neurônios encefálicos e massa corporal que podem ser sustentadas por um dado número de horas diárias gastas com forrageio e alimentação (h). As inclinações descendentes à direita em cada curva indicam um *trade-off*: depois de ultrapassado um número máximo de neurônios no encéfalo, a massa do corpo só pode aumentar à custa do número de neurônios; analogamente, o número de neurônios no limite das curvas só pode aumentar à custa da massa corporal.

bilhões de neurônios, não mais — e, nesse caso, ao custo de limitar a massa corporal ao máximo de 25 quilos. Segundo nossos cálculos, seria possível aumentar o tamanho do corpo enquanto ainda se gastassem as mesmas oito horas diárias em forrageio e alimentação, porém ao custo de abrir mão de neurônios no encéfalo, de modo que o número máximo de neurônios comportável diminui conforme aumenta a massa corporal, como mostrado a seguir:

53 B neurônios	25 quilos
45 B neurônios	50 quilos
30 B neurônios	75 quilos
12 B neurônios	100 quilos
inviável	150 quilos

A partir de um dado ponto, um corpo grande demais custa mais energia do que é capaz de obter com forrageio e alimentação durante certo número de horas por dia — sem contar o custo extra que neurônios trariam. Mas nem mesmo para corpos de porte médio seria possível possuir muito mais neurônios. Para um primata de 75 quilos, 30 bilhões de neurônios é o limite que calculamos. Portanto, os gorilas e orangotangos, com seus 33 bilhões de neurônios e massa corporal na faixa de 55 quilos a cem quilos, estão no limite do número de neurônios cerebrais e massa corporal para um primata que forrageia e come por oito horas diárias em média. As calorias que eles ingerem certamente poderiam ser usadas para sustentar um número maior de neurônios, mas só se a sua massa corporal fosse menor. Para sua massa corporal real, eles não consomem calorias suficientes para possibilitar um número maior de neurônios. Outros primatas menores poderiam facilmente gastar mais horas por dia em forrageio e alimentação se precisassem, e ao longo de gerações alcançariam as condições para possuir mais neurônios; isso deve ter ocorrido realmente, pois houve uma tendência a aumento do tamanho do cérebro e do corpo nas últimas dezenas de milhões de anos da evolução dos primatas.

No entanto, essa tendência deixou de existir assim que o corpo se tornou tão grande na evolução dos primatas que passou a requerer um número perigosamente alto de calorias diárias. O encéfalo do orangotango tem cerca de um terço do tamanho do encéfalo humano e, portanto, dadas as regras neuronais de proporcionalidade que se aplicam aos encéfalos de primatas, podemos estimar que ele possui cerca de um terço dos neurônios e requer aproximadamente um terço das calorias para sustentar somente o cérebro, ou seja, aproximadamente 180 calorias. Durante os meses em que as frutas são escassas, quando o consumo calórico total das fêmeas é estimado em cerca de 1800 calorias por dia (na melhor das hipóteses, supondo 100% de eficiência calórica do alimento ingerido — o que não é razoável, como veremos adiante), estima-se que seus cérebros requerem no mínimo 10% do aporte calórico total, e o restante é insuficiente para sustentar o corpo, por isso os orangotangos perdem peso. Para duplicar o número de neurônios no encéfalo de um orangotango, seriam necessárias mais 180 calorias diárias, cuja obtenção requereria uma hora adicional. Uma vez que os orangotangos já gastam o máximo possível de horas com forrageio e alimentação, está claro que qualquer aumento significativo no número total de neurônios no encéfalo poria em risco sua possibilidade de sobreviver.

Portanto, os grandes primatas de maior porte não podem gastar mais tempo em forrageio e alimentação, pois já atingiram o número máximo de horas diárias que podem usar nessas atividades e, com isso, o número máximo de calorias que podem consumir por dia. Um primata não pode possuir simultaneamente um corpo muito grande e um número muito grande de neurônios: as alternativas são mais cérebro ou mais corpo, e parece que os grandes primatas "escolheram" a segunda.

No entanto, obviamente na evolução não existe "escolha". O trabalho da seleção natural só pode ser reconhecido retrospectivamente, quando certa característica revela-se vantajosa com o passar das gerações. O último ancestral que humanos, chimpanzés, bonobos, gorilas e orangotangos tiveram em comum supostamente viveu há cerca de 16 milhões de anos. Sua massa corporal ainda é desconhecida, mas a julgar pelas espécies de hominídeos fósseis que surgiram posteriormente, ele pode ter sido um primata de porte médio, possivelmente do tamanho de um chimpanzé, mas com um encéfalo já dotado de aproximadamente 30 bilhões de neurônios, a julgar pelo tamanho de seu crânio: mais ou menos como o do gorila ou orangotango moderno. Desse ponto em diante, as linhagens que permaneceram quadrúpedes (e deram origem aos grandes primatas não humanos modernos) parecem ter investido no ganho de corpos maiores todas as calorias adicionais consumidas por dia graças a mais tempo gasto em forrageio e alimentação. Para as espécies que andam apoiadas nos nós dos dedos e, por razões anatômicas, não têm grande mobilidade, tornar-se tão grandes quanto possível deve ter sido vantajoso, pois possibilitava aos animais um status mais elevado e, com isso, maior acesso aos alimentos, entre outros privilégios. Decerto esses animais também se beneficiariam se possuíssem números ainda maiores de neurônios, supondo que isso lhes traria maiores habilidades cognitivas para enfrentar seus desafios diários. Porém, como os números acima demonstram, aproximar-se dos limites dessas curvas de viabilidade (figura 10.3) seria arriscado, trazendo uma séria ameaça de fome e morte. Como um cérebro individual usa a mesma quantidade de energia mesmo se o resto do corpo estiver passando fome, possuir neurônios demais é claramente uma desvantagem quando uma espécie vive perto dos limites de suas possibilidades de aporte calórico.

Contudo, para o nosso ancestral australopitecíneo recém-bípede e subitamente dotado de grande mobilidade, que há cerca de 4 milhões de anos divergiu da linhagem que daria origem aos chimpanzés e bonobos modernos, deve ter sido uma estratégia muito melhor investir as calorias adicionais que ele obtinha por dia em um número maior de neurônios contidos em um cérebro abrigado em um corpo mais magro e mais leve. Só podemos fazer suposições sobre como, exatamente, as linhagens dos humanos e grandes primatas não humanos vieram a adotar diferentes estratégias de investimento, privilegiando mais cérebro em detrimento de mais corpo ou mais corpo em detrimento de mais cérebro. Porém, o que se evidencia assim que levamos em consideração as necessidades e a disponibilidade de energia é que não se pode ter as duas coisas.

11. Agradeça à cozinha pelos seus neurônios

Não costumamos nos ver como animais, muito menos como limitados por alguma coisa (salvo não poder voar com asas próprias). Entretanto, somos primatas, e comparar-nos com outros primatas no que diz respeito às nossas necessidades de energia pode ser muito esclarecedor quanto à nossa história evolutiva. Pois, se gorilas e orangotangos vivem no limite do número de neurônios cerebrais e massa corporal que os primatas podem possuir dado o seu aporte calórico, nós, humanos, nem sequer deveríamos existir.

Isso porque os 86 bilhões de neurônios do nosso cérebro e os cerca de setenta quilos do nosso corpo exigiriam — segundo nossas estimativas para um primata genérico com a nossa massa corporal e um consumo médio aproximado de duzentas calorias por hora[1] — que dedicássemos mais de nove horas diárias a encontrar e ingerir alimento. Obviamente, procurar alimento e comer durante tanto tempo é algo que não fazemos. Aliás, o humano urbano típico não teria condições de ficar procurando comida e se alimentando nem por muito menos do que nove horas todo santo dia. E os nossos ancestrais também não.

Considerando que não deveríamos ser viáveis, mas obviamente cá estamos, a questão fundamental passa a ser: como os nossos ancestrais conseguiram ter as condições para arcar com o crescente número de neurônios que caracterizou o surgimento dos humanos modernos? Como ilustra a figura 11.1, um dos aspectos característicos e mais notáveis da evolução humana é que o encéfalo das espécies *Homo* aumentou muito e com rapidez extraordinária — quase triplicou de tamanho durante o último 1,5 milhão de anos — enquanto os encéfalos dos nossos parentes grandes primatas estagnaram no mesmo tamanho que possuem até hoje. Vejamos isso de uma perspectiva mais ampla: os encéfalos de primatas levaram cerca de 50 milhões de anos para passar do minúsculo tamanho encontrado nos lêmures ao tamanho do encéfalo do gorila (um aumento de 29 bilhões de neurônios), mas foi preciso apenas 1,5 milhão de anos para adicionar 57 bilhões de neurônios somente aos encéfalos dos *Homo* — quase o dobro do número de neurônios. Em comparação com a história evolutiva dos grandes primatas não humanos, a nossa parece realmente extraordinária: uma singularidade que nos destaca.

Só para prover a energia que permitiu triplicar o número de neurônios no cérebro do *Homo* teria sido preciso, segundo os cálculos nossos e de outros,[2] gastar nada menos que nove a dez horas em forrageio e alimentação por dia com uma dieta típica de primatas, como a dos grandes primatas não humanos, algo que nenhum desses animais é capaz de fazer. Os gorilas e orangotangos perdem peso quando forrageiam e se alimentam por mais de 7,5 horas diárias durante os meses de baixa disponibilidade de frutas. Nossos ancestrais não teriam durado muito se gastassem duas horas diárias adicionais em forrageio e alimentação apenas para prover seu sustento básico. E se nossos ancestrais não pudessem obter alimento suficiente com suas dietas de primatas, não estaríamos aqui. Seja lá o que foi que mudou que

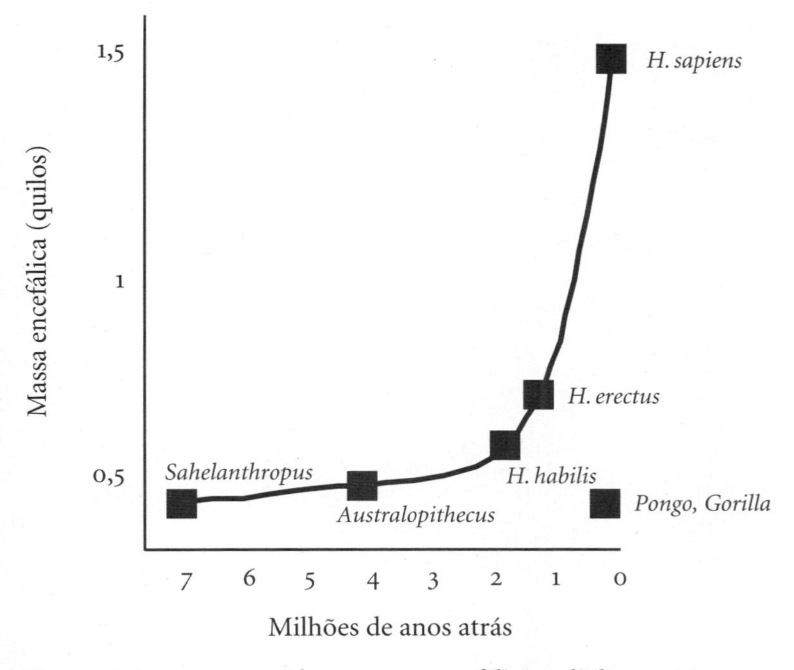

Figura 11.1 Aumento rápido na massa encefálica na linhagem *Homo* no último 1,5 milhão de anos, mas não nas linhagens que levaram aos grandes primatas não humanos modernos.

permitiu que os encéfalos do *Homo*, e só do *Homo*, aumentassem tanto e tão depressa, deve ter sido algo que fez essa restrição energética deixar de existir.

MAIS CALORIAS EM MENOS TEMPO

Existem quatro modos de contornar uma restrição energética ao número de neurônios no cérebro: (1) diminuir o tamanho do corpo; (2) diminuir o custo energético do cérebro; (3) obter mais energia gastando ainda mais horas diárias em forrageio e alimentação; (4) aumentar de algum modo a energia obtida com a mesma quantidade de alimento — por exemplo, com uma mudança radical na dieta.

Embora o encéfalo humano por muito tempo tenha sido considerado grande demais para seu corpo (o que implicava um corpo pequeno demais para seu encéfalo), vimos que, se excluirmos os grandes primatas não humanos da comparação — e a restrição que a disponibilidade energética impõe à sua massa corporal e encefálica nos dá boas razões para fazer isso —, os humanos possuem corpo e cérebro condizentes com o que se aplica à maioria dos outros primatas (exceto os grandes primatas não humanos), os quais poderiam gastar mais horas diárias com forrageio e alimentação se precisassem. Portanto, podemos excluir o modo número um: afinal, o corpo humano tem o tamanho que deveria ter para sua massa encefálica. Além disso, nossos ancestrais eram *menores*, e não maiores do que nós: a massa do corpo humano não diminuiu ao longo da evolução enquanto aumentava o tamanho do nosso encéfalo.

O encéfalo humano também custa a quantidade de energia que se esperaria dado seu número de neurônios, especialmente no córtex cerebral. E não é viável gastar 9,5 horas por dia em forrageio e alimentação, uma vez que o limite prático para um primata parece ser por volta de oito horas diárias. Portanto, risquem-se também as alternativas números dois e três.

O modo restante de contornar uma restrição energética ao número de neurônios no cérebro envolve mudanças na dieta que permitissem obter mais calorias no mesmo período de tempo, ou até em menos tempo. Algumas mudanças iniciais nesse sentido provavelmente já aconteceram 4 milhões de anos atrás, quando nossos ancestrais australopitecíneos adotaram a postura ereta e se tornaram bípedes habituais. Como Daniel Lieberman analisa minuciosamente em *The Story of the Human Body*,[3] o bipedalismo aumenta potencialmente o número de calorias que podem ser obtidas em um dia porque amplia o alcance da coleta de alimentos, já que é bem mais fácil e custa quatro vezes menos calorias andar sobre dois pés — como fazem os humanos — do que de quatro — como fazem os grandes primatas não humanos modernos e como devia fazer o ancestral do qual se originaram os australopitecíneos. Afastar-se de casa para encontrar comida é o que caracteriza o coletor de alimento, em contraste com apenas pegar o que está por perto para comer, que é o que os grandes primatas não humanos continuam fazendo até hoje. O bipedalismo transformou os nossos ancestrais em coletores.

Por volta de 2 milhões de anos atrás, nossos ancestrais já haviam passado por outras modificações em comparação com os primatas que originariam os grandes primatas não humanos: o *Homo erectus* possuía pernas mais longas que reduziam o custo de caminhar, com tendões e músculos elásticos que tornavam o custo de correr por tempo prolongado independente da velocidade.[4] Outras características também beneficiaram a corrida de resistência, por exemplo, um glúteo máximo grande (o músculo que torna as nádegas humanas arredondadas), o ligamento nucal (que mantém a cabeça ereta), canais semicirculares grandes nas orelhas (que contribuem para dar firmeza ao equilíbrio e ao olhar mesmo durante a corrida) e dedos dos pés curtos. Para uma espécie que vivia perto do limite da capacidade metabólica, a corrida de resistência facilitava cobrir rapidamente grandes distâncias até uma carcaça (sinalizada por abutres sobrevoando o local, por exemplo), enxotar os carnívoros em volta e fugir velozmente com o que fosse possível carregar.

No entanto, outra modificação ainda mais importante é que a corrida de resistência também parece ter permitido aos nossos ancestrais, criaturas de porte relativamente pequeno e não muito musculosas, adicionar a caça ativa à coleta de frutos e carcaças.

Evidências arqueológicas indicam que há cerca de 1,9 milhão de anos os primeiros humanos caçavam animais grandes como gnus e cudos — e, na ausência de lanças afiadas ou algo mais letal do que uma clava e da força muscular dos chimpanzés e gorilas, isso necessariamente requeria a corrida de resistência, algo que só o *Homo* bípede era capaz de fazer. Embora humanos desarmados não pudessem correr mais do que antílopes, em grupos coordenados podiam persegui-los por longas distâncias até deixá-los exaustos e, por fim, derrubá-los — especialmente aqueles humanos que por acaso possuíssem alguns bilhões de neurônios a mais para fazer o trabalho.

Quando nossos ancestrais *Homo* começaram a ganhar cérebros muito maiores, já haviam se tornado não só coletores, mas também caçadores — e caçar, por sua vez, deve ter exercido uma pressão seletiva por mais neurônios cerebrais, pois requeria ainda mais cooperação, a qual dependia de memória, planejamento, raciocínio, autocontrole, noção do estado mental dos outros caçadores, comunicação por alguma espécie de linguagem: habilidades corticais que se baseiam acentuadamente nas funções associativas de um córtex pré-frontal. Ao disponibilizar mais energia, a transformação em caçadores-coletores provavelmente pôs os nossos ancestrais no caminho de beneficiar-se de um número maior de neurônios no cérebro e ter condições de sustentá-los.

No entanto, isso tudo aconteceu entre 4 milhões e 1,5 milhão de anos atrás, um período no qual a massa encefálica cresceu apenas ligeiramente nas espécies da nossa linhagem, entre os australopitecíneos e o primeiro *Homo*. Um aumento radical e súbito no tamanho do encéfalo como o visto na evolução do *Homo* a partir de então deve ter requerido uma mudança igualmente radical e súbita no aporte calórico. Um modo de obter esse tipo de mudança — conseguir mais calorias em um mesmo tempo — é velho conhecido nosso, e no registro fóssil há boas evidências, cada vez mais numerosas, de que ele já era usado pelos nossos ancestrais há 1 milhão ou talvez até 1,5 milhão de anos,[5] justamente na época em que o tamanho do cérebro humano começou a crescer depressa, como ilustrado na figura 11.2. É a transformação de gêneros alimentícios — uma pré-digestão fora do corpo, na verdade, antes de o alimento chegar à boca — conhecida como "cozinhar".

Cortar, bater, esmagar ou amaciar os alimentos por algum outro método antes de mastigá-los também é "cozinhar", no sentido menos restrito de preparar o alimento em vez de comê-lo in natura.[6] Cozinhar, nesse sentido mais abrangente, é algo que os primeiros *Homo* e até seus ancestrais caçadores-coletores já faziam há 4 milhões de anos, com seus utensílios de sílex — e algo que os ancestrais dos grandes primatas não humanos nunca fizeram. Mãos de feitio moderno capazes de segurar com precisão, o que facilita manusear ferramentas e usá-las para processar alimento, são inequivocamente evidentes já por volta de 2 milhões de anos atrás[7] (e granjearam a esse *Homo* específico o nome *habilis*). Portanto, provavelmente os caçadores-coletores já haviam conquistado algumas facilidades no que tange ao tempo necessário para ingerir calorias suficientes, sobrando-lhes então um tempo adicional para fazer coisas mais interessantes com os neurônios cerebrais extras que eles podiam sustentar, por exemplo, socializar e organizar caçadas. Mas essas formas primitivas de cozinhar não são nada em comparação com o número de calorias proporcionado pela técnica em sua forma mais apurada: cozinhar com fogo.

Homo culinarius

Durante um longo voo em fins de 2009, eu tinha lido de uma assentada o delicioso livro de Richard Wrangham sobre a hipótese da cozinha, *Catching Fire: How Cooking Made us Human* [*Pegando fogo: Por que cozinhar nos tornou humanos*],[8] quando uma

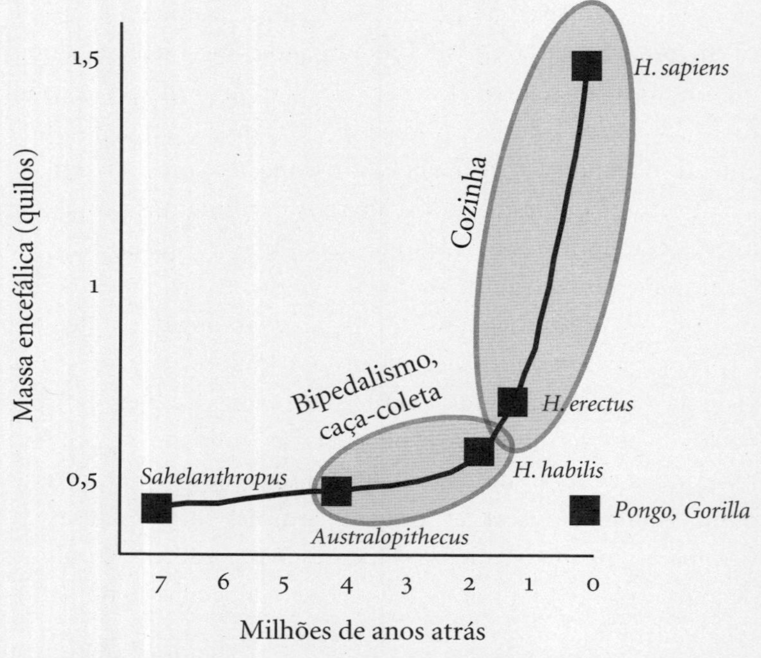

Figura 11.2 O rápido aumento da massa encefálica na linhagem *Homo* no último 1,5 milhão de anos coincide com a invenção da cozinha, provavelmente pelo *Homo erectus.*

editora brasileira me pediu para avaliá-lo para o público leitor. Resumidamente, a hipótese da cozinha atribui à invenção do preparo de comida com uso do fogo pelos nossos ancestrais diretos e à resultante disponibilidade de alimentos assim processados a disponibilidade do maior aporte calórico que permitiu ao cérebro do *Homo* aumentar tão rapidamente na evolução. As evidências circunstanciais da drástica redução nos dentes e na massa óssea craniana, esperada para uma espécie que não precisava mais fazer tanto esforço para mastigar, já estavam presentes,* juntamente

* Vejo também o encurtamento dos intestinos no *Homo* moderno como uma

com o registro fóssil que situa o uso do fogo na mesma época do surgimento da técnica de transformar alimentos, entre 1 milhão e 1,5 milhão de anos atrás. O que Wrangham não tinha na época era uma indicação de que cozinhar, ou algum outro modo de aumentar o aporte calórico dos alimentos, não foi simplesmente um bônus, uma vantagem acessória para o *Homo* pré-histórico, e sim um requisito essencial para que seus cérebros se tornassem ainda maiores.

Na época, meu laboratório já havia descoberto que o cérebro humano era apenas um cérebro primata com número maior de neurônios e não uma anomalia, e eu desconfiava seriamente que eram os grandes primatas, e não nós, as anomalias na relação cérebro-corpo — e por uma questão de energia, como pudemos demonstrar alguns anos mais tarde. Mas eu não era primatologista, muito menos antropóloga, e não tinha familiaridade com essa área.

Por isso, fiquei encantada ao ver que a tese de Wrangham explicava perfeitamente o que confirmamos depois: assim que o *Homo* se libertou das restrições energéticas impostas pela dieta crua que ele tinha em comum com os outros animais, o tamanho do seu encéfalo aumentou rapidamente — sem que os humanos deixassem de ser primatas na composição neuronal do encéfalo. Nossos ancestrais nunca divergiram da mesma regra neuronal de proporcionalidade quase linear aplicável a todos os primatas; eles apenas conseguiram continuar avançando em direção a possuir mais neurônios, um número muito maior do que aquele ao qual os outros primatas estavam e ainda estão limitados em razão de suas dietas cruas. Nos anos seguintes a 2009, e inspirados pelo

consequência da passagem para a dieta cozida que permitiu o aumento do tamanho do cérebro, e não como um meio para possibilitar a posse dos cérebros maiores, que é a ideia central da hipótese do tecido caro (Aiello e Wheeler, 2006).

livro de Wrangham, trabalhamos para testar a hipótese de que o aporte calórico decorrente de uma dieta crua era tão limitador que impedia quaisquer aumentos adicionais no tamanho do encéfalo dos grandes primatas não humanos — e acabamos obtendo os números que mostravam inequivocamente que a disponibilidade de calorias da dieta crua típica dos primatas era tão limitadora que, na ausência de um modo para superar essa limitação, a evolução dos humanos modernos não teria sido possível.[9] Não havia outro modo para o encéfalo humano se destacar salvo uma mudança radical no aporte calórico. E a invenção da cozinha permitiu exatamente isso.

Com ou sem o fogão, porém, está claro que a adição de números imensos de neurônios que, podemos inferir, impeliram a expansão do encéfalo na evolução humana envolveu não só um aporte calórico maior, mas também a adoção de uma dieta composta de alimentos mais macios. A prova disso, analisada no livro de Wrangham, é a drástica mudança no formato das cristas do crânio que servem de âncora para os músculos faciais da mastigação: a crista sagital no topo do crânio e as eminências zigomáticas nas bochechas — ainda tão evidentes nos gorilas e outros grandes primatas não humanos — desapareceram na nossa linhagem, enquanto os dentes molares e caninos tiveram uma drástica redução de tamanho, mesmo quando o tamanho da cavidade cerebral mais que dobrou em uma espécie, o *Homo erectus*. Considerando que a forma dos ossos do corpo tem relação direta com a força a eles imposta pelos músculos aos quais são ligados, o tamanho reduzido ou mesmo o desaparecimento de características ósseas associadas à mastigação laboriosa indica que as populações mais recentes de *Homo erectus* não precisavam mais usar a força bruta de suas mandíbulas e dentes para comer. E isso é exatamente o que se esperaria que acontecesse ao longo de muitas gerações com uma espécie que passou a ter habitualmente uma dieta cozida.

POR QUE O COZIMENTO FORNECE TANTA ENERGIA ADICIONAL?

Cozinhar, no sentido menos restrito, é transformar alimentos por quaisquer meios antes que eles entrem no trato digestivo, ou seja, na boca. Cozinhar inclui fatiar, cortar em cubos, moer, amassar, triturar, temperar e marinar, técnicas essas que facilitam mastigar e engolir a comida. No sentido mais restrito, obviamente, cozinhar pressupõe o uso do calor para desnaturar proteínas, quebrar cadeias de carboidratos e modificar de outros modos as macromoléculas de alimento, transformando os gêneros alimentícios in natura em versões mais fáceis de mastigar e digerir com enzimas. Cozinhar com calor quebra as fibras de colágeno que dão dureza à carne e amacia as paredes rijas das células vegetais, expondo seus depósitos de amido e gordura. Os alimentos cozidos fornecem 100% de seu conteúdo calórico ao sistema digestivo, porque são transformados em papa na boca, depois digeridos completamente por enzimas no estômago e intestino delgado; ali, uma vez convertidos em aminoácidos, açúcares simples, ácidos graxos e glicerol, são rapidamente absorvidos na corrente sanguínea. Em contraste, os mesmos alimentos podem fornecer apenas 33% da energia em suas ligações químicas quando comidos crus, pois, por serem mais duros, são engolidos ainda em pedaços, portanto são quebrados e digeridos apenas parcialmente. Só a superfície dos pedaços de alimentos crus é exposta às enzimas digestivas no estômago e intestino delgado; a maior parte do amido não quebrado é finalmente digerida no intestino grosso por bactérias que guardam essa energia para si. De um ponto de vista energético, a principal vantagem de cozinhar os alimentos está em que, ao possibilitar sua digestão completa, aumentamos muito seu rendimento calórico.

Obviamente, o sabor delicioso dos alimentos cozidos é outro aspecto importantíssimo da dieta cozida. Alguém poderia argumentar que se trata de um gosto adquirido, já que, na natureza, os alimentos sempre foram comidos crus no mundo não humano. Para testar essa hipótese, Richard Wrangham e sua equipe ofereceram a catorze chimpanzés a escolha entre cenouras, batatas e batatas-doces cruas e cozidas, constatando que seis deles — quase metade — tinham preferência quase absoluta pelos vegetais cozidos.[10] Posteriormente, Felix Warneken e Alexandra Rosati, também da Universidade Harvard, descobriram que chimpanzés estavam dispostos a devolver os alimentos crus que recebiam se pudessem trocá-los por uma versão cozida — ou seja, estavam dispostos a esperar que cozinhassem a sua comida.[11] Se tiverem opção, até os ingênuos grandes primatas não humanos preferem alimentos cozidos — e o mesmo, presumivelmente, aconteceu com nossos ancestrais. Quem tem cachorro em casa e comete o erro de dar a ele alimentos cozidos logo percebe: assim que o animal descobre a existência de comida cozida no mundo, é difícil que ele aceite novamente a ração de pacote. Um animal que descobre o gosto da comida cozida quer mais, e é fácil imaginar que isso também deve ter acontecido com os nossos ancestrais. Alguns anos atrás pude constatar a preferência de chimpanzés por alimentos cozidos quando visitei o santuário do Projeto de Proteção dos Grandes Primatas na cidade paulista de Sorocaba, que na época abrigava 48 chimpanzés resgatados de circos, onde tinham sido maltratados, ou de famílias que finalmente haviam criado juízo e concluído que um chimpanzé não é um bicho de estimação para se ter em casa. Os chimpanzés do santuário, animais muito musculosos e agressivos, arremeteram contra mim pelo simples fato de eu ser uma estranha. Mesmo do outro lado dos vidros de segurança reforçados por barras de aço, ver um chimpanzé correndo para me atacar foi atemorizante o suficiente para me fazer recuar, só por precaução. Mas ao meio-dia, quando os proprietários do santuário se aproximaram da janela da área de alimentação trazendo tigelas de comida, aquelas criaturas fortíssimas e ferozes transformaram-se em animais dóceis, aguardando o mais pacientemente que podiam pela próxima garfada de espaguete com almôndega, de boca aberta como bebês humanos na hora do almoço.

Ao mesmo tempo que aumenta o rendimento calórico dos alimentos, o cozimento reduz o *tempo* necessário para obter todas essas calorias, simplesmente porque é preciso mastigar muito menos para transformar por completo o alimento em uma pasta macia o suficiente para ser engolida. Comer carne, um hábito ao qual antes se atribuía a expansão evolucionária do encéfalo humano, na verdade é dificílimo se ela estiver crua: um filé de duzentos gramas ao ponto, que desaparece num prato humano em quinze minutos, levaria mais de uma hora para ser engolido cru sem ser moído ou cortado. Se o alimento estiver cozido, será preciso menos tempo para comê-lo, sobrando mais tempo para fazer outras coisas com todos aqueles neurônios que se tornam mais fáceis de sustentar. E assim que a energia possibilitada pelo cozimento transforma um número maior de neurônios de desvantagem em vantagem, torna-se mais fácil imaginarmos uma espiral rapidamente ascendente, na qual a seleção natural favorece números maiores de neurônios, porque os indivíduos que os possuem têm uma vantagem cognitiva e agora dispõem de mais tempo para usá-los nas caçadas em grupos, nos deslocamentos pelo ambiente, na busca de melhores condições de habitação, caça e coleta, e nos cuidados voltados para o bem-estar de seu grupo, protegendo seus membros e transmitindo-lhes conhecimentos sobre os lugares onde há comida e abrigo.

Resumindo uma história de 2 milhões de anos, acredito que a invenção da cozinha fornece a explicação mais simples para como os humanos puderam, em pouquíssimo tempo, livrar-se da limitação de comer apenas alimentos crus como qualquer outro animal e, graças ao número maior de neurônios que eles agora podiam sustentar, plantar seu próprio alimento, colhê-lo e distribuí-lo em mercados, criar civilizações inteiras ao redor dessas atividades, estabelecer cadeias de distribuição, supermercados, eletricidade, refrigeradores e "alimentos industrializados" enlatados, congelados ou desidratados, que podem ser armazenados por tempo indefinido e estão prontamente disponíveis para consumo. Esse processo teve suas fases ruins, é claro; paradoxalmente, fomes coletivas foram comuns no mundo recém-industrializado, em parte porque a própria transição para a agricultura, que o antropólogo Jared Diamond chamou de "o pior erro na história da raça humana",[12] reduziu a diversidade dos gêneros alimentícios e, com isso, deixou os humanos à mercê de pragas das plantas, secas e guerras. No outro extremo, a "culinária industrializada", outra invenção do nosso cérebro rico em neurônios, retirou tanta água daquilo que comemos que transformou os alimentos prontos embalados em verdadeiras bombas calóricas que dificilmente têm equivalentes na comida feita em casa, dotada de alto teor de água — razão pela qual autores como Michael Pollan defendem um retorno à comida caseira.

Porque agora, orgulhosos proprietários que somos de cérebros ávidos por energia que parecem não ter acordado para o fato de que a energia não é mais um bem raro, nós exageramos. Nós, humanos, não corremos mais o risco de não obter calorias suficientes para o nosso cérebro primata rico em neurônios; agora sofremos porque temos condições de consumir calorias demais. Ironicamente, considerando que foi o nosso afastamento da dieta crua adotada por outros primatas que permitiu que nos tornássemos humanos, recorremos a saladas e outros vegetais crus para permanecer como tais.

E OS CRUDÍVOROS MODERNOS?

No mesmo dia de 2012 em que foi publicado nosso estudo mostrando que a disponibilidade de energia em uma dieta crua é tão limitadora que a evolução humana não teria sido possível sem uma mudança radical no modo como os humanos obtinham suas calorias, por exemplo, com a invenção do cozimento,[13] recebi um e-mail explicando por que nossos gráficos bonitinhos estavam errados. Não havia razão para pensar que cozinhar era necessário para uma dieta humana, segundo o autor, porque "as necessidades calóricas do cérebro humano são triviais" e podem ser atendidas com "cinco bananas, treze ostras, sete ovos de tartaruga ou 69 castanhas-de-caju".

A falha nesse argumento está em que *hoje* pode parecer trivial a tarefa de obter as quinhentas e tantas calorias de alimentos crus para alimentar o encéfalo humano por um dia. Mas isso acontece porque os cérebros bem alimentados e, graças a isso, aumentados, dos nossos ancestrais inventaram a agricultura, os sistemas de distribuição de alimentos e as tecnologias de conservação que nos possibilitam ter refrigeradores com alimentos frescos estocados e prontamente disponíveis, sem precisarmos gastar longas horas com forrageio e coleta — para não falar dos liquidificadores e processadores de alimentos que transformam em pasta as cenouras e outros vegetais duros de mastigar, bases da dieta humana crudívora moderna. Mas e os nossos ancestrais, que não tinham agricultura, distribuição de alimentos, refrigeradores e quitandas, quanto tempo levariam para encontrar treze ostras ou um ninho com ovos de tartaruga?

Além disso, apesar das amenidades do mundo tecnológico moderno, obter calorias suficientes de alimentos crus continua a ser tão difícil que a dieta crudívora é *a* dieta "infalível" para se perder peso — porém não deixa de ter suas desvantagens: a drástica perda de peso que ela promove, com uma sensação constante de fome, costuma ser acompanhada por subnutrição, a tal ponto que leva mulheres a parar de menstruar. Karina Fonseca-Azevedo, a aluna que me ajudou a descobrir o *trade-off* entre os números de neurônios e a massa corporal, tentou seguir uma dieta crudívora nos primeiros dias de seus estudos de mestrado sobre as restrições energéticas impostas por alimentos crus a outros grupos de mamíferos, mas desistiu depois de perder quase dois quilos e meio muito depressa. As refeições levavam uma eternidade, pelo que me contou, e ela não podia mais nem ver cenoura crua.

ENTÃO QUAL É A VANTAGEM HUMANA?

Então o que nós temos e nenhum outro animal tem e que explica a nossa vantagem cognitiva? Um número notavelmente grande de neurônios corticais, eu digo — ainda que os tenhamos obtido pelo caminho dos primatas, sem violar regras biológicas ou evolucionárias.* E o que nós fazemos e nenhum outro animal faz que nos permitiu tornarmo-nos humanos? Esqueça enganar, raciocinar, planejar, contar, usar linguagem — outros animais podem fazer essas coisas, ao menos em certa medida. Nós cozinhamos o que comemos: essa é a atividade exclusivamente humana, a que nos permitiu pular o muro energético que ainda tolhe a evolução de todas as demais espécies e nos põe em um caminho

* Não, eu não estou dizendo que ganhar mais neurônios graças à cozinha foi a *única* mudança que ocorreu na evolução humana; existem muitas evidências de mudanças genéticas, pequenas e grandes, que foram importantes para a anatomia e a fisiologia humanas. O que estou dizendo é que triplicar o número de neurônios no nosso encéfalo e no processo obter o maior número de neurônios no córtex cerebral dentre todas as espécies é a mudança mais simples, mais básica e, no entanto, profunda que explica a vantagem humana.

evolutivo diferente do de todos os outros animais. Como disse Michael Pollan na revista *Smithsonian*: "Claude Lévi-Strauss e Brillat-Savarin consideraram a cozinha uma metáfora da nossa cultura, mas se Wrangham estiver certo, ela não é uma metáfora, é uma condição prévia".[14] Portanto, agradeçamos aos nossos ancestrais *Homo culinarius* pelos nossos neurônios e tratemos a cozinha com o devido respeito. Eu agora faço isso, com certeza.

12. ... Mas não basta ter muitos neurônios

Toda vez que dou uma palestra sobre o papel fundamental da cozinha na evolução humana, já sei que devo esperar uma pergunta em duas partes: Por que os ancestrais dos grandes primatas não humanos modernos também não inventaram a cozinha? Será que um cérebro maior com mais neurônios não teria surgido primeiro, permitindo que *então* nossos ancestrais inventassem a cozinha?

Como vimos no capítulo 11, nossos ancestrais cozinheiros já haviam passado por muitas modificações que os diferenciavam dos ancestrais dos chimpanzés e de outros grandes primatas não humanos, e isso provavelmente tornou mais provável a invenção da cozinha. Antes da invenção do cozimento com fogo, nossos ancestrais — e os de mais ninguém — já se beneficiavam de maior disponibilidade de calorias advinda do aumento da área de caça e coleta possibilitado pelo bipedalismo e pelo uso de utensílios de pedra para cortar e picar a carne. Por isso, nossos ancestrais, e só eles, deviam ter uma demanda maior por habilidades cognitivas e pela oportunidade de usar essas habilidades na caça e na manutenção de uma organização social coesa de indivíduos bípedes agora dotados de muito mais mobilidade.

Com cerca de 30 bilhões de neurônios, os grandes primatas não humanos modernos provavelmente possuem tantos neurônios no encéfalo quanto nosso ancestral hominíneo exclusivo possuía 4 milhões de anos atrás, e sabemos que 30 bilhões de neurônios são suficientes para que um animal use ferramentas, como gravetos e pedras, e fogo. Mas o fato de os australopitecíneos — as primeiras espécies de hominíneos a se tornarem bípedes e usarem ferramentas há 4 milhões de anos — terem um tamanho encefálico semelhante, e portanto um número de neurônios semelhante ao dos chimpanzés modernos que não cozinham, ilustra um aspecto importante. Possuir grande número de neurônios é uma condição *necessária* para comportamentos complexos e flexíveis, como aprender a usar o fogo e outras ferramentas de modificar alimentos. Porém essa não é uma condição *suficiente* para que os comportamentos se tornem mais complexos e flexíveis a ponto de tornar números ainda maiores de neurônios uma vantagem que leva a comportamentos sempre mais complexos e flexíveis, em uma espiral ascendente e autorreforçadora que põe cérebros no caminho evolucionário da expansão.

A diferença é que possuir neurônios suficientes dota o cérebro das *capacidades* de cognição complexa, mas transformar essas capacidades em *habilidades* efetivas requer toda uma vida, ou até gerações, de aprendizado, tempo durante o qual as habilidades são desenvolvidas, transmitidas e acumuladas. Isso acontece até hoje em nossa vida moderna, complexa e movimentada. Muitos daqueles textos científicos que enaltecem o cérebro humano como um prodígio se esquecem de mencionar que ele *nunca* inicia a vida como um prodígio, e sim como uma massa de trezentos gramas que ainda não faz muita coisa — apesar de conter em si uma grande promessa. A diferença entre capacidades e habilidades fica dolorosamente clara nos casos extremos de crianças que são criadas quase na solidão ou quase sem oportunidades de aprendizado: seus cérebros permanecem congelados no estágio de matéria-prima promissora que poderia fazer muita coisa, mas não faz. Em casos bem menos extremos, embora todos nós supostamente tenhamos números semelhantes de neurônios no cérebro, alguns de nós, moradores de centros urbanos e expostos a educação formal e desafios, usam o cérebro para projetar arranha-céus e computadores, ou para escrever livros sobre o mundo e até sobre nosso cérebro, enquanto outros, criados em grupos pequenos de localidades remotas, usam o cérebro sobretudo para construir habitações simples, caçar e adquirir conhecimento sobre as plantas que coletam. Não basta possuir muitos neurônios: eles dotam nosso cérebro com capacidades, mas não com habilidades.

Analogamente, a julgar pelo tamanho do cérebro, nós, humanos modernos, provavelmente possuímos tantos neurônios hoje quanto tínhamos há 200 mil anos; portanto, presumivelmente, temos capacidades cognitivas semelhantes. Nossas *habilidades* cognitivas, por outro lado, são muito mais recentes e continuam a crescer com enorme rapidez. Elas dependem das nossas capacidades cognitivas do mesmo modo que as tecnologias dependem de materiais disponíveis, baseando-se nelas. E, assim como tecnologias também *geram* novos materiais, também as nossas habilidades cognitivas recém-adquiridas mudam os modos como nosso cérebro funciona, mesmo se não lhe adicionarem novos neurônios: por exemplo, pense em como aprender a ler modifica o padrão de reconhecimento no cérebro e nos franqueia todo um mundo novo de possibilidades e problemas. Nossas habilidades cognitivas crescentes criam tecnologias que expandem os materiais disponíveis, o que, por sua vez, nos permite desenvolver novas tecnologias, as quais impõem novas demandas sempre crescentes sobre as nossas habilidades mentais. É uma espiral ascendente e autorreforçadora, e tudo começa com possuir neurônios suficientes no córtex cerebral, como veremos em seguida.

MAIS NEURÔNIOS COMO MATÉRIA-PRIMA DA COGNIÇÃO

Cada objeto que usamos, desde um simples lápis até um complexo computador de última geração, é feito de algo que veio do solo. Todos os materiais têm origem na natureza; o que fazemos é reencarná-los em um novo material. Essa é uma percepção poderosa que torna o lugar do ser humano na natureza ainda mais notável: somos a espécie que transforma materiais naturais em outros materiais mais elaborados e flexíveis, com possibilidades sempre crescentes.

Seria possível argumentar que possuir um cérebro suficientemente grande, com neurônios em número bastante no córtex cerebral, tem de ser uma condição necessária para que um animal passe do simples uso de materiais retirados da natureza à criação de seus próprios materiais a partir de matérias-primas naturais, já que só os humanos são capazes de fazer tal coisa. Os neurônios, sendo as unidades de processamento de informação do cérebro, podem ser considerados a matéria-prima da cognição, mais ou menos como pecinhas de Lego: uma pilha grande de Legos expande o número de estruturas que podem ser construídas com as pecinhas. No entanto, assim como sempre existe a chance de que elas permaneçam apenas como uma pilha de Legos se não se der um uso a elas, também possuir neurônios suficientes para sustentar comportamentos complexos não é garantia de que eles serão usados de modos transformadores.

Pense na história dos materiais que nós, humanos, modernos ou não, tivemos à disposição ou tornamos disponíveis.

Começamos com gravetos e pedras; expandimos com o fogo e o que o fogo pode ajudar a disponibilizar: alimentos cozidos, vidro, metais fundidos e ligas metálicas; depois, com o advento da agricultura, há cerca de 10 mil anos, começamos a multiplicar e diversificar os materiais que tornamos disponíveis em uma curva rapidamente crescente, mostrada na figura 12.1, que tem notável semelhança com a curva do crescimento súbito e rápido do encéfalo humano ao longo do tempo evolutivo.

Assim como um cérebro maior abriu caminho para cérebros ainda maiores, em um ritmo que se tornou bem acelerado assim que os cérebros maiores passaram a ser úteis de verdade e não mais perigosamente e até proibitivamente caros, também a adição de novos materiais à caixa de ferramentas humana parece ter favorecido a adição de outros materiais em números sempre crescentes — mas só depois que a agricultura criou demanda por novas soluções. Os humanos modernos existem há aproximadamente 200 mil anos, mas só há 10 mil anos, depois que terminou a era glacial (de 110 mil a 11700 anos atrás), é que a agricultura foi inventada; com ela, surgiu um novo mundo de possibilidades a explorar e problemas a resolver. Faz sentido: com novos materiais, surgem novas possibilidades, levando a mudanças gradativas no reino do possível, mas somente se as mudanças forem impelidas por novas necessidades, como as trazidas pela invenção da agricultura e os problemas inéditos de colher, armazenar e gerenciar as culturas. Esses meios e oportunidades de usar novos materiais, criando novas possibilidades, são inovações tecnológicas: novos objetos, processos e sistemas que permitem soluções novas e melhores para problemas preexistentes e podem até criar novos problemas a serem resolvidos. Gravetos e barro podem ter sido suficientes para resolver o problema inicial de construir um abrigo quando a natureza não fornecia nenhum, mas essa solução logo deve ter levado à percepção de que uma habitação de gravetos não

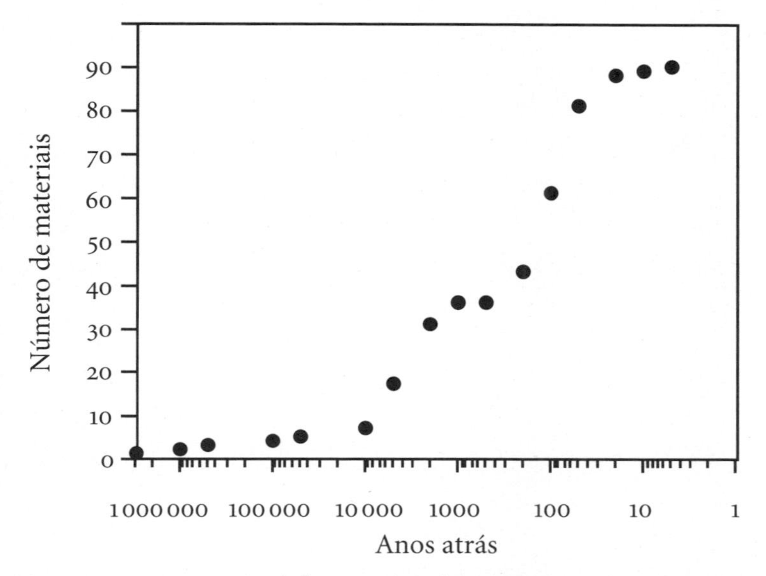

Figura 12.1 Número total de materiais (os primeiros noventa que me vêm à mente) disponíveis aos humanos ou criados no decorrer do tempo.* Note que, com o advento da agricultura há 10 mil anos, o número de materiais disponíveis começou a aumentar rapidamente — como aconteceu com a massa encefálica por volta de 1,5 milhão de anos atrás.

* Dos mais antigos aos mais recentes: pedra, fogo, obsidiana, madeira, osso, cerâmica, cobre, gesso, bronze, betume, tecido de algodão, seda, ouro, prata, grafite, vidro, terracota, pergaminho, papiro, ferro, borracha de látex, lã, marfim, aço, peltre, mármore, concreto, alume, papel, vidro soprado, nafta, carvão de coque (combustível), petróleo, porcelana, pólvora, amálgama dental, lentes de vidro, espelhos, vidro fundido, cimento Portland, tungstênio, papelão, alumínio, vidro laminado, creosoto, borracha, querosene, vinil, couro curtido, plástico, TNT, dinamite, gasolina, celuloide, concreto asfáltico, PVC, células fotovoltaicas, cerâmica dental, carboneto de silício, silício, vidro à prova de balas, celofane, baquelita, aço inoxidável, vidro Pyrex, espuma metálica, liga de hidumínio, neoprene, poliestireno, Plexiglas, náilon, aerogel, algodão-pólvora, titânio, Teflon, PET, diamantes sintéticos, isopor, ANFO, fibras de carbono, Lycra, grafeno, Kevlar, cristais líquidos, fibras ópticas, Twaron, fulereno, SEAgel.

era forte ou resistente para durar muito tempo. A invenção dos tijolos de barro resolveu o problema, mas empilhados a uma certa altura os tijolos se tornavam instáveis e ruíam, um problema que o ferro e o aço resolveram. Mais tarde, o vidro laminado combinado ao aço estrutural levou a construção a um novo nível, permitindo que arranha-céus mudassem totalmente a silhueta das cidades modernas — e criando um novo problema: competir pela notoriedade de erguer a estrutura mais alta a desafiar a gravidade. Uma encarnação anterior do vidro laminado (o vidro fundido) ensejou a invenção das lentes, espelhos e fotografia, mas para esta última trouxe o problema de tornar as primeiras câmeras pesadonas e desajeitadas — problema resolvido pela invenção do filme de celuloide, introduzindo a tecnologia dos filmes e uma nova indústria, o cinema, com seu próprio conjunto característico de problemas a serem resolvidos. A celuloide logo foi substituída por outros plásticos, e um deles, o vinil, na forma de discos fonográficos, possibilitou que a música se tornasse um artigo doméstico em vez de um evento cultural caro e de elite. Isso, por sua vez, gerou toda uma nova classe de indivíduos da elite: os astros do rock. No entanto, a música só se tornou o complexo e multifônico amálgama de sons ao qual hoje estamos acostumados graças à invenção de um novo material (o papel) e de dois novos processos: a notação musical, criada por volta de 1000 d.C., sem a qual tocar e transmitir música estaria limitado à memória e à voz das pessoas, e a prensa móvel de Gutenberg, em 1450. O novo problema resultante de transportar e manusear livros volumosos e pesados de música e textos impressos foi resolvido por outras tecnologias criadas no século XX, todas dependentes de novos materiais baseados no silício, levando a impressão a outro nível e a outro meio de comunicação. Como resultado, agora posso consultar tratados de história, — por exemplo, *A Little History of the World*, de E. H. Gombrich (2005), um dos meus livros favoritos —, de história dos materiais

— como *Stuff Matters*, de Mark Miodownik (2014) — e de história da música — como *The Story of Music*, de Howard Goodall (2014) — para escrever este capítulo, além de uma nova edição eletrônica de *Catching Fire*, de Wrangham (comprada depois que descobri que meu pai, seguindo a boa tradição da família, em sua última visita levou "emprestada" a minha edição impressa), para cotejar as informações e acessar todo um novo conjunto de conhecimentos registrado naquilo que ainda chamamos de "livros" — tudo na forma portabilíssima e conveniente de um leve tablet de plástico. E, na mesma toada, essa nova solução tecnológica me deixa preocupada com um próximo problema: o que fazer quando o tablet quebrar (coisa que ocorre muito frequentemente).*

Embora as tecnologias dependam de novos materiais e muitas vezes ensejem o desenvolvimento deles para atender a novas exigências tecnológicas, alguns materiais são criados sem que haja um uso em vista. Por exemplo, a forma de carbono quase transparente, superforte e supercondutora conhecida como "grafeno" é um material novo para o qual ainda não se conhece nenhum uso prático — embora, assim como para a própria ciência básica, possamos esperar várias possibilidades no futuro próximo. Novos materiais possibilitam novos saltos tecnológicos, assim como mais neurônios supostamente possibilitam novos saltos cognitivos.

* Teoricamente, a "nuvem" resolve esse problema: "sempre" é possível reconectar e recuperar o conteúdo do tablet — desde que a eletricidade e a internet sejam restauradas. Talvez por morar em um país em desenvolvimento, não dou isso por garantido e mantenho exemplares impressos dos meus livros favoritos. A tecnologia é maravilhosa, mas o acesso direto ao conhecimento é mais importante, e ainda não existe nada como ter de depender só dos meus neurônios para obtê-lo — bem, deles e do que está armazenado em papel, apesar de esse material tender a se desintegrar com o tempo. Sim, problemas que pedem solução nunca terminam, portanto também é infindável o incentivo a novas tecnologias. Tudo começa com possuir neurônios suficientes para reconhecer o problema.

Novas tecnologias, por sua vez, levam à criação de novos materiais, o que permite mais novas tecnologias, em uma espiral ascendente e autoalimentadora. E assim foi no começo da nossa história moderna: dos utensílios de madeira e pedra a cordas e metais, cerâmica e vidro, têxteis e papel, concreto, borracha, vidro soprado, todos disponíveis por volta de 2 mil anos atrás.

No entanto, cerca de 2 mil anos atrás essa espiral deixou de se autoalimentar, como é indicado pela sela na curva representada na figura 12.1, e visto mais claramente no gráfico da figura 12.2, que indica o período em que foram criados novos materiais. Com uma breve pausa pouco antes de mil anos atrás, quando os chineses inventaram a porcelana e a pólvora, a criação de novos materiais pela humanidade estacou por volta de mil anos atrás e só recomeçou, lentamente, uns seiscentos anos depois — com a invenção das lentes de vidro, vidro fundido e espelhos —, novamente por volta de 150 anos atrás — com a invenção do papelão, dos primeiros polímeros (como a celuloide), do cimento Portland e do concreto asfáltico — e mais uma vez há oitenta anos — com a segunda geração de polímeros (náilon, poliestireno), Pyrex e Plexiglas, e novas ligas metálicas.

Por que, por volta de mil anos atrás, ter agricultura e novos materiais com que trabalhar deixou de ser suficiente para incentivar o surgimento de novos materiais em números sempre crescentes? O que aconteceu entre 2 mil e 3 mil anos atrás que pôde ter freado tão poderosamente o progresso na criação de novos materiais? Esse foi um período da nossa história bem descrito pela expressão "Idade das Trevas".

TECNOLOGIA, CULTURA E A RUÍNA DOS NEANDERTAIS

A habilidade de criar novas tecnologias para usar materiais disponíveis, de desenvolver novos materiais e transmitir essas tecnologias e materiais a outras pessoas quase se perdeu durante a Idade das Trevas, entre o colapso do Império Romano em 476 d.C. e a Renascença no começo do século XV. Durante a Idade das Trevas, pouquíssimas pessoas sabiam ler e escrever, e o conhecimento deu lugar à superstição. O cérebro humano presumivelmente ainda possuía o mesmo número de neurônios no córtex cerebral, e os mesmos materiais continuavam disponíveis. Mesmo assim, sem os meios para explorar esses materiais e transmitir as tecnologias

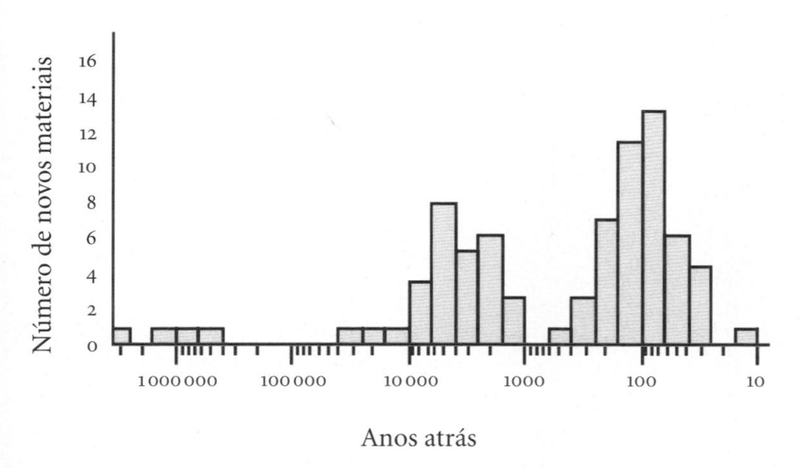

Figura 12.2 Há uma lacuna no número de materiais (dos primeiros noventa que me vêm à mente) recém-disponíveis aos humanos ou criados por humanos por volta de mil anos atrás — mas, a partir de aproximadamente quatrocentos anos atrás, novos materiais voltaram a aparecer com rapidez. Embora isso envolva apenas os primeiros noventa materiais em que consegui pensar, mostra uma diferença importante em suas datas de criação: a história da criação de novos materiais não é linear e progressiva.*

* *Stuff Matters* [*De que são feitas as coisas*, na tradução brasileira], um livro encantador de Mark Miodownik (2014), explora minuciosamente a influência que os materiais tiveram na história humana.

aos outros, a espiral ascendente de novos materiais e novas tecnologias em números sempre crescentes foi interrompida. Sem a transmissão cultural, a tecnologia morre em uma geração.

A transmissão cultural deve ter sido igualmente fundamental para a evolução de habilidades humanas, assim que capacidades maiores foram possibilitadas pelo nosso número notável e recém-obtido de neurônios corticais. Podemos imaginar o nosso cérebro, e os nossos neurônios corticais em particular, como materiais biológicos com os quais trabalhar. Como usamos esses materiais biológicos que temos na cabeça e, portanto, o que eles podem produzir em um dado momento no tempo, vai depender das tecnologias mentais disponíveis — as quais incluem processos e sistemas mentais para resolver problemas e conceber outros, a começar pela leitura e aritmética. Por sua vez, se e como essas tecnologias mentais prosperam e progridem e até mesmo permitem a criação de novas tecnologias, por fim levando à criação de novos materiais e novas tecnologias com as quais se pode transformá-las, depende da transmissão cultural às novas gerações — o que, obviamente, depende de possuirmos os neurônios necessários para ensinar e aprender.

Portanto, podemos considerar que possuir neurônios corticais bastantes para permitir maiores capacidades cognitivas, uma vez que eles se mostraram sustentáveis, foi um passo necessário, mas não suficiente, na direção de adquirir as habilidades cognitivas que, quando provaram ser benéficas, foram selecionadas, levando a ainda mais neurônios corticais e gerando a espiral ascendente do tamanho cada vez maior do cérebro na evolução humana. E isso só aconteceu na nossa linhagem humana porque apenas os nossos ancestrais humanos possuíam a tecnologia e a cultura necessárias para levar o processo adiante.

Isso não quer dizer que outros primatas e outros animais não têm nenhuma transmissão de cultura. Eles têm. Entre os golfinhos-nariz-de-garrafa, por exemplo, alguns protegem-se de objetos cortantes e dos barbilhos das arraias-lixa usando esponjas naturais no nariz, e assim podem explorar novos nichos de forrageio; esse comportamento é transmitido das mães às crias.[1] Analogamente, chimpanzés de clãs e áreas geográficas diferentes utilizam, cada qual ao seu modo, gravetos e pedras como ferramentas e transmitem seus modos de usar às crias,[2] embora essas ferramentas, em contraste com as nossas, não tenham sido modificadas desde 3,4 milhões de anos atrás. Eles possuem a cultura, mas não a tecnologia.

Portanto, em nossa história tecnológica, o ponto de partida, não só para todos os primatas, mas também para muitos outros animais, é o uso de materiais naturais como ferramentas. Chimpanzés, macacos e até aves fazem isso.* A habilidade de usar novos materiais como ferramentas é disseminada, quem sabe até universal, entre os vertebrados e pelo menos entre alguns invertebrados, como as formigas e os polvos. E então aconteceu o que chamo de Primeira Revolução Tecnológica: *fazer* ferramentas — porém, nos primatas, ela só ocorreu entre os que possuíam o número necessário de neurônios corticais, as transformações anatômicas úteis (sobretudo dedos mais curtos e mais fortes e polegares mais longos opostos), e a cultura de caça e coleta que tornava as ferramentas ainda mais valiosas. Entre aproximadamente 4 milhões e 3,4 milhões de anos atrás, nossos ancestrais australopitecíneos já haviam divergido da nossa linhagem em comum com os chimpanzés e — bem depois de terem divergido das linhagens dos gorilas e orangotangos — aprenderam a criar ferramentas por meio

* Parece lógico, como sabemos agora, que aves como os corvídeos e papagaios possuam ainda mais neurônios no telencéfalo do que primatas com córtices de massa semelhante. Aliás, um corvo possui tantos neurônios no telencéfalo quanto um macaco reso, cujo córtex é muito maior. Mas essa também é outra história.

da modificação de pedras encontradas em estado natural. Esse foi o começo da Idade da Pedra, quase 2 milhões de anos antes do início da rápida espiral ascendente no tamanho do encéfalo do *Homo erectus* que podemos identificar como parte da nossa história evolutiva exclusiva. Os nossos ancestrais de aproximadamente 4 milhões de anos atrás não só usavam ferramentas, mas também, sendo bípedes, podiam carregá-las em seus deslocamentos cada vez mais longos.

A Segunda Revolução Tecnológica na história da evolução humana, que ocorreu por volta de 1,5 milhão de anos atrás, foi aprender a controlar o fogo para cozinhar. Ela não aconteceu simplesmente para uma espécie primata dotada de neurônios suficientes no córtex cerebral para planejar e executar a transformação de materiais naturais em ferramentas: a espécie já possuía essa capacidade e, *adicionalmente*, uma história tecnológica e cultural incipiente e um novo nível de problemas a resolver — orientar-se por uma área maior de seu ambiente, coordenar grupos em caçadas, depender cada vez mais da comunicação — que destacava essa espécie dos outros primatas de cérebros igualmente grandes na época. Com a tecnologia da pedra literalmente nas mãos, e com a recém-adquirida tecnologia do cozimento com fogo, nossos ancestrais de aproximadamente 1,5 milhão de anos atrás passavam valiosos conhecimentos tecnológicos às novas gerações por meio da transmissão cultural. É nesse contexto que respondo à segunda pergunta mais comum que me fazem nas palestras para o público leigo: o que aconteceria se começássemos a dar alimentos cozidos a grandes primatas não humanos (como vem sendo feito no santuário sorocabano do Projeto Grandes Primatas já há vários anos)? A primeira parte da minha resposta, apenas parcialmente de brincadeira, é: "volte a me perguntar daqui a 1 milhão de anos" — pois a mudança evolutiva acontece ao longo de gerações. Por outro lado, isso produz animais gordos. Ingerir mais calorias aumenta rapidamente a silhueta, mas não faz o encéfalo adulto crescer de imediato. Muito pelo contrário: há evidências de que, em humanos, o excesso de peso pode acelerar a diminuição do cérebro decorrente do envelhecimento.[3] O elo entre contar com mais calorias e a expansão evolutiva do cérebro deve ocorrer por meio da ação da seleção natural durante a gestação e no começo da vida, quando neurônios estão sendo adicionados e removidos no encéfalo; portanto, só pode aparecer em uma população depois de várias gerações, à medida que cada vez mais indivíduos dotados de mais neurônios e encéfalos maiores sobrevivem. A segunda parte da minha resposta, porém, é: "existe uma clara diferença entre uma espécie que já possui os meios tecnológicos e culturais para cozinhar por conta própria e outra que certamente aprecia alimentos cozidos quando lhe são oferecidos, mas ainda está longe de saber como se cozinha". Os grandes primatas não humanos que hoje recebem alimentos cozidos *não* se encontram no mesmo ponto de partida em que estavam os nossos ancestrais bípedes caçadores-coletores há 1,5 milhão de anos, quando presumivelmente aprenderam a cozinhar com fogo e seus cérebros começaram a crescer rapidamente no decorrer das gerações. Os problemas que os ancestrais dos humanos e os grandes primatas não humanos modernos precisam resolver são muito diferentes em termos de complexidade, e é a espécie com os problemas mais difíceis de resolver que deve se beneficiar mais do fato de possuir mais neurônios. Nós, humanos, damos alimentos cozidos aos nossos cães e outros animais domésticos há séculos, e nada indica que eles tenham ficado mais inteligentes por causa disso. A vida de um cachorro num lar humano não lhe exige muito cognitivamente.

Entretanto, o *Homo sapiens* não é a única variedade recente de humano que aprendeu a cozinhar. Os *Homo neanderthalensis*, nossos parentes que chegaram à Europa muito mais cedo do que os humanos modernos, tiveram em comum conosco um ancestral que viveu mais de 400 mil anos atrás. Por isso, os neandertais já haviam herdado as mesmas tradições de produzir ferramentas, caçar animais grandes com lança, acender fogueira e cozinhar alimentos na época em que chegaram à Europa, enquanto os *sapiens* ficavam ainda no sul da África. Então por que apenas a variedade *sapiens* de cozinheiros sobreviveu?

Ninguém sabe, mas há uma profusão de hipóteses, inclusive a de que os humanos modernos simplesmente se reproduziram em proporções muito maiores que os neandertais ou a de que os confrontaram diretamente e os dizimaram de uma vez (embora evidências de intercruzamentos refutem essa ideia).* Prefiro uma explicação nas linhas do que aconteceu muito mais tarde, quando invasores e indígenas tornaram a se encontrar, agora nas Américas, no começo do século XVI: os séculos de dominação de uma variedade de humanos por outra, biologicamente equivalente mas muito mais poderosa em sua tecnologia e cultura. O confronto da Cavalaria ou dos Conquistadores com os indígenas nas Américas é, a meu ver, uma repetição de como deve ter sido muito tempo atrás o confronto dos *sapiens* que chegaram com os neandertalenses já residentes na Europa. Em ambos os casos, as populações que se encontraram eram variantes da mesma espécie, já que os confrontos resultaram em descendentes com miscigenação racial; em ambos os casos, populações tornaram a encontrar-se depois de seus ancestrais terem seguido caminhos separados (neandertais e humanos modernos do sul da África encontraram-se novamente na Europa; mais tarde, os *sapiens* da Europa e os *sapiens* da Ásia encontraram-se de novo nas Américas depois da inven-

* A propósito, esse intercruzamento indica que o *Homo sapiens* e o *Homo neanderthalensis* eram da mesma espécie, ao menos de acordo com o conceito biológico de espécie — razão pela qual refiro-me a eles como "variedades" de humanos, e não "espécies" distintas, apesar de seus nomes em latim (lineanos).

ção da navegação a vela). E, nos dois casos, a população recém--chegada devastou os nativos — porque, com o passar do tempo, as duas populações divergentes haviam se separado a tal ponto em suas realizações tecnológicas e culturais que era quase inevitável os recém-chegados sobrepujarem os residentes sempre e onde quer que se encontrassem.

De fato, o confronto entre europeus e indígenas americanos no começo do século XVI quase certamente refletiu o que já ocorrera entre seus ancestrais aproximadamente 60 mil anos antes. As duas populações divergentes de humanos neandertalenses e *sapiens* que se encontraram na Europa entre 60 mil e 50 mil anos atrás haviam se separado nas esferas física e cultural, e diferiam acentuadamente em suas realizações. Há cerca de 70 mil anos, os primeiros humanos *sapiens* na África praticavam o comércio de longa distância, criavam novas ferramentas, entre elas pontas de flecha feitas de pedra e utensílios de osso, como arpões de pesca, e já produziam arte simbólica.[4] Por volta de 50 mil anos atrás, os humanos *sapiens* tinham criado novas tecnologias que lhes permitiam produzir utensílios de pedra e osso mais versáteis para fabricar roupas, redes, lamparinas, anzóis de pesca e até flautas, além de construir habitações semipermanentes.

Em contraste, os humanos neandertalenses, que evoluíram em climas mais frios, eram mais robustos do que seus primos *sapiens* tropicais — embora, apesar de afirmações populares em contrário, a massa encefálica variasse dentro de uma faixa semelhante em ambos os grupos.[5] No entanto, os humanos neandertalenses na Europa tinham pouquíssimas realizações nas áreas de inovação tecnológica e arte simbólica. E os humanos *sapiens* recém-chegados, além de sua cultura tecnológica muito mais rica, provavelmente tinham uma fala mais clara e fácil de interpretar do que os humanos neandertalenses, devido a diferenças anatômicas no aparelho fonador,[6] apesar de ambos os grupos possuírem a mesma variante do gene FOXP2 cuja expressão no cérebro é associada à evolução da fala humana.[7]

Assim, por volta de 40 mil anos atrás, a variedade neandertalense de humanos desapareceu sobrepujada, de um modo ou de outro, pela variedade *sapiens*[8] — embora alguns genes neandertalenses ainda permaneçam, tendo sido incorporados ao genoma dos *sapiens* há cerca de 50 mil a 60 mil anos:[9] uma prova irrefutável do nosso intercruzamento. E eis que restou um: o *Homo sapiens*.

AS REVOLUÇÕES TECNOLÓGICAS MODERNAS

Depois do fim da era glacial, por volta de 12 mil anos atrás, populações humanas de várias partes do mundo iniciaram o que mais tarde se revelaria um processo irreversível: fixar-se, explorar as áreas vizinhas e, por fim, cultivar a terra. Enquanto um casal de caçadores-coletores consegue coletar entre 5 mil e 8 mil calorias diárias,* um casal de agricultores pode colher em torno de 13 mil calorias diárias e, com isso, tem mais condições de sustentar uma família. Assim, fornecendo mais energia da mesma terra, a agricultura permitiu um grande crescimento populacional sem precedentes que a caça e a coleta não poderiam suportar. No entanto, o crescimento da população teve seu preço: o estresse nutricional — associado a uma dieta mais pobre e menos variada e ao estilo de vida sedentário — trouxe aos agricultores subnutrição e doenças infecciosas que eram raras ou ausentes entre os caçadores-coleto-

* Tantas calorias assim não teriam sido disponíveis aos caçadores-coletores ancestrais de 4 milhões a 2 milhões de anos atrás; sem cozinhar, eles absorveriam apenas parte dos nutrientes dos alimentos crus. No mundo moderno, os caçadores-coletores cozinham, por isso todas essas calorias podem efetivamente ser transferidas para o corpo.

res. Embora a desvantagem da agricultura possa ser evidente para quem a analisa em retrospectiva, assim que a agricultura possibilitou populações maiores que não podiam mais sustentar-se com caça e coleta, não houve mais como voltar.[10]

A agricultura trouxe ainda outras vantagens. Com todos os seus novos problemas associados a arar e irrigar a terra, colher e por fim distribuir os produtos, a agricultura criou um novo conjunto de problemas que o cérebro humano, com seu número maior de neurônios corticais, estava apto para resolver. Na que eu chamo de Terceira Revolução Tecnológica, os humanos agricultores criaram ferramentas não só para controlar seu ambiente e suas plantações, mas também modificá-los (pois a maioria das plantas comestíveis é uma versão distante de suas ancestrais, começando pelo milho mas incluindo cenoura, tomate e trigo; a engenharia genética moderna é apenas uma versão acelerada do que os humanos vêm fazendo nestes últimos 10 mil anos). A agricultura ensejou as civilizações modernas e as estruturas sociais hierárquicas que persistem até hoje. Novos problemas levaram a novas tecnologias, que levaram a novos materiais, que permitiram resolver velhos problemas e criar problemas novos. Civilizações floresceram, em uma parte da nossa história que Tom Standage conta primorosamente em seu bem intitulado livro *Uma história comestível da humanidade* (2009).

A Quarta Revolução Tecnológica, possibilitada pela revolução científica da Renascença, quando a investigação sistemática começou a substituir os dogmas sobre o desconhecido, é mais recente: a Revolução Industrial do século XIX que modernizou a própria agricultura pela invenção de máquinas operadas por humanos e mecanizou o trabalho agrícola. Como o que aconteceu quando foi inventada a agricultura manual, a Revolução Industrial trouxe uma nova rodada de crescimento populacional, facultada por quantidades de alimento sempre crescentes.

Muito mais recentemente, na Quinta Revolução Tecnológica fomos além das máquinas operadas por humanos e criamos máquinas *automáticas* que substituem o trabalho humano com um acionamento de botão. Na minha TED Talk favorita, o médico e estatístico sueco Hans Rosling explica por que ele considera a máquina de lavar roupa o artigo mais importante da tecnologia moderna: ela mudou a vida das mulheres no século XX, e ainda faz isso, deixando a elas tempo disponível para que se eduquem e participem mais da educação de seus filhos.* Vezes sem conta vemos o mesmo padrão: a tecnologia, consista ela em cozinhar, cultivar a terra, acionar alavancas ou apertar botões, disponibiliza tempo ao resolver um tipo de problema — e cria novos problemas, os quais, por sua vez, incentivam o surgimento de novas tecnologias. E eis que estamos hoje em meio à Sexta Revolução Tecnológica: terceirizamos para as nossas máquinas não só trabalho físico, mas também habilidades mentais. Memória e cognição, para muitos, tornaram-se opcionais, terceirizadas para celulares e navegadores na internet.

Esse é um problema grave, que tendemos a desconsiderar — e que me desperta tanto o interesse por narrativas ficcionais de cenários catastróficos.** O problema é que chegamos a um ponto no qual pouquíssimos de nós dominam as tecnologias atuais. Quem entre nós sabe como fundir metais, e que dirá construir um carro, um telefone ou um computador do zero? Ser capaz de me intitular cientista não garante sequer que eu saiba produzir um sim-

* Ver Hans Rosling, "The Magic Washing Machine", disponível em: <www.ted.com/talks/hans_rosling_and_the_magic_washing_machine?language=en>.

** Por exemplo, um de meus romances pós-apocalípticos favoritos recentes é *Station Eleven* [*Estação Onze*, na tradução brasileira], de Emily St. John Mandel (2014), que fala sobre os primeiros tempos de um mundo pós-pandêmico sem eletricidade, onde os aeroportos se tornam bases seguras graças à sua abundância de alimentos armazenados, luz natural e banheiros.

ples lápis. Uma parte colossal da tecnologia moderna não é mais dominada por um único indivíduo isolado. Ficamos nos gabando do nosso imenso avanço desde os gregos antigos — mas, ao contrário deles, não podemos mais ser especialistas em arquitetura, biologia e física ao mesmo tempo. É por isso que a ciência (o conhecimento) e a engenharia (os modos de fazer) precisam ser cuidadosamente cultivados, documentados e transmitidos às próximas gerações. Não basta possuir um número notável de neurônios corticais para realizar feitos notáveis: nós nos equilibramos sobre os ombros de todos os que vieram antes de nós, e agora as realizações da nossa espécie como um todo superam de longe as de qualquer indivíduo isoladamente. A humanidade há muito tempo transcendeu o homem. Foi o casamento autorreforçador das inovações tecnológicas com a transmissão cultural, possibilitado pelo número notável de neurônios em nosso córtex cerebral, que transformou nossas capacidades em habilidades e nos trouxe até aqui — para o bem ou para o mal.

Epílogo: Nosso lugar na natureza

Acaba que *existe* uma explicação simples para como o cérebro humano, e somente ele, pode ser ao mesmo tempo semelhante a outros em suas restrições evolucionárias e, no entanto, diferente a ponto de nos dotar da habilidade de pensar sobre nossas origens materiais e metafísicas. Primeiro, somos primatas, e isso dá a nós, humanos, a vantagem de possuir grandes números de neurônios acondicionados em um córtex cerebral pequeno. E segundo, graças a uma inovação tecnológica introduzida por nossos ancestrais, escapamos da restrição energética que limita todos os outros animais ao número menor de neurônios corticais que podem ser sustentados por uma dieta crua na natureza.

Então o que nós temos que nenhum outro animal tem? Um número notável de neurônios no córtex cerebral, o maior de todos, não disponível a nenhuma outra espécie, eu digo. E o que fazemos que nenhum outro animal faz e que, a meu ver, nos permitiu adquirir esse número notável de neurônios? Nós cozinhamos o que comemos. O resto — todas as inovações tecnológicas possibilitadas por esse número notável de neurônios em nosso córtex cerebral e a consequente transmissão cultural dessas inovações que mantém em ascensão a espiral que transforma capacidades em habilidades — é história.

E assim florescemos: nos últimos 200 mil anos, nosso encéfalo grande com seu córtex cerebral rico em neurônios (mas sempre um córtex de primata perfeitamente normal) inventou cultura, agricultura, civilização, mercados, supermercados, eletricidade, cadeias de abastecimento, refrigeradores — todas essas coisas que conspiram para hoje pôr incontáveis calorias à nossa disposição. Tanto assim que as 2 mil calorias de que necessitamos por dia podem ser consumidas em uma única refeição na lanchonete da esquina. Não é preciso caçar, coletar, plantar, colher. Nem cozinhar é preciso mais, pelo menos não pessoalmente: a civilização tecnologicamente sábia permite a terceirização — até da nossa cognição, se for preciso.

Nosso trabalho sobre o cérebro humano[1] foi publicado no ano do 200º aniversário de Darwin e do 150º aniversário da publicação de seu livro fundamental *A origem das espécies* (1859). Quando falo para o público leigo, sempre mostro uma foto de um mamífero do tamanho da baleia-azul que possuiria um implausível encéfalo de 36 quilos, proporcional ao dos roedores, contendo nossos 86 bilhões de neurônios, segundo as regras que descrevem como os encéfalos não primatas são formados. E então faço o contraste, mostrando como seria um primata genérico com 86 bilhões de neurônios, segundo as regras de proporcionalidade que descobrimos: um animal de 66 quilos com um cérebro de 1,240 gramas, que ilustro com um conhecido retrato de Darwin e "seu cérebro" exposto por uma transparência. "Portanto, Darwin era um primata, assim como eu e cada um de vocês na plateia", concluo. Para minha surpresa — e, confesso, no começo para minha decepção — sempre vejo sorrisos e cabeças assentindo placidamente entre meus ouvintes.

Como bióloga, eu me sinto lisonjeada e honrada por ser quem apresenta Darwin com evidências póstumas de que, como ele mesmo afirmou, fomos criados à imagem de outros primatas (agrada-me pensar que ele gostaria muito dessa descoberta). Assim que minha decepção inicial se dissipa (Ainda espero protestos! Descrença! Ceticismo!), é um alívio ver que o público leigo do século XXI aceita sem problemas ser chamado de "primata". Avançamos muito desde Darwin, em grande medida graças à sua obra, que abriu caminho para compreendermos melhor o nosso lugar na Terra. Podemos ser a espécie que contém o maior número de neurônios no córtex cerebral, o que nos torna únicos nesse aspecto. Mas chegamos aqui graças a contingências que puseram tecnologia suficiente nas mãos dos nossos ancestrais, o que lhes assegurou um acesso suficiente a alimentos e a capacidade de transformá-los de modo tal que contornou as restrições energéticas que ainda valem para todos os outros animais do planeta. Transpusemos essa barreira energética e progredimos até inventar máquinas operadas por humanos, máquinas que operam a si mesmas e até máquinas que nos substituem, ou pelo menos substituem nossa cognição. Mas nunca deixamos de ser primatas.

Notas

1. OS HUMANOS REINAM! [pp. 17-41]

1. Bunnin e Yu, 2008, p. 289.
2. Edinger, 1908.
3. Kappers, Huber e Crosby, 1936.
4. MacLean, 1964.
5. Sagan, 1977.
6. Carroll, 1988; Evans, 2000.
7. Shanahan et al., 2013.
8. Jenner, 2004.
9. Analisadas em Gould, 1977.
10. Von Haller, 1762; Cuvier, 1801.
11. Snell, 1891.
12. Stephan e Andy, 1969.
13. Ibid.
14. Huxley, 1932.
15. Jerison, 1955.
16. Id., 1973.
17. Marino, 1998; Sol et al., 2005.
18. Marino, 1998.
19. Deaner et al., 2007.
20. Marino, 1998; Herculano-Houzel, 2011.

21. Marino, 1998.
22. Roth e Dicke, 2005.
23. Deaner et al., 2007.
24. MacLean et al., 2014.
25. Mink, Blumenschine e Adams, 1981.
26. Ibid.
27. Williams, 2012.
28. Evrard, Forro e Logothetis, 2012.
29. Butti et al., 2009.
30. Oberheim et al., 2009.
31. Han et al., 2013.
32. Spocter et al., 2012.
33. Mantini et al., 2013.
34. Sallet et al., 2013.
35. Shanahan et al., 2013.
36. Evans et al., 2004; Dumas et al., 2012.
37. Dennis et al., 2012; Charrier et al., 2012.
38. Enard et al., 2009.
39. Somel, Xiling e Khaitovich, 2013.
40. Prabhakar et al., 2008.

2. SOPA DE CÉREBRO [pp. 42-60]

1. Tower, 1954; Tower e Elliott, 1952.
2. Haug, 1987.
3. Williams e Herrup, 1988.
4. Elias e Schwartz, 1971; Stephan, Frahm e Baron, 1981; Hofman, 1985.
5. Tower e Elliott, 1952; Tower, 1954; Haug, 1987; Stolzenburg, Reichenbach e Neumann, 1989.
6. Kandel, Schwartz e Jessel, 2000, p. 20.
7. Hawkins e Olszewski, 1957; Andersen, Korbo e Pakkenberg, 1992.
8. Herculano-Houzel, 2002.
9. Lee, Thornthwait e Rasch, 1984.
10. Mullen, Buck e Smith, 1992.
11. Herculano-Houzel e Lent, 2005.
12. Bahney e Von Bartheld, 2014; Miller et al., 2014.
13. Collins et al., 2010; Young et al., 2012.

14. Bahney e Von Bartheld, 2014; Miller et al., 2014.
15. Herculano-Houzel et al., 2015a.

3. TEM CÉREBRO AÍ? [pp. 61-76]

1. Collins et al., 2013; Wong et al., 2013.
2. Burish et al., 2010.
3. Azevedo et al., 2009.
4. Tower e Elliott, 1952; Tower, 1954.

4. NEM TODOS OS CÉREBROS SÃO CONSTRUÍDOS DO MESMO MODO [pp. 77-114]

1. Herculano-Houzel, Mota e Lent, 2006.
2. Herculano-Houzel et al., 2007.
3. Ibid.
4. Herculano-Houzel, Mota e Lent, 2006.
5. Herculano-Houzel et al., 2011; Gabi et al., 2010.
6. Herculano-Houzel, 2010.
7. Id., 2012.
8. Murphy et al., 2001, 2004.
9. Alvarez et al., 1980.
10. Murphy et al., 2001, 2004.
11. Douady et al., 2002.
12. Herculano-Houzel, Manger e Kaas, 2014.
13. Rowe, Macrini e Luo, 2011.
14. Bloch, Rose e Gingerich, 1998.
15. Luo, Crompton e Sun, 2001.
16. Herculano, Kaas e Manger, 2014.
17. Silcox, Dalmyn e Bloch, 2009.
18. Ibid., 2009.
19. Gabi et al., 2010.
20. Mota e Herculano-Houzel, 2012.
21. Ibid.; Ventura-Antunes e Herculano-Houzel, 2013.
22. Lange, 1975; Jacobs et al., 2014.

5. NOTÁVEL, MAS NÃO EXTRAORDINÁRIO [pp. 115-32]

1. Herculano-Houzel, Mota e Lent, 2006.
2. Azevedo et al., 2009.
3. Herculano-Houzel e Kaas, 2011.
4. De Sousa e Wood, 2007.

6. E O ELEFANTE? [pp. 133-55]

1. Twain, 1973.
2. Azevedo et al., 2009.
3. Iriki, Tanaka e Iwamura, 1996.
4. Weir, Chappell e Kacelnik, 2002; Auersperg et al., 2012; Klump et al., 2015.
5. Pepperberg, 1999.
6. Wise, 2003; Johnson, 1993.
7. Inoue e Matsuzawa, 2007.
8. Plotnik et al., 2011; Brosnan e De Waal, 2002.
9. Byrne e Corp, 2004; Kirkpatrick, 2007.
10. Emery e Clayton, 2001.
11. Prior, Schwartz e Güntürkün, 2008.
12. Deaner et al., 2007.
13. MacLean et al., 2014.
14. Por exemplo, Ramnani, 2006.
15. Esteves, 2013.
16. Herculano-Houzel et al., 2014.
17. Herculano-Houzel e Kaas, 2011.
18. Maseko et al., 2012.
19. Cunha et al., submetido para publicação.
20. Marino e Frohoff, 2011.
21. Manger, 2013.
22. Reiss e Marino, 2001.
23. Yaman et al., 2012.
24. King e Janik, 2013.
25. Bruck, 2013.
26. Eriksen e Pakkenberg, 2007.
27. Walloe et al., 2010.
28. Schmitz e Hof, 2000.

7. QUE EXPANSÃO CORTICAL? [pp. 156-75]

1. Hofman, 1985; Stephan, Frahm e Baron, 1981; Rilling e Insel, 1999.
2. Clark, Mitra e Wang, 2001.
3. Herculano-Houzel et al., 2014.
4. Passingham, 2012.
5. Brodmann, 1912.
6. Semendeferi et al., 2002.
7. Schoenemann, Sheehan e Glotzer, 2005.
8. Smaers et al., 2011.
9. Barton e Venditti, 2013.
10. Ribeiro et al., 2013.
11. Gabi et al., submetido para publicação.
12. Herculano-Houzel, Watson e Paxinos, 2013.
13. Shanahan et al., 2013.
14. Cragg, 1967; Collonier e O'Kusky, 1981; Schüz e Palm, 1989; Schüz e Demianenko, 1995; Braitenberg e Schüz, 1991.
15. Ver vídeo de Alex Wissner-Gross: "A New Equation for Intelligence". Disponível em: <https://www.ted.com/talks/alex_wissner_gross_a_new_equation_for_intelligence?>.
16. Morgane, Jacobs e MacFarland, 1980.

8. O CORPO EM QUESTÃO [pp. 176-200]

1. Calder, 1996.
2. Von Haller, 1762; Snell, 1891.
3. Kleiber, 1932, 1947.
4. Jerison, 1973; Martin, 1996.
5. Burish et al., 2010.
6. Fu et al., 2012.
7. Herculano-Houzel, Kaas e Oliveira-Souza, 2015.
8. Burish et al., 2010.
9. Watson, Provis e Herculano-Houzel, 2012; Sherwood, 2005.
10. Id., 2012.
11. Por exemplo, Hollyday e Hamburger, 1976.
12. Tanaka e Landmesser, 1986.
13. Burish et al., 2010.
14. Herculano-Houzel, 2015.

15. Herculano-Houzel e Kaas, 2011.
16. Lloyd, 2013.
17. Mota e Herculano-Houzel, 2014.

9. ENTÃO, QUANTO CUSTA? [pp. 201-40]

1. Kety, 1957; Sokoloff, 1960; Rolfe e Brown, 1997; Clarke e Sokoloff, 1999.
2. Mink, Blumenschine e Adams, 1981.
3. Pellerin e Magistretti, 2004.
4. Aiello e Wheeler, 2006.
5. Hofman, 1983.
6. Mink, Blumenschine e Adams, 1981.
7. Herculano-Houzel, 2011.
8. Cáceres et al., 2003; Uddin et al., 2004.
9. Kleiber, 1932, 1947.
10. Ibid.
11. Hawkins e Olszewski, 1957.
12. Kast, 2001.
13. Zimmer, 2009.
14. Kandel, Schwartz e Jessel, 2000, p. 20.
15. Bear, Connors e Paradiso, 2006.
16. Por exemplo, Nedergaard, Ransom e Goldman, 2003; Allen e Barres, 2009.
17. Analisado em Allen e Barres, 2009.
18. Magistretti, 2006; Lee et al., 2012.
19. Nissl, 1898.
20. Friede, 1954.
21. Tower e Elliott, 1952.
22. Hawkins e Olzewski, 1957.
23. Haug, 1987.
24. Tower, 1954.
25. Von Bartheld et al., submetido para publicação.
26. Azevedo et al., 2009.
27. Herculano-Houzel, 2014.
28. Olszewski et al., submetido para publicação.
29. Bandeira, Lent e Herculano-Houzel, 2009.
30. Mota e Herculano-Houzel, 2014.
31. Magistretti, 2006.
32. Attwell e Laughlin, 2001.

33. Karbowski, 2007.
34. Herculano-Houzel, 2011.
35. Porter e Brand, 1995a, 1995b.
36. Cáceres et al., 2003; Uddin et al., 2004.
37. Smith et al., 2002.
38. Fox e Raichle, 1986.
39. Lin et al., 2010.
40. Shulman, Hyder e Rothman, 2009.
41. La Fougère et al., 2009; D'Avila et al., 2008; Finsterer, 2008; Zhao et al., 2008.
42. Wilson et al., 2007.
43. Lennie, 2003; Kerr, Greenberg e Helmchen, 2005; Shoham, O'Connor e Segev, 2006.
44. Gilestro, Tononi e Cirelli, 2009; Turrigiano, 2008.

10. OU MAIS CÉREBRO OU MAIS CORPO [pp. 241-58]

1. Fonseca-Azevedo e Herculano-Houzel, 2012.
2. Owen-Smith, 1988.
3. Knott, 1998.
4. Herculano-Houzel, 2011.
5. Knott, 1998.
6. Watts, 1988.
7. Ibid.

11. AGRADEÇA À COZINHA PELOS SEUS NEURÔNIOS [pp. 259-75]

1. Fonseca-Azevedo e Herculano-Houzel, 2012; Organ et al., 2011.
2. Organ et al., 2011.
3. Lieberman, 2013.
4. Bramble e Liebermann, 2004.
5. Berna et al., 2012; Gowlett et al., 1981.
6. Carmody, Weintraub e Wrangham, 2011.
7. Susman, 1998; Tocheri et al., 2008; Alba, Moyà-Solà e Köhler, 2003.
8. Wrangham, 2009.
9. Fonseca-Azevedo e Herculano-Houzel, 2012.
10. Wobber, Hare e Wrangham, 2008.
11. Warneken e Rosati, 2015.

12. Diamond, 1987.
13. Fonseca-Azevedo e Herculano-Houzel, 2012.
14. Adler, 2013, p. 44.

12. ...MAS NÃO BASTA TER MUITOS NEURÔNIOS [pp. 276-95]

1. Krutzen et al., 2014; Cantor e Whitehead, 2013.
2. Whiten et al., 1999.
3. Raji et al., 2010.
4. Brown et al., 2012; Yellen et al., 1995; Wadley, Hodgkins e Grant, 2009; Lieberman, 2013.
5. Pearce, Stringer e Dunbar, 2013.
6. Lieberman, 2013.
7. Krause et al., 2007; Coop et al., 2008.
8. Higham et al., 2014.
9. Prüfer et al., 2014.
10. Standage, 2009.

EPÍLOGO: NOSSO LUGAR NA NATUREZA [pp. 296-8]

1. Azevedo et al., 2009.

Referências bibliográficas

ADAMS, D. *The Restaurant at the End of the Universe.* Nova York: Ballantine Books, 2005.

ADLER, J. "The Mind on Fire". *Smithsonian*, pp. 43-5, jun. 2013.

AIELLO, L. C.; WHEELER, P. "The Expensive-Tissue Hypothesis". *Curr. Anthropol.*, n. 36, pp. 199-221, 2006.

ALBA, D.; MOYÀ-SOLÀ, S.; KÖHLER, S. "Morphological Affinities of the *Australopithecus afarensis* Hand on the Basis of Manual Proportions and Relative Thumb Length". *J. Hum. Evol.*, n. 44, pp. 225-54, 2003.

ALLEN, N. J.; BARRES, B. A. "Glia: More than Just Brain Glue". *Nature*, n. 457, pp. 675-7, 2009.

ALVAREZ, L. W.; ALVAREZ, W.; ASARO, F.; MICHEL, H. V. "Extraterrestrial Cause for the Cretaceous-Tertiary Extinction". *Science*, n. 208, pp. 1095-108, 1980.

ANDERSEN, B. B.; KORBO, L.; PAKKENBERG, B. "A Quantitative Study of the Human Cerebellum with Unbiased Stereological Techniques". *J. Comp. Neurol.*, n. 326, pp. 549-60, 1992.

ARMSTRONG, E. "Brains, bodies and metabolism". *Brain Behav. Evol.*, n. 36, pp. 166--76, 1990.

ASCHOFF, J.; GÜNTHER, B.; KRAMER, K. *Energiehaushalt und Temperaturregulation.* Munique: Urban and Schwarzenberg, 1971.

ATTWELL, D.; LAUGHLIN, S. B. "An Energy Budget for Signaling in the Grey Matter of the Brain". *J. Cereb. Blood Flow Metab.*, n. 2, pp. 1133-45, 2001.

AUERSPERG, A. M.; SZABO, B.; VON BAYERN, A. M.; KACELNIK, A. "Spontaneous

Innovation in Tool Manufacture and use in a Goffin's Cockatoo". *Curr. Biol.*, n. 22, R903-4, 2012.

AZEVEDO, F. A. C. et al. "Equal Numbers of Neuronal and Non-Neuronal Cells Make the Human Brain an Isometrically Scaled-Up Primate Brain". *J. Comp. Neurol.*, n. 513, pp. 532-41, 2009.

BAHNEY, J.; VON BARTHELD, C. S. "Validation of the Isotropic Fractionator: Comparison with Unbiased Stereology and DNA Extraction for Quantification of Glial Cells". *J. Neurosci. Methods*, n. 222, pp. 165-74, 2014.

BARTON, R. A.; HARVEY, P. H. "Mosaic Evolution of Brain Structure in Mammals". *Nature*, n. 405, pp. 1055-8, 2000.

BARTON, R. A.; VENDITTI, C. "Human Frontal Lobes Not Relatively Large". *Proc. Natl. Acad. Sci. USA*, n. 110, pp. 9001-6, 2013.

BEAR, M. F.; CONNORS, B.; PARADISO, M. *Neuroscience: Exploring the Brain*. 3. ed. Filadélfia: Lippincott Williams & Wilkins, 2006.

BERNA, F.; GOLDBERG, P.; HORWITZ, L. K.; BRINK, J.; HOLT, S.; BAMFORD, M.; CHAZAN, M. "Microstratigraphic Evidence of in Situ Fire in the Acheulean Strata of Wonderwerk Cave, Northern Cape Province, South Africa". *Proc. Natl. Acad. Sci. USA*, n. 109, pp. E1215-20, 2012.

BLOCH, J. I.; ROSE, K. D.; GINGERICH, P. D. "New Species of *Batonoides* (Lipotyphla, Geolabididae) from the Early Eocene of Wyoming: Smallest Known Mammal?". *J. Mammal.*, n. 79, pp. 804-27, 1998.

BRAITENBERG, V.; SCHÜZ, A. *Cortex: Statistics and Geometry of Neuronal Connectivity*. Berlim: Springer, 1991.

BRAMBLE, D. M.; LIEBERMAN, D. E. "Endurance Running and the Evolution of *Homo*". *Nature*, n. 432, pp. 345-52, 2004.

BRODMANN, K. *Localisation in the Cerebral Cortex*. Berlim: Springer, 1912.

BROSNAN, S. F.; DE WAAL, F. B. M. "A Proximate Perspective on Reciprocal Altruism". *Hum. Nat.*, n. 13, pp. 129-52, 2002.

BROWN, K. S. et al. "An Early and Enduring Advanced Technology Originating 71,000 Years Ago in South Africa". *Nature*, n. 491, pp. 590-3, 2012.

BUNNIN, N.; YU, J. *Blackwell Dictionary of Western Philosophy*. Nova York: Wiley--Blackwell, 2008.

BURISH, M. J.; PEEBLES, J. K.; TAVARES, L.; BALDWIN, M.; KAAS, J. H.; HERCULANO-HOUZEL, S. "Cellular Scaling Rules for Primate Spinal Cords". *Brain Behav. Evol.*, n. 76, pp. 45-59, 2010.

BUTTI, C.; SHERWOOD, C. C.; HAKEEM, A. Y.; ALLMAN, J. M.; HOF, P. R. "Total Number and Volume of Von Economo Neurons in the Cerebral Cortex of Cetaceans". *J. Comp. Neurol.*, n. 515, pp. 243-59, 2009.

BRUCK, J. N. "Decades-Long Social Memory in Bottlenose Dolphins". *Proc. Royal Soc. B. Biol. Sci.*, n. 280, p. 20131, 2013.

BYRNE, R.; CORP, N. "Neocortex Size Predicts Deception Rate in Primates". *Proc. Biol. Sci*, n. 271, pp. 1693-9, 2004.

CÁCERES, M. et al. "Elevated Gene Expression Levels Distinguish Human from Non-Human Primate Brains". *Proc. Natl. Acad. Sci. USA*, n. 100, pp. 13030--5, 2003.

CALDER, W. A. *Size, Function and Life History.* Nova York: Dover, 1996.

CANTOR, M.; WHITEHEAD, H. "The Interplay Between Social Networks and Culture: Theoretically and Among Whales and Dolphins". *Phil Trans. Roy. Soc. B. Biol. Sci.*, n. 368, DOI:10.1098/rstb. 2012.0340, 2013.

CARMODY, R. N.; WEINTRAUB, G. S.; WRANGHAM, R.W. "Energetic Consequences of Thermal and Nonthermal Food Processing". *Proc. Natl. Acad. Sci. USA*, n. 108, pp. 19199-203, 2011.

CARROLL, R. L. *Vertebrate Paleontology and Evolution.* Nova York: W. H. Freeman & Company, 1988.

CHARRIER, C. et al. "Inhibition of SRGAP2 Function by its Human-Specific Paralogs Induces Neoteny During Spine Maturation". *Cell*, n. 149, pp. 923-35, 2012.

CLARK, D. A.; MITRA, P. P.; WANG, S. S. "Scalable Architecture in Mammalian Brains". *Nature*, n. 411, pp. 189-93, 2001.

CLARKE, D. D.; SOKOLOFF, L. "Circulation and Energy Metabolism of the Brain". In: SIEGEL, G. J. et al. (Orgs.). *Basic Neurochemistry: Molecular, Cellular and Medical Aspects.* Filadélfia: Lippincott-Raven, pp. 637-69, 1999.

COLLINS, C. E.; LEITCH, D. B.; WONG, P.; KAAS, J. H.; HERCULANO-HOUZEL, S. "Faster Scaling of Visual Neurons in Cortical Areas Relative to Subcortical Structures in Primate Brains". *Brain Struct. Funct.*, n. 218, pp. 805-16, 2013.

COLLINS, C. E. et al. "A Rapid and Reliable Method of Counting Neurons and Other Cells in Brain Tissue: A Comparison of Flow Cytometry and Manual Counting Methods". *Front Neuroanat*, n. 4, p. 5. 2010.

COLONNIER, M.; O'KUSKY, J. "Number of Neurons and Synapses in the Visual Cortex of Different Species". *Rev. Can. Biol.*, n. 40, pp. 91-9, 1981.

COOP, G. et al. "The Timing of Selection at the Human FOXP2 Gene". *Mol. Biol. Evol.*, n. 25, pp. 1257-9, 2008.

CRAGG, B. G. "The Density of Synapses and Neurones in the Motor and Visual Areas of the Cerebral Cortex". *J. Anat.*, n. 101, pp. 639-54, 1967.

CUNHA, F. B.; PETTIGREW, J.; MANGER, P. R.; HERCULANO-HOUZEL, S. "Echolocating Microchiroptera Have a Smaller Cerebral Cortex, Not a Larger Cerebellum, Compared to Macrochiroptera". Submetido para publicação.

CUVIER, G. *Leçons d'anatomie comparée*, 1801.

DARWIN, C. *On the Origin of Species by Means of Natural Selection, or, The Preservation of Favoured Races in the Struggle for Life.* Londres: John Murray, 1859.

D'AVILA, J. C. et al. "Sepsis Induces Brain Mitochondrial Dysfunctio". *Crit. Care Med.*, n. 36, pp. 1925-32, 2008.

DEANER, R. O. et al. "Overall Brain Size, Not Encephalization Quotient, Best Predicts Cognitive Ability Across Non-Human Primates". *Brain Behav. Evol.*, n. 70, pp. 115-24, 2007.

DEANER, R. O.; VAN SCHAIK, C. P.; JOHNSON, V. "Do Some Taxa Have Better Domain--General Cognition than Others? A Meta-Analysis of Non-Human Primate Studies". *Evol. Psychol.*, n. 4, pp. 149-96, 2006.

DENNIS, M. Y. et al. "Evolution of Human-Specific Neural SRGAP2 Genes by Incomplete Segmental Duplication". *Cell*, n. 149, pp. 912-22, 2012.

DE SOUSA, A.; WOODS, B. "The Hominin Fossil Record and the Emergence of the Human Central Nervous System". In: KAAS, J. H.; PREUSS, T. M. (Orgs.). *Evolution of Nervous Systems: A Comprehensive Reference*, v. 4. Oxford: Elsevier, pp. 291-336, 2007.

DIAMOND, J. "The Worst Mistake in the History of the Human Race". *Discover*, pp. 64-6, maio 1987.

DOUADY, C. J. et al. "Molecular Phylogenetic Evidence Confirming the *Eulipotyphla* Concept and in Support of Hedgehogs as the Sister Group to Shrews". *Mol. Phylogenet Evol.*, n. 25, pp. 200-9, 2002.

DUBOIS, E. "Sur Le Rapport du poids de l'encéphale avec la grandeur du corps chez mammifères". *Bull. Soc. Anthropol. Paris*, n. 8, pp. 337-76, 1897.

DUMAS, L. et al. "DUF1220-Domain Copy Number Implicated in Human Brain-Size Pathology and Evolution". *Am. J. Hum. Genet.*, n. 91, pp. 444-54, 2012.

EDINGER, L. "The Relations of Comparative Anatomy to Comparative Psychology". *Comp. Neurol. Psychol.*, n. 18, pp. 437-57, 1908.

ELIAS, H.; SCHWARTZ, D. "Cerebro-Cortical Surface Areas, Volumes, Lengths of Gyri and Their Interdependence in Mammals, Including Man". *Z. Saugetierkd*, n. 36, pp. 147-63, 1971.

EMERY, N. J.; CLAYTON, N. S. "Effects of Experience and Social Context on Prospective Caching Strategies by Scrub Jays". *Nature*, n. 414, pp. 443-6, 2001.

ENARD, W. et al. "A Humanized Version of FOXP2 Affects Cortico-Basal Ganglia Circuits in Mice". *Cell*, n. 137, pp. 961-71, 2009.

ERIKSEN, N.; PAKKENBERG, B. "Total Neocortical Cell Number in the Mysticete Brain". *Anat. Rec.*, n. 290, pp. 83-95, 2007.

ESTEVES, B. "O cru, o cozido e o cérebro". *revista piauí*, n. 71, pp. 64-9, 2013.

EVANS, P. D. et al. "Reconstructing the Evolutionary History of Microcephalin, a Gene Controlling Brain Size". *Hum. Mol. Genet.*, v. 13, pp. 1139-45, 2004.

EVANS, S. E. "General Discussion: Amniote Evolution". In: BOCK, G. R.; CARDEW, G. (Orgs.). *Evolutionary Developmental Biology of the Cerebral Cortex.* Chichester: John Wiley & Sons, pp. 109-13, 2000.

EVRARD, H. C.; FORRO, T.; LOGOTHETIS, N. K. "Von Economo Neurons in the Anterior Insula of the Macaque Monkey". *Neuron*, n. 74, pp. 482-9, 2012.

FINLAY, B. L.; DARLINGTON, R. B. "Linked Regularities in the Development and Evolution of Mammalian Brains". *Science*, n. 268, pp. 1578-84, 1995.

FINSTERER, J. "Cognitive Decline as a Manifestation of Mitochondrial Disorders (Mitochondrial Dementia)". *J. Neurol. Sci.*, n. 272, pp. 20-33, 2008.

FONSECA-AZEVEDO, K.; HERCULANO-HOUZEL, S. "Metabolic Constraint Imposes Trade-Off Between Body Size and Number of Brain Neurons in Human Evolution". *Proc. Natl. Acad. Sci. USA*, n. 109, pp. 18571-6, 2012.

FOX, P. T.; RAICHLE, M. E. "Focal Physiological Uncoupling of Cerebral Blood Flow and Oxidative Metabolism During Somatosensory Stimulation in Human Subjects". *Proc. Natl. Acad. Sci. USA*, n. 83, pp. 1140-4, 1986.

FRAHM, H. D.; STEPHAN, H.; STEPHAN, M. "Comparison of Brain Structure Volumes in Insectivora and Primates. 1. Neocortex". *J. Hirnforsch.*, n. 23, pp. 375--89, 1982.

FRIEDE, R. "Der quantitative Anteil der Glia an der Cortexentwicklun". *Acta Anat.* (Basel), n. 20, pp. 290-6, 1954.

FU, Y.; RUSZNÁK, Z.; HERCULANO-HOUZEL, S.; WATSON, C.; PAXINOS, G. "The Mouse Central Nervous System: Age-Dependent Changes in Cellular Composition Characterizing Postnatal Development and Maturation". *Brain Struct. Funct.*, n. 218, pp. 1337-54, 2012.

GABI, M. et al. "Cellular Scaling Rules for the Brains of an Extended Number of Primate Species". *Brain Behav. Evol.*, n. 76, pp. 32-44, 2010.

GABI, M. et al. "No Expansion in Numbers of Prefrontal Neurons in Primate and Human Evolution". Submetido para publicação.

GILESTRO, G. F.; TONONI, G.; CIRELLI, C. "Widespread Changes in Synaptic Markers as a Function of Sleep and Wakefulness in Drosophila". *Science*, n. 324, pp. 109-12, 2009.

GOMBRICH, E. H. *A Little History of the World.* Trad. de C. Mustill. New Haven: Yale University Press, 2005.

GOODALL, H. *The Story of Music: From Babylon to the Beatles; How music shaped civilization.* Nova York: Pegasus, 2014.

GOULD, S. J. *Ontogeny and phylogeny.* Cambridge, MA: Harvard University Press, 1977.

GOWLETT, J. A. J.; HARRIS, J. W. K.; WALTON, D.; WOOD, B. A. "Early archaeological

Sites, Hominid Remains, and Traces of Fire From Chesowanja, Kenya". *Nature*, n. 294, pp. 125-9, 1981.

GROSSMAN, L. I.; SCHMIDT, T. R.; WILDMAN, D. E.; GOODMAN, M. "Molecular Evolution of Aerobic Energy Metabolism in Primates". *Mol. Phylogenet Evol.*, n. 18, pp. 26-36, 2001.

GÜNTÜRKÜN, O. "Is dolphin Cognition Special?". *Brain Behav. Evol.*, n. 83, pp. 177--80, 2014.

HAECKEL, E. *Natürliche Schöpfungsgeschichte.* Berlim: Georg Reimer, 1886.

HAN, X. et al. "Forebrain Engraftment by Human Glial Progenitor Cells Enhances Synaptic Plasticity and Learning in Adult Mice". *Stem Cells*, n. 12, pp. 342--53, 2013.

HAUG, H. "Brain Sizes, Surfaces, and Neuronal Sizes of the Cortex Cerebri: A Stereological Investigation of Man and His Variability and a Comparison With Some Mammals (Primates, Whales, Marsupials, Insectivores, and one Elephant)". *Am. J. Anat.*, n. 180, pp. 126-42, 1987.

HAWKINS, A.; OLSZEWSKI, J. "Glia/nerve Cell Index for Cortex of the Whale". *Science*, n. 126, pp. 76-7, 1957.

HERCULANO-HOUZEL, S. "Do You Know Your Brain? A Survey on Public Neuroscience Literacy at the Closing of the Decade of the Brain". *Neuroscientist*, n. 8, pp. 98-110, 2002.

______. "Coordinated Scaling of Cortical and Cerebellar Numbers of Neurons". *Front Neuroanat.*, n. 4, p. 12, 2010.

______. "Not All Brains are Made the Same: New Views on Brain Scaling in Evolution". *Brain Behav. Evol.*, n. 78, pp. 22-36, 2011.

______. "Neuronal Scaling Rules for Primate Brains: The Primate Advantage". *Prog. Brain Res.*, n. 195, pp. 325-40, 2012.

______. "The Glia/Neuron Ratio: How it Varies Uniformly Across Brain Structures and Species and What That Means for Brain Physiology and Evolution". *Glia*, n. 62, pp. 1377-91, 2014.

______. "Decreasing Sleep Requirement with Increasing Numbers of Neurons as a Driver for Bigger Brains and Bodies in Mammalian Evolution". *Proc. Biol. Sci.*, n. 282, pp. 2015-53, 2015.

HERCULANO-HOUZEL, S.; AVELINO-DE-SOUZA, K.; NEVES, K.; PORFÍRIO, J.; MESSEDER, D.; CALAZANS, I. et al. "The Elephant Brain in Numbers". *Front Neuroanat.*, n. 8, p. 46, 2014.

HERCULANO-HOUZEL, S.; CATANIA, K.; MANGER, P. R.; KAAS, J. H. "Mammalian Brains are Made of These: A Dataset of the Numbers and Densities of Neuronal and Non-Neuronal Cells in the Brain of Glires, Primates, Scandentia,

Eulipotyphlans, Afrotherians and Artiodactyls, and Their Relationship with Body Mass". *Brain Behav. Evol.*, n. 86, pp. 145-63, 2015.

HERCULANO-HOUZEL, S.; COLLINS, C. E.; WONG, P.; KAAS, J. H. "Cellular Scaling Rules for Primate Brains". *Proc. Natl. Acad. Sci. USA*, n. 104, pp. 3562-7, 2007.

HERCULANO-HOUZEL. S.; KAAS, J. H. "Gorilla and Orangutan Brains Conform to the Primate Scaling Rules: Implications for Human Evolution". *Brain Behav. Evol.*, n. 77, pp. 33-44, 2011.

HERCULANO-HOUZEL, S.; KAAS, J. H.; OLIVEIRA-SOUZA, R. "Corticalization of Motor Control in Humans is a Consequence of Brain Scaling in Primate Evolution". *J. Comp. Neurol.*, n. 523, DOI:10.1002/cne.23792, 2015.

HERCULANO-HOUZEL, S.; KAAS, J.H.; MILLER, D.; VON BARTHELD, C. S. "How to Count Cells: The Advantages and Disadvantages of the Isotropic Fractionator Compared With Stereology". *Cell Tissue Res.*, n. 360, pp. 19-42, 2015a.

HERCULANO-HOUZEL, S.; LENT, R. "Isotropic Fractionator: A Simple, Rapid Method for the Quantification of Total Cell and Neuron Numbers in the Brain". *J. Neurosci.*, n. 25, pp. 2518-21, 2005.

HERCULANO-HOUZEL, S.; MANGER, P. R.; KAAS, J. H. "Brain Scaling in Mammalian Brain Evolution as a Consequence of Concerted and Mosaic Changes in Numbers of Neurons and Average Neuronal Cell Size". *Front Neuroanat.*, n. 8, p. 77, 2014.

HERCULANO-HOUZEL, S.; MESSEDER, D.; FONSECA-AZEVEDO, K.; ARAUJO PANTOJA, N. "When Larger Brains do Not Have More Neurons: Intraspecific Increase in Numbers of Cells is Compensated by Decreased Average Cell Size". *Front Neuroanat.*, n. 9, p. 64, 2015b.

HERCULANO-HOUZEL, S.; MOTA, B.; LENT, R. "Cellular Scaling Rules for Rodent Brain". *Proc. Natl. Acad. Sci. USA*, n. 103, pp. 12138-43, 2006.

HERCULANO-HOUZEL, S.; RIBEIRO, P. F. M.; CAMPOS, L.; DA SILVA, A. V.; TORRES, L. B.; CATANIA, K. C.; KAAS, J. H. "Updated Neuronal Scaling Rules for the Brains of Glires (Rodents/Lagomorphs)". *Brain Behav. Evol.*, n. 78, pp. 302-14, 2011.

HERCULANO-HOUZEL, S.; WATSON, C.; PAXINOS, G. "Distribution of Neurons in Functional Areas of the Mouse Cerebral Cortex Reveals Quantitatively Different Cortical Zones". *Front Neuroanat.*, n. 7, p. 35, 2013.

HIGHAM, T. et al. "The Timing and Spatiotemporal Patterning of Neanderthal Disappearance". *Nature*, n. 512, pp. 306-9, 2014.

HOFMAN, M. A. "Energy Metabolism, Brain Size and Longevity in Mammals". *Q. Rev. Biol.*, n. 58, pp. 495-512, 1983.

______. "Size and shape of the Cerebral Cortex in Mammals. I. The Cortical Surface". *Brain Behav. Evol.*, n. 27, pp. 28-40, 1985.

HOLLYDAY, M.; HAMBURGER, V. "Reduction of the Naturally Occurring Motor Neuron

loss by Enlargement of the Periphery". *J. Comp. Neurol.*, n. 170, pp. 311--20, 1976.
HUXLEY, J. S. *Problems of Relative Growth.* Londres: Allen & Unwin, 1932.
INOUE, S.; MATSUZAWA, T. "Working Memory of Numerals in Chimpanzees". *Curr. Biol.*, n. 17, pp. R1004-5, 2007.
IRIKI, A.; TANAKA, M.; IWAMURA, Y. "Coding of Modified Body Schema During Tool use by Macaque Postcentral Neurons". *Neuroreport*, n. 7, pp. 2325-30, 1996.
JACOBS, B. et al. "Comparative Neuronal Morphology of the Cerebellar Cortex in Afrotherians, Carnivores, Cetartiodactyls, and Primates". *Front Neuroanat.*, n. 8, p. 24, 2014.
JENNER, R. A. "When Molecules and Morphology clash: Reconciling Conflicting Phylogenies of the Metazoa by Considering Secondary Character Loss". *Evol. Dev.*, n. 6, pp. 372-8, 2004.
JERISON, H. J. "Brain to Body Ratios and the Evolution of Intelligence". *Science*, n. 121, pp. 447-9, 1955.
______. *Evolution of the Brain and Intelligence.* Nova York: Academic Press, 1973.
JOHNSON, L. E. *A morally Deep World: An Essay on Moral Significance and Environmental Ethics.* Cambridge: Cambridge University Press, 1993.
KANDEL, E. R.; SCHWARTZ, J. H.; JESSEL, T. M. *Principles of Neural Science.* 4. ed. Nova York: McGraw-Hill, 2000.
KAPPERS, C. A.; HUBER, C. G.; CROSBY, E. C. *Comparative Anatomy of the Nervous System of vertebrates, Including Man.* Nova York: Hafner, 1936.
KARBOWSKI, J. "Global and Regional Brain Metabolic Scaling and its Functional Consequences". *BMC Biol.*, n. 5, p. 18, 2007.
KAST, B. "The Best Supporting Actors". *Nature*, n. 412, pp. 674-6, 2001.
KERR, J. N.; GREENBERG, D.; HELMCHEN, F. "Imaging Input and Output of Neocortical Networks in Vivo". *Proc. Natl. Acad. Sci. USA*, n. 102, pp. 14063-8, 2005.
KETY, S. S. "The General Metabolism of the Brain in Vivo". In: RICHTER, D. (Org.). *Metabolism of the Nervous System.* Londres: Pergamon, pp. 221-37, 1957.
KING, S. L.; JANIK, V. M. "Bottlenose Dolphins Can use Learned Vocal Labels to Address Each Other". *Proc. Natl. Acad. Sci. USA*, n. 110, pp. 13216-21, 2013.
KIRKPATRICK, C. "Tactical Deception and the Great Apes: Insight into the Question of Theory of Mind". *Totem U West Ontario J. Anthropol.*, n. 15, p. 4, 2007.
KLEIBER, M. "Body Size and Metabolism". *Hilgardia*, n. 6, pp. 315-53, 1932.
______. "Body Size and Metabolic Rate". *Physiol. Ver.*, n. 27, pp. 511-41, 1947.
KLUMP, B. C. et al. "Context-Dependent 'Safekeeping' of Foraging Tools in New Caledonian Crows". *Proc. Biol. Sci.*, n. 282, p. 2015.0278, 2015.
KNOTT, C. D. "Changes in Orangutan Caloric Intake, energy balance, and Ketones

in Response to Fluctuating Fruit Availability". *Int. J. Primatol.*, n. 19, pp. 1061-79, 1998.

KRAUSE, J. et al. "The Derived FOXP2 Variant of Modern Humans Was Shared with Neanderthals". *Curr. Biol.*, n. 17, pp. 1908-12, 2007.

KRUTZEN, M. et al. "Cultural Transmission of Tool Used by Indo-Pacific Bottlenose Dolphins (*Tursiops sp.*) Provides Access to a Novel Foraging Niche". *Proc. Royal Soc. B. Bio.l Sci.*, n. 281, DOI:10.1098/rspb.2014.0374, 2014.

LA FOUGÈRE, C. et al. "PET and SPECT in Epilepsy: A Critical Review". *Epilepsy Behav.*, n. 15, pp. 50-5, 2009.

LANGE, W. "Cell Number and Cell Density in the Cerebellar Cortex of Man and Some other Mammals". *Cell Tissue Res.*, n. 157, pp. 115-24, 1975.

LEE, G. M.; THORNTHWAIT, J. T.; RASCH, E. M. "Picogram Per Cell Determination of DNA by Flow Cytofluorometry". *Anal. Biochem.*, n. 137, pp. 221-6, 1984.

LEE, Y. et al. "Oligodendroglia Metabolically Support Axons and Contribute to Neurodegeneration". *Nature*, n. 487, pp. 443-8, 2012.

LENNIE, P. "The Cost of Cortical Computation". *Curr. Biol.*, n. 13, pp. 493-7, 2003.

LIEBERMAN, D. E. *The Story of the Human Body*. Nova York: Vintage Books, 2013.

LIN, A.-L. et al. "Nonlinear Coupling Between Cerebral Blood Flow, Oxygen Consumption, and ATP Production in Human Visual Cortex". *Proc. Natl. Acad. Sci. USA*, n. 107, pp. 8446-51, 2010.

LLOYD, A. C. "The Regulation of Cell Size". *Cell*, n. 154, pp. 1194-205, 2013.

LUO, Z.-X.; CROMPTON, A. W.; SUN, A. L. "A New Mammaliaform Form the Early Jurassic and Evolution of Mammalian Characteristics". *Science*, n. 292, pp. 1535-40, 2001.

MACLEAN, E. L. et al. "The Evolution of Self-Control". *Proc. Natl. Acad. Sci. USA*, n. 111, pp. E2140-8, 2014.

MACLEAN, P. D. "Man and His Animal Brains". *Mod. Med.*, n. 2, pp. 95-106, 1964.

______. *The Triune Brain in Evolution: Role in Paleocerebral Functions*. Nova York: Plenum Press, 1990.

MAGISTRETTI, P. J. "Neuron-Glia Metabolic Coupling and Plasticity". *J. Exp. Biol.*, n. 209, pp. 2304-11, 2006.

MANDEL, E. S. J. *Station Eleven: A Novel*. Nova York: Knopf, 2014.

MANGER, P. R. "Questioning the Interpretations of Behavioural Observations of Cetaceans: Is There Really Support for a Special Intellectual Status for This Mammalian Order?". *Neurosci.*, n. 250, pp. 664-96, 2013.

MANTINI, D. et al. "Evolutionarily Novel Functional Networks in the Human Brain?". *J. Neurosci.*, n. 33, pp. 3259-75, 2013.

MARINO, L. "A Comparison of Encephalization Between Odontocete Cetaceans and Anthropoid Primates". *Brain Behav. Evol.*, n. 51, pp. 230-8, 1998.

MARINO, L.; FROHOFF, T. "Towards a New Paradigm of Non-Captive Research on Cetacean Cognition". *PLoS One*, n. 6, p. e24121, 2011.

MARTIN, R. D. "Scaling of the Mammalian Brain: The Maternal Energy Hypothesis". *News Physiol. Sci.*, n. 11, pp. 149-56, 1996.

MASEKO, B. C. et al. "Elephants Have Relatively the Largest Cerebellum Size of Mammals". *Anat. Rec.*, n. 295, pp. 661-72, 2012.

MILLER, D. J. et al. "Three Counting Methods Agree on cell and Neuron Number in Chimpanzee Primary Visual Cortex". *Front Neuroanat.*, n. 8, p. 36, 2014.

MINK, J. W.; BLUMENSCHINE, R. J.; ADAMS, D. B. "Ratio of Central Nervous System to Body Metabolism in Vertebrates: Its Constancy and Functional Basis". *Am. J. Physiol.*, n. 241, pp. 203-12, 1981.

MIODOWNIK, M. *Stuff Matters: Exploring the Marvelous Materials that Shape our Man-Made World.* Boston: Houghton Mifflin Harcourt, 2014.

MORGANE, P. J.; JACOBS, M. S.; MACFARLAND, W. L. "The Anatomy of the Brain of the Bottlenose Dolphin (*Tursiops truncatus*). Surface Configurations of the Telencephalon of the Bottlenose Dolphin with Comparative Anatomical Observations in Four Other Cetacean Species". *Brain Res. Bull.*, n. 5 (supl.), pp. 1-107, 1980.

MOTA, B.; HERCULANO-HOUZEL, S. "How the Cortex Gets its Folds: An Inside-Out, Connectivity-Driven Model for the Scaling of Mammalian Cortical Folding". *Front Neuroanat.*, n. 6, p. 3, 2012.

______. "All Brains are Made of This: A Fundamental Building Block of Brain matter with matching neuronal and glial masses". *Front Neuroanat.*, n. 8, p. 127, 2014.

MULLEN, R. J.; BUCK, C. R.; SMITH, A. M. "NeuN, a Neuronal Specific Nuclear Protein in Vertebrates". *Development*, n. 116, pp. 201-11, 1992.

MURPHY, W. J. et al. "Molecular Phylogenetics and the Origins of Placental Mammals". *Nature*, n. 409, pp. 614-8, 2001.

MURPHY, W. J.; PEVZNER, P. A.; O'BRIEN, S. J. "Mammalian Phylogenomics Comes of Age". *Trends Genet.*, n. 20, pp. 631-9, 2004.

NEDERGAARD, M.; RANSOM, B.; GOLDMAN, S. A. "New Roles for Astrocytes: Redefining the Functional Architecture of the Brain". *Trends Neurosci.*, n. 26, pp. 523-30, 2003.

NEVES, K. et al. "Cellular Scaling Rules for the Brain of Afrotherians". *Front Neuroanat.*, n. 8, p. 5, 2014.

NIMCHINSKY, E. A. et al. "A Neuronal Morphologic Type Unique to Humans and Great Apes". *Proc. Natl. Acad. Sci. USA*, n. 96, pp. 5268-73, 1999.

NISSL, F. "Nervenzellen und Graue Substanz". *Münch med Wochenschr*, n. 45, pp. 988-92; 1023-9; 1060-3, 1898.

OBERHEIM, N. A.; TAKANO, T.; HAN, X.; HE, W.; LIN, J. H. C.; WANG, F. et al. "Uniquely Hominid Features of adult Human Astrocytes". *J. Neurosci.*, n. 29, pp. 3276-87, 2009.

ORGAN, C.; NUNN, C. L.; MACHANDA, Z.; WRANGHAM, R. W. "Phylogenetic Rate Shifts in Feeding Time During the Evolution of Homo". *Proc. Natl. Acad. Sci. USA*, n. 108, pp. 14555-9, 2011.

OWEN-SMITH, N. R. *Megaherbivores.* Cambridge: Cambridge University Press, 1988.

PASSINGHAM, R. E. *The Neurobiology of the Prefrontal Cortex.* Oxford: Oxford University Press, 2012.

PEARCE, E.; STRINGER, C.; DUNBAR, R. I. M. "New Insights Into Differences in Brain Organization Between Neanderthals and Anatomically Modern Humans". *Proc. Roy. Soc. B. Biol. Sci.*, n. 280, p. 20130, 2013.

PELLERIN, L.; MAGISTRETTI, P. J. "Neuroenergetics: Calling Upon Astrocytes to Satisfy Hungry Neurons". *J. Neuroimaging*, n. 10, pp. 53-62.

PEPPERBERG, I. M. "*The Alex Studies: Cognitive and Communicative Abilities of Grey Parrots*". Boston: Harvard University Press, 1999.

PLOTNIK, J. M.; LAIR, R.; SUPHACHOKSAHAKUN, W.; DE WAAL, F. B. M. "Elephants Know When They Need a Helping Trunk in a Cooperative Task". *Proc. Natl. Acad. Sci. USA*, n. 108, pp. 5116-21, 2011.

PORTER, R. K.; BRAND, M. D. "Causes of Differences in Respiration Rate of Hepatocytes from Mammals of Different Body Mass". *Am. J. Physiol.*, n. 269, pp. R1213-24, 1995a.

______. "Cellular Oxygen Consumption Depends on Body Mass". *Am. J. Physiol.*, n. 269, pp. R226-8, 1995b.

PRABHAKAR, S. et al. "Human-Specific Gain of Function in a Developmental Enhancer". *Science*, n. 321, pp.1346-50, 2008.

PRIOR, H.; SCHWARZ, A.; GÜNTÜRKÜN, O. "Mirror-Induced Behaviour in the Magpie (*Pica pica*): Evidence of Self-Recognition". *PLoS Biol.*, n. 6, p. e202, 2008.

PRÜFER, K. et al. "The Complete Genome Sequence of a Neanderthal from the Altai Mountains". *Nature*, p. 505, pp. 43-9, 2014.

RAJI, C. A. et al. "Brain Structure and Obesity". *Hum. Brain Mapp.*, n. 31, pp. 353--64, 2010.

RAMNANI, N. "The Primate Cortico-Cerebellar System: Anatomy and Function". *Nat. Rev. Neurosci.*, n. 7, pp. 511-22, 2006.

REISS, D.; MARINO, L. "Mirror Self-Recognition in the Bottlenose Dolphin: A Case of Cognitive Convergence". *Proc. Natl. Acad. Sci. USA*, n. 98, pp. 5937-42, 2001.

RILLING, J. K.; INSEL, T. R. "The Primate Neocortex in Comparative Perspective Using Magnetic Resonance Imaging". *J. Hum. Evol.*, n. 37, pp. 191-223, 1999.

ROLFE, D. F. S.; BROWN, G. C. "Cellular Energy Utilization and Molecular Origin of Standard Metabolic Rate in Mammals". *Physiol. Ver.*, n. 77, pp. 731-58, 1997.

ROTH, G.; DICKE, U. "Evolution of the Brain and Intelligence". *Trends Cogn. Sci.*, n. 9, pp. 250-7, 2005.

ROWE, T. B.; MACRINI, T. E.; LUO, Z. X. "Fossil Evidence on Origin of the Mammalian Brain". *Science*, n. 332, pp. 955-7, 2011.

SAGAN, C. *The Dragons of Eden*. Nova York: Random House, 1977.

SALLET, J. et al. "The Organization of Dorsal Frontal Cortex in Humans and Macaques". *J. Neurosci.*, n. 33, pp. 12255-74, 2013.

SARKO, D. K.; CATANIA, K. C.; LEITCH, D. B.; KAAS, J. H.; HERCULANO-HOUZEL, S. "Cellular Scaling Rules of Insectivore Brains". *Front Neuroanat.*, n. 3, p. 8, 2009.

SCHMITZ, C.; HOF, P. R. "Recommendations for Straightforward and Rigorous Methods of Counting Neurons Based on a Computer Simulation Approach". *J. Chem. Neuroanat.*, n. 20, pp. 93-114, 2000.

SCHOENEMANN, P. T.; SHEEHAN, M. J.; GLOTZER, L. D. "Prefrontal White Matter Volume is Disproportionately Larger in Humans than in other Primates". *Nat. Neurosci.*, n. 8, pp. 242-52, 2005.

SCHÜZ, A.; DEMIANENKO, G. P. "Constancy and Variability in Cortical Structure. A Study on Synapses and Dendritic Spines in Hedgehog and Monkey". *J. Hirnforsch.*, n. 36, pp. 113-22, 1995.

SCHÜZ, A.; PALM, G. "Density of Neurons and Synapses in the cerebral Cortex of the Mouse". *J. Comp. Neurol.*, n. 286, pp. 442-55, 1989.

SEEHAUSEN, O. "Patterns in Fish Radiation are Compatible with Pleistocene Dessication of Lake Victoria and 14600 Year History for Its Cichlid Species Flock". *Proc. Royal Soc. Biol. B.*, n. 269, pp. 1490-1, 2002.

SEMENDEFERI, K.; LU, A.; SCHENKER, N.; DAMASIO, H. "Humans and Great Apes Share a Large Frontal Cortex". *Nat. Neurosci.*, n. 5, pp. 272-6, 2002.

SHANAHAN, M. et al. "Large-Scale Network Organization in the Avian Forebrain: A Connectivity Matrix and Theoretical Analysis". *Front. Comput. Neurosci.*, n. 7, p. 89, 2013.

SHERWOOD, C. C. "Comparative Anatomy of the Facial Motor Nucleus In Mammals, with an Analysis Of Neuron Numbers in Primates". *Anat. Rec.*, n. 287, pp. 1067-79, 2005.

SHOHAM, S.; O'CONNOR, D. H.; SEGEV, R. "How Silent is the Brain: Is There a "Dark Matter" Problem in Neuroscience?". *J. Comp. Physiol. A. Neuroethol. Sens. Neural. Behav. Physiol.*, n. 192, pp. 777-84, 2006.

SHULMAN, R. G.; HYDER, F.; ROTHMAN, D. L. "Baseline Brain Energy Supports the State of Consciousness". *Proc. Natl. Acad. Sci. USA*, n. 106, pp. 11096-101, 2009.

SILCOX, M. T.; DALMYN, C. K.; BLOCH, J. I. "Virtual Endocast of *Ignacius graybullianys*

(Paromomyidae, Primates) and Brain Evolution in Early Primates". *Proc. Natl. Acad. Sci. USA*, n. 106, pp. 10987-92, 2009.

SMAERS, J. B. et al. "Primate Prefrontal Cortex Evolution: Human Brains are the Extreme of a Lateralized Ape Trend". *Brain Behav. Evol.*, n. 77, pp. 67-78, 2011.

SMITH, A. J. et al. "Cerebral Energetics and Spiking Frequency: The Neurophysiological Basis of fMRI". *Proc. Natl. Acad. Sci. USA*, n. 99, pp. 10765-70, 2002.

SNELL, O. "Die Abhängigkeit des Hirngewichtes von dem Körpergewicht und den geistigen Fähigkeiten". *Arch. Psychiatr. Nervenkr.*, n. 110, pp. 2801-8, 1891.

SOKOLOFF, L. "The metabolism of the Central Nervous System in Vivo". In: FIELD, J.; MAGOUN, H. W.; HALL, V. E. (Orgs.). *Handbook of Physiology, Section 1, Neurophysiology*, v. 3. Washington: American Physiological Society, 1690, pp. 1843-64.

SOL, D.; DUNCAN, R. P.; BLACKBURN, T. M.; CASSEY, P.; LEFEBVRE, L. "Big Brains, Enhanced Cognition, and Response of Birds to Novel Environments". *Proc. Natl. Acad. Sci. USA*, n. 102, pp. 5460-5, 2005.

SOMEL, M.; XILING, L.; KHAITOVICH, P. "Human Brain Evolution: Transcripts, Metabolites and their Regulators". *Nature Rev. Nsci.*, n. 14, pp. 112-27, 2013.

SPOCTER, M. A. et al. "Neuropil distribution in the cerebral cortex differs between humans and chimpanzees". *J. Comp. Neurol.*, n. 520, pp. 2917-29, 2012.

STANDAGE, T. *An edible history of humanity*. Nova York: Walker & Company, 2009.

STEPHAN, H.; ANDY, O. J. "Quantitative Comparative Anatomy of Primates: An Attempt at a Phylogenetic Interpretation". *Ann. NY Acad. Sci.*, n. 167, pp. 370--86, 1969.

STEPHAN, H.; FRAHM, H.; BARON, G. "New and Revised Data on Volumes of Brain Structures in Insectivores and Primates". *Folia Primatol.* (Basel), n. 35, pp. 1-29, 1981.

STOLZENBURG, J.-U.; REICHENBACH, A.; NEUMANN, M. "Size and Density of Glial and Neuronal Cells within the Cerebral Neocortex of various Insectivorian Species". *Glia*, n. 2, pp. 78-84, 1989.

SUSMAN, R. L. "Hand Function and Tool Behavior in Early Hominids". *J. Hum. Evol.*, n. 35, pp. 23-46, 1998.

TANAKA, H.; LANDMESSER, L. T. "Cell Death of Lumbosacral Motoneurons in Chick, Quail, and Chick-Quail Chimera Embryos: A test of the Quantitative Matching Hypothesis of Neuronal Cell Death". *J. Neurosci.*, n. 6, pp. 2889-99, 1986.

THOMPSON, D. W. *On growth and form*. Cambridge: Cambridge University Press, 1917.

TOCHERI, M. W.; ORR, C. M.; JACOFSKY, M. C.; MARZKE, M. W. "The Evolutionary

History of the Hominin Hand Since the Last Common Ancestor of *Pan* and *Homo*". *J. Anat.*, n. 212, pp. 544-62, 2008.

TOWER, D. B. "Structural and Functional Organization of Mammalian Cerebral Cortex: The Correlation of Neurone Density with Brain Size. Cortical Neurone Density in the Fin Whale (*Balaenoptera physalus L.*) with a Note on the Cortical Neurone Density in the Indian Elephant". *J. Comp. Neurol.*, n. 101, pp. 19-52, 1954.

TOWER, D. B.; ELLIOTT, K. A. C. "Activity of the Acetylcholine System in Cerebral Cortex of Various Unanesthetized Animals". *Am. J. Physiol.*, n. 168, pp. 747--59, 1952.

TURRIGIANO, G. G. "The Self-Tuning Neuron: Synaptic Scaling of Excitatory Synapses". *Cell,* n. 135, pp. 422-35, 2008.

TWAIN, M. [CLEMENS, S. L.]. *What is Man? And Other Philosophical Writings.* Org. de P. Baender. Berkeley: University of California Press, 1973.

UDDIN, M. et al. "Sister Grouping of Chimpanzees and Humans as Revealed by Genome-Wide Phylogenetic Analysis of Brain Gene Expression Profiles". *Proc. Natl. Acad. Sci. USA,* n. 101, pp. 2957-62, 2004.

VENTURA-ANTUNES, L.; MOTA, B.; HERCULANO-HOUZEL, S. "Different Scaling of White Matter Volume, Cortical Connectivity, and Gyrification Across Rodent and Primate Brains". *Front Neuroanat.*, n. 7, p. 3, 2013.

VIRCHOW, R. "Zur Pathologie des Schädels und des Gehirn". *Gesammelte Abhandlungen zur wissenschaftlichen Medicin.* Frankfurt am Main: Von Meidinger & Sohn, 1856, pp. 883-1014.

VON BONIN, G. "Brain-Weight and Body-Weight of Mammals". *J. Comp. Neurol.*, n. 66, pp. 103-11, 1937.

VON HALLER, A. *Elementa physiologiae corporis humani.* Lausanne: Francisci Grasset, 1762.

WADLEY, L.; HODGKISS, T.; GRANT, M. "Implications for Complex Cognition from the Hafting of Tools with Compound Adhesives in the Middle Stone Age, South Africa". *Proc. Natl. Acad. Sci. USA,* n. 106, pp. 9590-4, 2009.

WALLOE, S.; ERIKSEN, N.; TORBEN, D.; PAKKENBERG, B. "A Neurological Comparative Study of the Harp Seal (*Pagophilus groenlandicus*) and Harbor Porpoise (*Phocoena phocoena*) Brain". *Anat. Rec.*, n. 293, pp. 2129-35, 2010.

WARNEKEN, F.; ROSATI, A. G. "Cognitive Capacities for Cooking in Chimpanzees". *Proc. Royal Soc. B.*, n. 282, p. 2015.0229, 2015.

WATSON, C.; PROVIS, J.; HERCULANO-HOUZEL, S. "What Determines Motor Neuron Number? Slow Scaling of Facial Motor Neuron Numbers with Body Mass in Marsupials and Primates". *Anat. Rec.*, n. 295, pp. 1683-91, 2012.

WATTS, D. P. "Environmental Influences on Mountain Gorilla Time Budgets". *Am. J. Primatol.*, n. 15, pp. 195-211, 1988.

WEIR, A. A.; CHAPPELL, J.; KACELNIK, A. "Shaping of Hooks in New Caledonian Crows". *Science*, n. 297, p. 981, 2002.

WHITEN, A. et al. "Cultures in Chimpanzees". *Nature*, n. 399, pp. 682-5, 1999.

WILLIAMS, C. "Are These the Brain Cells That Give us Consciousness?" *New Scientist*, pp. 33-5, 23 jul. 2012.

WILLIAMS, R. W.; HERRUP, K. "The Control of Neuron Number". *Annu. Rev. Neurosci.*, n. 11, pp. 425-53, 1988.

WILSON, N. R. et al. "Synaptic Reorganization in Scaled Networks of controlled Size". *J. Neurosci.*, n. 27, pp. 13581-9, 2007.

WISE, S. M. *Drawing the Line: Science and the Case for Animal Rights.* Nova York: Basic Books, 2003.

WOBBER, V.; HARE, B.; WRANGHAM, R. "Great Apes Prefer Cooked Foods". *J. Hum. Evol.*, n. 55, pp. 340-8, 2008.

WONG, P.; PEEBLES, J. K.; ASPLUND, C. L.; COLLINS, C. E.; HERCULANO-HOUZEL, S.; KAAS, J. H. "Faster Scaling of Auditory Neurons in Cortical Areas Relative to Subcortical Structures in primate Brains". *Brain Behav. Evol.*, n. 81, pp. 209-18, 2013.

WRANGHAM, R. *Catching Fire: How Cooking Made us Human.* Nova York: Basic Books, 2009.

YAMAN, S. et al. "Evidence for a Numerosity Category that is Based on Abstract Qualities of 'few' vs. 'many' in the Bottlenose Dolphin (*Tursiops truncatus*)". *Front Psychol.*, n. 3, p. 473, 2012.

YELLEN, J. E. et al. "A Middle Stone Age Worked Bone Industry from Katanda, Upper Semliki Valley, Zaire". *Science*, n. 268, pp. 553-6, 1995.

YOUNG, N. A. et al. "Use of Flow Cytometry for High-Throughput Cell Population Estimates in Brain Tissue". *Front Neuroanat.*, n. 6, p. 27, 2012.

ZHAO, W.-Q. et al. "Amyloid Beta Oligomers Induce Impairment of Neuronal Insulin Receptors". *FASEB J.*, n. 22, pp. 246-60, 2008.

ZIMMER, C. "The Dark Matter of the Human Brain". *Discover*, set. 2009.

Apêndices

APÊNDICE A: MASSA CORPORAL, MASSA ENCEFÁLICA E NÚMERO DE NEURÔNIOS

Os valores para cada espécie são indicados em quilos (kg), gramas (g), milhões (M) ou bilhões (B). As espécies são mencionadas em ordem crescente de massa encefálica. Todos os valores referem-se ao encéfalo como um todo (sem bulbos olfatórios). Informações detalhadas e outros valores podem ser encontrados em: Herculano-Houzel, Catania, Kaas e Manger, 2015.

Espécies	Massa corporal	Massa encefálica	Neurônios encefálicos
Sorex fumeus (eulipotiflo)	7,8 g	0,176 g	36 M (10 M no córtex cerebral)
Blarina brevicauda (eulipotiflo)	16,2 g	0,347 g	55 M (12 M no córtex cerebral)
Mus musculus (roedor)	40,4 g	0,402 g	68 M (14 M no córtex cerebral)

APÊNDICE A (*continuação*)

Espécies	Massa corporal	Massa encefálica	Neurônios encefálicos
Parascalops breweri (eulipotiflo)	42,7 g	0,759 g	124 M (16 M no córtex cerebral)
Candylura cristata (eulipotiflo)	41,1 g	0,802 g	131 M (17 M no córtex cerebral)
Amblysomus hottentotus (afrotério)	79 g	0,812 g	65 M (22 M no córtex cerebral)
Mesoricretus auratus (roedor)	168,1 g	0,965 g	84 M (17 M no córtex cerebral)
Scalopus aquaticus (eulipotiflo)	95,3 g	0,999 g	204 M (27 M no córtex cerebral)
Elephantulus myurus afrotério)	45,1 g	1,040 g	129 M (26 M no córtex cerebral)
attus norvegicus roedor)	315,1 g	1,724 g	189 M (31 M no córtex cerebral)
icrocebus murinus primata)	60 g	1,799 g	155 M (22 M no córtex cerebral)
roechimys cayennensis roedor)	223,5 g	2,078 g	202 M (26 M no córtex cerebral)
etrodromus etradactylus afrotério)	132,5 g	2,440 g	157 M (34 M no córtex cerebral)
upaia glis scandentia)	172,5 g	2,752 g	261 M (60 M no córtex cerebral)
avia porcellus oedor)	311	3,656 g	234 M (44 M no córtex cerebral)
ynomis sp. (roedor)	1,5 kg	5,321 g	438 M (54 M no córtex cerebral)
iurus carolinensis oedor)	500 g	5,548 g	454 M (77 M no córtex cerebral)
allithrix jacchus rimata)	361 g	7,780 g	636 M (245 M no córtex cerebral)
ryctolagus cuniculus agomorfo; agrupado m roedores sob ires)	4,6 kg	9,132 g	494 M (71 M no córtex cerebral)
olemur garnettii rimata)	946,7 g	10,150 g	936 M (226 M no córtex cerebral)

APÊNDICE A (*continuação*)

Espécies	Massa corporal	Massa encefálica	Neurônios encefálicos
Dendrohyrax dorsalis (afrotério)	1,2 kg	12,800 g	504 M (99 M no córtex cerebral)
Aotus trivirgatus (primata)	925 g	15,730 g	1,5 B (442 M no córtex cerebral)
Procavia capensis (afrotério)	2,5 kg	16,853 g	756 M (198 M no córtex cerebral)
Dasyprocta prymnolopha (roedor)	2,8 kg	17,628 g	795 M (111 M no córtex cerebral)
Saimiri sciureus (primata)	859 g	30,216 g	3,2 B (1,3 B no córtex cerebral)
Macaca fascicularis (primata)	5,7 kg	46,162 g	3,4 B (801 M no córtex cerebral)
Cebus apella (primata)	3,3 kg	52,208 g	3,7 B (1,1 B no córtex cerebral)
Macaca radiata (primata)	8 kg	61,470 g	3,8 B (1,6 B no córtex cerebral)
Sus scrofa domesticus (artiodáctilo)	100 kg	64,180 g	2,2 B (307 M no córtex cerebral)
Hydrochoerus hydrochaeris (roedor)	47,5 kg	74,734 g	1,6 B (306 M no córtex cerebral)
Macaca mulatta (primata)	3,9 kg	87,346 g	6,4 B (1,7 B no córtex cerebral)
Antidorcas marsupialis (artiodáctilo)	25 kg	106,074 g	2,7 B (397 M no córtex cerebral)
Papio anubis (primata)	8 kg	151,194 g	10,9 B (2,9 B no córtex cerebral)
Damaliscus dorcas phillipsi (artiodáctilo)	60 kg	154,718 g	3 B (571 M no córtex cerebral)
Tragelaphus strepsiceros (artiodáctilo)	218 kg	306,860 g	4,9 B (762 M no córtex cerebral)
Giraffa camelopardalis (artiodáctilo)	470 kg	537,218 g	10,8 B (1,7 B no córtex cerebral)

APÊNDICE A (*continuação*)

Espécies	Massa corporal	Massa encefálica	Neurônios encefálicos
Homo sapiens (primata)	70 kg	1509 g	86,1 B (16,3 B no córtex cerebral)
Loxodonta africana (afrotério)	5000 kg	4619 g	257 B (5,6 B no córtex cerebral)

APÊNDICE B: REGRAS DE PROPORCIONALIDADE

Lista das equações completas para as funções de regra de proporcionalidade, incluindo r^2 e valores-*p*

Figura	Variável dependente	Variável independente	Espécies	Função	r^2	valor-*p*
4.3	Massa encefálica (gramas)	Neurônios cerebrais	Roedores (n = 6)	$M_{BR} = e^{-28,68255} N_{BR}^{1,550\pm0,106}$	0,982	0,0001
4.3	Massa encefálica (gramas)	Neurônios cerebrais	Primatas (n = 6) e Scandentia (n = 1)	$M_{BR} = e^{-19,25873} N_{BR}^{1,046\pm0,062}$	0,982	< 0,0001
4.4	Massa do córtex cerebral, incluindo substância branca (gramas)	Número de neurônios no córtex cerebral	Roedores (n = 10)	$M_{CX} = e^{-29,36857} N_{CX}^{1,699\pm0,096}$	0,975	< 0,0001
4.4	Massa do córtex cerebral, incluindo substância branca (gramas)	Número de neurônios no córtex cerebral	Primatas (n = 11, excluindo humanos) e Scandentia (n = 1)	$M_{CX} = e^{-17,58313} N_{CX}^{1,014\pm0,070}$	0,954	< 0,0001

Figura	Variável dependente	Variável independente	Espécies	Função	r^2	valor-*p*
4.5	Massa do cerebelo, incluindo substância branca (gramas)	Número de neurônios no cerebelo	Roedores (n = 10)	$M_{CB} = e^{-26,46238} N_{CB}^{1,349\pm0,073}$	0,977	< 0,0001
4.5	Massa do cerebelo, incluindo substância branca (gramas)	Número de neurônios no cerebelo	Primatas (n = 12, excluindo humanos) e Scandentia (n = 1)	$M_{CB} = e^{-19,17512} N_{CB}^{0,956\pm0,036}$	0,985	< 0,0001
4.6	Massa do resto do encéfalo (gramas)	Número de neurônios no resto do encéfalo	Roedores (n = 10)	$M_{ROB} = e^{-26,20184} N_{ROB}^{1,568\pm0,252}$	0,829	0,0003
4.6	Massa do resto do encéfalo (gramas)	Número de neurônios no resto do encéfalo	Primatas (n = 11, excluindo humanos) e Scandentia (n = 1)	$M_{ROB} = e^{-18,73558} N_{ROB}^{1,126\pm0,148}$	0,853	< 0,0001
4.8 e 5.2	Massa do córtex cerebral, incluindo substância branca (gramas)	Número de neurônios no córtex cerebral	Roedores (n = 10), eulipotiflos (n = 5), afrotérios (n = 6), artiodáctilos (n = 4)	$M_{CX} = e^{-27,90849} N_{CX}^{1,612\pm0,038}$	0,987	< 0,0001

APÊNDICE B (*continuação*)

Figura	Variável dependente	Variável independente	Espécies	Função	r^2	valor-p
4.8 e 5.2	Massa do córtex cerebral, incluindo substância branca (gramas)	Número de neurônios no córtex cerebral	Primatas (n = 11, excluindo humanos) e Scandentia (n = 1)	$M_{CX} = e^{-17.58313} N_{CX}^{1,014 \pm 0,070}$	0,954	< 0,0001
4.10 e 5.3	Massa do cerebelo, incluindo substância branca (gramas)	Número de neurônios no cerebelo	Roedores (n = 10), afrotérios (n = 5), artiodáctilos (n = 5)	$M_{CB} = e^{-25,11687} N_{CB}^{1,283 \pm 0,035}$	0,987	< 0,0001
4.10 e 5.3	Massa do cerebelo, incluindo substância branca (gramas)	Número de neurônios no cerebelo	Primatas (n = 12, excluindo humanos) e Scandentia (n = 1)	$M_{CB} = e^{-19,17512} N_{CB}^{0,956 \pm 0,036}$	0,985	< 0,0001
4.10 e 5.3	Massa do cerebelo, incluindo substância branca (gramas)	Número de neurônios no cerebelo	Eulipotiflos (n = 5)	$M_{CB} = e^{-21,16534} N_{CB}^{1,028 \pm 0,084}$	0,980	0,0012
4.12 e 5.4	Massa do resto do encéfalo (gramas)	Número de neurônios no resto do encéfalo	Primatas (n = 12, incluindo humanos)	$M_{ROB} = e^{-19,96155} N_{ROB}^{1,198 \pm 0,116}$	0,915	< 0,0001

Figura	Variável dependente	Variável independente	Espécies	Função	r^2	valor-*p*
4.12 e 5.4	Massa do resto do encéfalo (gramas)	Número de neurônios no resto do encéfalo	Afrotérios (n = 5), eulipotiflos (n = 5), roedores (n = 10), artiodáctilos (n = 5), Scandentia (n = 1)	$M_{ROB} = e^{-32,08683} N_{ROB}^{1,917\pm0,118}$	0,916	< 0,0001
4.13	Neurônios por miligrama no córtex cerebral, incluindo substância branca	Número de neurônios no córtex cerebral	Roedores (n = 10), eulipotiflos (n = 5), afrotérios (n = 6), artiodáctilos (n = 5)	$DN_{CX} = e^{20,979921} N_{CX}^{-0,610\pm0,037}$	0,918	< 0,0001
4.14	Neurônios por miligrama no cerebelo, incluindo substância branca	Número de neurônios no cerebelo	Roedores (n = 10), afrotérios (n = 5), artiodáctilos (n = 5)	$DN_{CB} = e^{18,200391} N_{CB}^{-0,283\pm0,035}$	0,784	< 0,0001
5.1	Massa encefálica (gramas)	Neurônios cerebrais	Afrotérios (n = 5), eulipotiflos (n = 5), roedores (n = 10), artiodáctilos (n = 5), Scandentia (n = 1)	$M_{BR} = e^{-27,27905} N_{BR}^{1,469\pm0,046}$	0,977	< 0,0001

APÊNDICE B (*continuação*)

Figura	Variável dependente	Variável independente	Espécies	Função	r^2	valor-p
5.1	Massa encefálica (gramas)	Neurônios cerebrais	Primatas (n = 10, excluindo humanos)	$M_{BR} = e^{-21,59394} N_{BR}^{1,156\pm0,052}$	0,984	< 0,0001
7.1	Massa do córtex cerebral (gramas)	Massa do resto do encéfalo (gramas)	Primatas (n = 12, incluindo humanos)	$M_{CX} = e^{1,1367593} M_{ROB}^{1,294\pm0,069}$	0,972	< 0,0001
7.1	Massa do córtex cerebral (gramas)	Massa do resto do encéfalo (gramas)	Afrotérios (n = 6), roedores (n = 10), eulipotiflos (n = 5), artiodáctilos (n = 5)	$M_{CX} = e^{0,4743052} M_{BD}^{1,179\pm0,023}$	0,991	< 0,0001
.5	Número de neurônios no cerebelo	Número de neurônios no córtex cerebral	Afrotérios (n = 5), roedores (n = 10), eulipotiflos (n = 5), artiodáctilos (n = 5), Primatas (n = 12)	$N_{CB} = -4,133 \times 10^8 + 4,2\ N_{CX}$	0,985	< 0,0001
.6	Número de neurônios no córtex cerebral	Número de neurônios no resto do cérebro	Primatas (n = 12, incluindo humanos)	$N_{CX} = e^{-4,617208} N_{ROB}^{1,391\pm0,158}$	0,885	< 0,0001
6	Número de neurônios no córtex cerebral	Número de neurônios no resto do encéfalo	Artiodáctilos (n = 5)	$N_{CX} = e^{-14,59214} N_{ROB}^{1,904\pm0,172}$	0,976	0,0016

Figura	Variável dependente	Variável independente	Espécies	Função	r^2	valor-*p*
7.6	Número de neurônios no córtex cerebral	Número de neurônios no resto do encéfalo	Afrotérios (n = 5), roedores (n = 10), eulipotiflos (n = 5)	$N_{CX} = e^{-0,673368} N_{ROB}^{1,085\pm0,064}$	0,940	< 0,0001
8.1	Massa encefálica (gramas)	Massa corporal (gramas)	Eulipotiflos (n = 5)	$M_{BR} = e^{-3,112349} M_{BD}^{0,727\pm0,094}$	0,952	0,0045
8.1	Massa encefálica (gramas)	Massa corporal (gramas)	Roedores (n = 10)	$M_{BR} = e^{-3,286723} M_{BD}^{0,712\pm0,071}$	0,927	< 0,0001
8.1	Massa encefálica (gramas)	Massa corporal (gramas)	Primatas (n = 11, incluindo humanos)	$M_{BR} = e^{-3.323071} M_{BD}^{0,903\pm0,082}$	0,931	< 0,0001
8.1	Massa encefálica (gramas)	Massa corporal (gramas)	Afrotérios (n = 6)	$M_{BR} = e^{-2,92701} M_{BD}^{0,740\pm0,033}$	0,992	< 0,0001
8.1	Massa encefálica (gramas)	Massa corporal (gramas)	Artiodáctilos (n = 4, excluindo porco)	$M_{BR} = e^{-0,939437} M_{BD}^{0,548\pm0,038}$	0,990	0,0048
8.1	Massa encefálica (gramas)	Massa corporal (gramas)	eulipotiflos (n = 5), roedores (n = 10), Primatas (n = 11), Scandentia (n = 1), afrotérios (n = 6), artiodáctilos (n = 4, excluindo porco)	$M_{BR} = e^{-3,114652} M_{BD}^{0,774\pm0,037}$	0,924	< 0,0001

Figura	Variável dependente	Variável independente	Espécies	Função	r^2	valor-*p*
8.2	Número de neurônios na medula espinhal	Massa corporal (gramas)	Primatas (n = 8)	$N_{SC} = e^{12,960178} M_{BD}^{0,359 \pm 0,028}$	0,965	< 0,0001
8.3	Número de neurônios no núcleo motor facial	Massa corporal (gramas)	Marsupiais (n = 22)	$MN_{fac} = e^{7,4066354} M_{BD}^{0,184 \pm 0,015}$	0,884	< 0,0001
8.3	Número de neurônios no núcleo motor facial	Massa corporal (gramas)	Primatas (n = 18)	$MN_{fac} = e^{7,7363026} M_{BD}^{0,127 \pm 0,033}$	0,484	0,0013
8.4	Número de neurônios no resto do encéfalo	Massa corporal (gramas)	Primatas (n = 12, incluindo humanos)	$N_{ROB} = e^{14,036812} M_{BD}^{0,525 \pm 0,089}$	0,777	0,0002
8.4	Número de neurônios no resto do encéfalo	Massa corporal (gramas)	Afrotérios (n = 6), roedores (n = 10), eulipotiflos (n = 5), artiodáctilos (n = 5)	$N_{ROB} = e^{14,859394} M_{BD}^{0,321 \pm 0,022}$	0,898	< 0,0001
.5	Número de neurônios no córtex cerebral	Massa corporal (gramas)	Primatas (n = 12, incluindo humanos)	$N_{CX} = e^{14,19518} M_{BD}^{0,825 \pm 0,097}$	0,878	< 0,0001
.5	Número de neurônios no córtex cerebral	Massa corporal (gramas)	Afrotérios (n = 6), roedores (n = 10), eulipotiflos (n = 5), artiodáctilos (n = 5)	$N_{CX} = e^{14,887552} M_{BD}^{0,462 \pm 0,020}$	0,954	< 0,0001

Figura	Variável dependente	Variável independente	Espécies	Função	r^2	valor-*p*
8.6	Número de neurônios no cerebelo	Massa corporal (gramas)	Primatas (n = 13, incluindo humanos)	$N_{CB} = e^{15,656048} M_{BD}^{0,754\pm0,073}$	0,906	< 0,0001
8.6	Número de neurônios no cerebelo	Massa corporal (gramas)	Afrotérios (n = 5), roedores (n = 10), eulipotiflos (n = 5), artiodáctilos (n = 5)	$N_{CB} = e^{15,707664} M_{BD}^{0,561\pm0,034}$	0,919	< 0,0001
8.7	Neurônios por miligrama no resto do encéfalo	Número de neurônios no resto do encéfalo	Afrotérios (n = 5), eulipotiflos (n = 5), roedores (n = 10), artiodáctilos (n = 5), Scandentia (n = 1)	$DN_{ROB} = e^{25,128398} N_{ROB}^{-0,914\pm0,118}$	0,712	< 0,0001
8.8	Neurônios por miligrama no resto do encéfalo	Massa corporal (gramas)	Afrotérios (n = 6), eulipotiflos (n = 5), roedores (n = 10), Primatas (n = 12, incluindo humanos), Scandentia (n = 1), artiodáctilos (n = 5)	$DN_{ROB} = e^{11,64696} M_{BD}^{-0,300\pm0,019}$	0,872	< 0,0001

APÊNDICE B (*continuação*)

Figura	Variável dependente	Variável independente	Espécies	Função	r^2	valor-*p*
8.9	Neurônios por miligrama no córtex cerebral	Massa corporal (gramas)	Afrotérios (n = 6), eulipotiflos (n = 5), roedores (n = 10), artiodáctilos (n = 5), Scandentia (n = 1)	$DN_{CX} = e^{11,986052} M_{BD}^{-0,294\pm0,014}$	0,944	< 0,0001
8.9	Neurônios por miligrama no córtex cerebral	Massa corporal (gramas)	Primatas (n = 12, incluindo humanos)	$DN_{CX} = e^{11,191639} M_{BD}^{-0,116\pm0,059}$	0,282	0,0757
8.10	Neurônios por miligrama no cerebelo	Massa corporal (gramas)	Afrotérios (n = 5), roedores (n = 10), artiodáctilos (n = 5),	$DN_{CB} = e^{13,805949} M_{BD}^{-0,156\pm0,017}$	0,808	< 0,0001
.4	Massa da estrutura cerebral (gramas)	Número de células gliais na estrutura cerebral	Afrotérios (n = 6), roedores (n = 10), eulipotiflos (n = 5), artiodáctilos (n = 5), Primatas (n = 12), Scandentia (n = 1)	$M_{STR} = e^{-19,09168} O_{STR}^{1,054\pm0,016}$	0,974	< 0,0001
11	Uso de glicose por minuto (micromols)	Número de neurônios no cérebro	Roedores (n = 3), Primatas (n = 3)	$Glu = e^{-18,72393} N_{BR}^{0,988\pm0,023}$	0,998	< 0,0001

Figura	Variável dependente	Variável independente	Espécies	Função	r^2	valor-*p*
9.12	Custo energético do encéfalo (quilocalorias por dia)	Custo de energia do corpo (quilocalorias por dia)	Primatas (n = 11, incluindo humanos)	$E_{BR} = e^{-2,105168} M_{BD}^{1,036 \pm 0,122}$	0,889	< 0,0001
9.12	Custo energético do encéfalo (quilocalorias por dia)	Custo de energia do corpo (quilocalorias por dia)	Afrotérios (n = 5), roedores (n = 10), eulipotiflos (n = 5)	$E_{BR} = e^{-1,828379} M_{BD}^{0,641 \pm 0,031}$	0,948	< 0,0001
10.1	Aporte calórico (quilocalorias por hora)	Massa corporal (quilogramas)	Primatas, não humanos (n = 11)	$E_{IN} = e^{3,2328418} M_{BD}^{0,526 \pm 0,067}$	0,874	< 0,0001
10.2	Horas diárias gastas em forrageio e alimentação	Massa corporal (quilogramas)	Primatas, não humanos (n = 11)	$H = e^{1,015222} M_{BD}^{0,223 \pm 0,067}$	0,555	0,0085

Índice remissivo

1ª EDIÇÃO [2017] 3 reimpressões

ESTA OBRA FOI COMPOSTA PELA SPRESS EM MINION E IMPRESSA EM OFSETE
PELA GRÁFICA BARTIRA SOBRE PAPEL PÓLEN NATURAL DA SUZANO S.A.
PARA A EDITORA SCHWARCZ EM AGOSTO DE 2023

A marca FSC® é a garantia de que a madeira utilizada na fabricação do papel deste livro provém de florestas que foram gerenciadas de maneira ambientalmente correta, socialmente justa e economicamente viável, além de outras fontes de origem controlada.